电工学(电工技术)
全程学习指导与习题精解

(高教第七版·上册)

主编 林莹 黄颖 石会

东南大学出版社
·南京·

图书在版编目(CIP)数据

电工学(电工技术)全程学习指导与习题精解. 上/林莹,黄颖,石会主编. —南京:东南大学出版社,2013.7
　ISBN 978 - 7 - 5641 - 4360 - 2

　Ⅰ. ①电… Ⅱ. ①林… ②黄… ③石… Ⅲ. ①电工技术—高等学校—教学参考资料　Ⅳ. ①TM

　中国版本图书馆 CIP 数据核字(2013)第 147286 号

电工学(电工技术)全程学习指导与习题精解(高教第七版·上册)

主　　编	林莹 黄颖 石会	责任编辑	刘坚 戴季东
电　　话	(025)83793329/83362442(传真)	电子邮件	liu-jian@seu.edu.cn
特约编辑	李香		

出版发行	东南大学出版社	出 版 人	江建中
社　　址	南京市四牌楼2号	邮　　编	210096
销售电话	(025)83793191/83792174/83792214/83794121/83794174/57711295(传真)		
网　　址	www.seupress.com	电子邮件	press@seupress.com

经　　销	全国各地新华书店	印　　刷	南京新洲印刷有限公司
开　　本	718mm×1005mm　1/16	印　　张	14.75　字数 433 千
版　　次	2013 年 7 月第 1 版第 1 次印刷		
书　　号	ISBN 978 - 7 - 5641 - 4360 - 2		
定　　价	22.00 元		

* 未经本社授权,本书内文字不得以任何方式转载、演绎,违者必究。
* 东大版图书若有印装质量问题,请直接与营销部联系,电话:025-83791830。

前　言

《电工学(电工技术)》是高等学校工科电子类相关专业学生的必修课程,也是一门非电专业的技术基础课程。为了帮助广大读者学好这门课程,我们编写了这本与曾秦煌等主编的《电工学》(第七版)完全配套的《电工学(电工技术)全程学习指导与习题精解》。

本辅导书根据《电工学》(第七版)教材中每一章的内容,结合课程教学大纲和研究生入学考试要求,编写了以下几个方面的内容:基本教学要求及重点难点、知识点归纳、练习与思考全解、习题全解、经典习题与全真考题详解五个部分。其中,"基本教学要求及重点难点"总结了该章内容的学习要求,指出了本章的重点难点,使读者在学习过程中目标明确,有的放矢;"知识点归纳"对每章知识点做了简练概括,建立整体概念;"练习与思考全解"和"习题全解"依据教材各章节的顺序,对课后练习与思考题和习题进行了详细的解答,力求概念清晰,步骤完整,以期提高读者的解题能力和效率;"经典习题与全真考题详解"精选具有代表性,能反映各章重难点和基本方法的经典例题,其中部分例题选自名校考研真题,以提高读者的应试能力。

本书由解放军理工大学林莹、石会、黄颖编写。由于编写时间仓促及编者水平有限,书中不妥之处在所难免,恳请广大读者批评指正。

编　者

目 录

第 1 章 电路的基本概念与基本定律
1.1 知识点归纳 ·· 1
1.2 练习与思考全解 ··· 2
1.3 习题全解 ·· 11
1.4 经典习题与全真考题详解 ·· 22

第 2 章 电路的分析方法
2.1 知识点归纳 ··· 24
2.2 练习与思考全解 ··· 24
2.3 习题全解 ·· 36
2.4 经典习题与全真考题详解 ·· 69

第 3 章 电路的暂态分析
3.1 知识点归纳 ··· 71
3.2 练习与思考全解 ··· 71
3.3 习题全解 ·· 78
3.4 经典习题与全真考题详解 ·· 94

第 4 章 正弦交流电路
4.1 知识点归纳 ··· 96
4.2 练习与思考全解 ··· 97
4.3 习题全解 ·· 108
4.4 经典习题与全真考题详解 ·· 133

第 5 章 三相电路
5.1 知识点归纳 ·· 136
5.2 练习与思考全解 ·· 136
5.3 习题全解 ·· 137
5.4 经典习题与全真考题详解 ·· 146

第 6 章 磁路与铁心线圈电路
6.1 知识点归纳 ·· 148
6.2 练习与思考全解 ·· 148
6.3 习题全解 ·· 151
6.4 经典习题与全真考题详解 ·· 158

第7章　交流电动机

- 7.1　知识点归纳 …… 160
- 7.2　练习与思考全解 …… 161
- 7.3　习题全解 …… 166
- 7.4　经典习题与全真考题详解 …… 178

第8章　直流电动机

- 8.1　知识点归纳 …… 180
- 8.2　练习与思考全解 …… 180
- 8.3　习题全解 …… 181
- 8.4　经典习题与全真考题详解 …… 186

第9章　控制电机

- 9.1　知识点归纳 …… 187
- 9.2　习题全解 …… 187
- 9.3　经典习题与全真考题详解 …… 190

第10章　继电接触器控制系统

- 10.1　知识点归纳 …… 191
- 10.2　练习与思考全解 …… 191
- 10.3　习题全解 …… 192
- 10.4　经典习题与全真考题详解 …… 201

第11章　可编程控制器及其应用

- 11.1　知识点归纳 …… 203
- 11.2　练习与思考全解 …… 203
- 11.3　习题全解 …… 205
- 11.4　经典习题与全真考题详解 …… 219

第12章　工业企业供电与用电安全

- 12.1　知识点归纳 …… 221
- 12.2　习题全解 …… 221

第13章　电工测量

- 13.1　知识点归纳 …… 223
- 13.2　习题全解 …… 224

第1章 电路的基本概念与基本定律

1. 理解电路模型及理想电路元件的意义。
2. 掌握电压、电流正方向的意义及判断方法。
3. 掌握电路的有载工作、开路与短路状态,理解电功率和额定值的意义。
4. 熟练掌握和应用电路基本定律,掌握分析与计算简单直流电路和电路中各点电位的方法。

重 点

1. 电压、电流正方向的判断方法。
2. 电路的有载工作、开路与短路状态。
3. 电路基本定律的应用、分析简单直流电路和电路中各点电位的计算方法。

难 点

1. 电路的有载工作、开路与短路状态的判断。
2. 直流电路和电路中各点电位的计算方法。

1.1 知识点归纳

电路的基本概念与基本定律	电路的作用与组成部分	1. 电路:直流的通路称为电路,连续电流的通路必须是闭合的 2. 组成:电路由电源、负载及中间环节三部分组成 3. 作用:实现电能的传输和转换
	电路模型	将实际电路元件理想化,即在一定条件下突出其主要的电磁性质,而忽略其次要因素。由一些理想电路元件所组成的电路,就是实际电路的电路模型
	电压和电流的参考方向	1. 电流 I:表示电荷移动的物理量,方向为正电荷移动的方向 2. 电压 U:电场中两点间电位之差或电场力移动单位正电荷由一点到另一点所作的功
	欧姆定律	1. 定律:电阻中的电流与其两端的电压成正比,即 $R=\dfrac{U}{I}$ 2. 推广:全电路欧姆定律:$I=\dfrac{\varepsilon}{R_0+R_外}$,$R_0$ 为电源内阻,$R_外$ 为总的外阻,ε 为电动势
	电源有载工作、开路与短路	1. 电源有载工作 2. 电源开路 3. 电源短路
	基尔霍夫定律	1. 基尔霍夫电流定律 2. 基尔霍夫电压定律
	电路中电位的概念及计算	1. 电位:电路中某点的点位等于该点与参考点之间的电压,电位用字母 V 表示 2. 电压与电位的关系:两点间的电压等于两点的电位差 3. 接地的概念

1.2 练习与思考全解

1.3.1 在图 1.3.3(a)中，$U_{ab}=-5$ V，试问 a,b 两点哪点电位高？

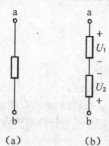

图 1.3.3 练习与思考 1.3.1 和 1.3.2 的图

【分析】 本题考查电位的定义。

【解】 U_{ab} 是指 a,b 两点间的参考方向为 a 点"+"，b 点"−"。但题中给出 $U_{ab}=-5$ V<0，即 a,b 两点间电压的实际方向是 a 点"−"，b 点"+"，即 b 点电位高，a 点电位低。

1.3.2 在图 1.3.1(b)中，$U_1=-6$ V，$U_2=4$ V，试问 U_{ab} 等于多少伏？

【分析】 同 1.3.1。

【解】 按图中给定的参考方向计算有 $U_{ab}=U_1-U_2=-6$ V-4 V$=-10$ V

1.3.3 U_{ab} 是否表示 a 端的电位高于 b 端的电位？

【分析】 同 1.3.1。

【解】 U_{ab} 表示 a 端电位参考极性高于 b 端电位参考极性。实际两点电位哪点高，要看 $U_{ab}>0$ 还是 $U_{ab}<0$，则 a 端电位高于 b 端电位，反之亦然。

1.4.1 2 kΩ 的电阻中通过 2 mA 的电流，试问电阻两端的电压是多少？

【分析】 根据欧姆定律即可求得。

【解】 根据欧姆定律，电阻两端电压为 $U=IR=2\times10^{-3}\times2\times10^3=4$ V 电压方向与电流方向一致。

1.4.2 计算图 1.4.4 中的两题。

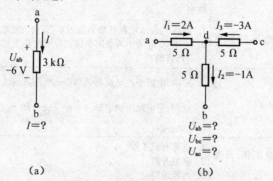

图 1.4.4 练习与思考 1.4.2 的图

【分析】 本题考查欧姆定律的应用。

【解】 (a) 因为 U_{ab} 与 I 的参考方向相同，故由欧姆定律可得 $U_{ab}=IR$

即 $I=\dfrac{U_{ab}}{R}=\dfrac{-6}{3\times10^3}$ A$=-2$ mA

$I=-2$ mA<0 意味着电流 I 的实际方向与参考方向相反。

(b) 设三个电阻的交汇点 d，由题设各电压、电流的参考方向，根据欧姆定律和基尔霍夫电压定律可得

$$U_{ab}=U_{bd}+U_{dc}=5I_1+5I_2=[5×2+5×(-1)] \text{ V}=5 \text{ V}$$
$$U_{bc}=U_{bd}+U_{dc}=-5I_2-5I_3=[-5×(-1)-5×(-3)] \text{ V}=20 \text{ V}$$
$$U_{ca}=U_{cd}+U_{dc}=5I_3-5I_1=[5×(-3)-5×2] \text{ V}=-25 \text{ V}$$

1.4.3 试计算图 1.4.5 所示电路在开关 S 闭合与断开两种情况下的电压 U_{ab} 和 V_{cd}。

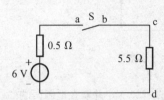

图 1.4.5 练习与思考 1.4.3 的图

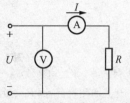

图 1.4.6 练习与思考 1.4.4 的图

【分析】 S 闭合时，电路构成回路，存在电流，根据欧姆定律即可求得；S 断开，电路断开。

【解】 当 S 闭合时，$U_{ab}=0$。设此时闭合回路中的电流 I 参考方向为顺时针方向，则由欧姆定律可得

$$I=\frac{6}{0.5+5.5} \text{ A}=1 \text{ A}$$
$$U_{cd}=5.5I=5.5×1 \text{ V}=5.5 \text{ V}$$

当 S 断开时，$I=0$，故

$$U_{ab}=6-(0.5+5.5)I=6 \text{ V}$$
$$U_{cd}=5.5I=0.5×0 \text{ V}=0 \text{ V}$$

1.4.4 为了测量某直流电机励磁线圈的电阻 R，采用了图 1.4.6 所示的"伏安法"。电压表读数为 220 V，电流表读数为 0.7 A，试求线圈的电阻。如果在实验时有人误将电流表当作电压表，并联在电源上，其后果如何？已知电流表的量程为 1 A，内阻 R_0 为 0.4 Ω。

【分析】 本题考查伏安法测量电压、电流。

【解】 由测量结果可得

$$R+R_0=\frac{U}{I_A}=\frac{220}{0.7} \text{ Ω}≈314.3 \text{ Ω}$$

则电机励磁线圈电阻

$$R=314.3-R_0=(314.3-0.4) \text{ Ω}=313.9 \text{ Ω}$$

如果误将电流表当作电压表并联在电源上，则流过电流表的电流为

$$I'_A=\frac{U}{R_0}=\frac{220}{0.4} \text{ A}=550 \text{ A}$$

大大超过其 1 A 的量程，电流表将被立即烧毁。

1.5.1 在图 1.5.6 所示的电路中，(1) 试求开关 S 闭合前后电路中的电流 I_1、I_2、I 及电源的端电压 U；当 S 闭合时，I_1 是否被分去一些？(2) 如果电源的内阻 R_0 不能忽略不计，则闭合 S 时，60 W 白炽灯中的电流是否有所变动？(3) 计算 60 W 和 100 W 白炽灯在 220 V 电压下工作时的电阻，哪个的电阻大？(4) 100 W 的白炽灯每秒钟消耗多少电能？(5) 设电源的额定功率为 125 kW，端电压为 220 V，当只接上一个 220 V、60 W 的白炽灯时，白炽灯会不会被烧毁？(6) 电流流过白炽灯后，会不会减少一点？(7) 如果由于接线不慎，100 W 白炽灯的两线碰触（短路），当闭合 S 时，后果如何？100 W 白炽灯的灯丝是否被烧断？

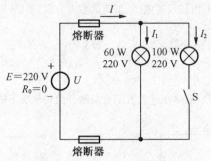

图 1.5.6 练习与思考 1.5.1 的图

【分析】 电阻的串、并联问题。

【解】 (1) 开关 S 闭合前:因 $R_0=0$,故电源电压 $U=E=220$ V。并联在电源两端的白炽灯获得 220 V 的额定电压。

$$I=I_1=\frac{P_1}{U}=\frac{60}{220} \text{ A}=0.273 \text{ A}$$

S 闭合时,因 60 W 白炽灯所获得的电压与 S 闭合前相同,仍为 220 V,故电流 I_1 未变,即 I_1 未被分流。

(2) 如果电源内阻 R_0 不能忽略不计,由 $U=E-IR_0$ 可知,带负载后电源端电压 U 低于电动势 E,且随电路总负载电流 I 的增大而下降。当 S 闭合时,60 W 与 100 W 两灯并联,总的负载电阻减小,电路总的负载电流 I 增大(比 S 未闭合时),电源端电压 U 降低(比 S 未闭合时),60 W 白炽灯中的电流 I_1 将减小(比 S 未闭合时)。

(3) 在 220 V 额定电压下,两灯消耗的功率分别为额定功率 60 W 和 100 W,故两灯的电阻 R_{60} 和 R_{100} 分别为

$$R_{60}=\frac{U_N^2}{P_{N60}}=\frac{220^2}{60} \text{ Ω}=806.7 \text{ Ω}$$

$$R_{100}=\frac{U_N^2}{P_{N100}}=\frac{220^2}{100} \text{ Ω}=484 \text{ Ω}$$

从中可以看出,额定电压相同的白炽灯,功率小的其电阻大。

(4) 100 W 白炽灯每秒消耗的电能为

$$W=P_{N100} \cdot t=(100\times 1)\text{J}=100 \text{ J}$$

(5) 电源额定功率 125 kW 表明该电源具有输出 125 kW 功率的能力,但它实际所输出的功率的多少取决于其实际所带负载的大小。白炽灯实际所获得的功率取决于加于其上的电压和灯本身的电阻值,只要不超过额定功率就不会被烧毁。当 60 W/220 V 的白炽灯接于额定电压 220 V 的电源上时,所获得的功率即为 60 W。如果 125 kW/220 V 的电源仅接一个 60 W/220 V 的白炽灯,则该电源也仅输出 60 W 的功率,不会将白炽灯烧毁。

(6) 根据电荷守恒定律,电流是连续的,即电流通过白炽灯后电荷数量并不会减少,只是电荷的能量失去了一部分(将从电源所获得的电能传递给白炽灯),使白炽灯发光、发热。因此,电流流过白炽灯后,不会有任何减少。

(7) 如果 100 W 白炽灯的两线碰触(短路),当 S 闭合时将造成电源短路,$I_2\to\infty$,熔断器将由于电流过大而熔断。100 W 白炽灯的灯丝中无电流流过,不会被烧断。

1.5.2 额定电流为 100 A 的发电机,只接了 60 A 的照明负载,还有电流 40 A 流到哪里去了?

【分析】 额定电流定义的考查。

【解】 电流 100 A 只表示发电机所具有的能力,实际输出电流大小取决于负载,当负载只用 60 A,发电机也只发出 60 A,并不存在 40 A 的多余电流。

1.5.3 额定值为 1 W/100 Ω 的碳膜电阻,在使用时电流和电压不得超过多大数值?

【分析】 考查额定值的理解。

【解】 电阻中功率、电压、电流之间的关系为

$$P=UI=I^2R=\frac{U^2}{R}$$

如果碳膜电阻的额定功率 $P_N=1$ W,额定阻值 $R_N=100$ Ω,则其额定电流

$$I_N=\sqrt{\frac{P_N}{R_N}}=\sqrt{\frac{1}{100}} \text{ A}=0.1 \text{ A}$$

额定电压 $U_N=\dfrac{P_N}{I_N}=\sqrt{P_N \cdot R_N}=\sqrt{1\times 100}$ V $=10$ V

使用时电阻上的电压、电流不得超过额定值 U_N、I_N。

1.5.4 在图 1.5.7 中,方框代表电源或负载,已知 $U=220$ V,$I=-1$ A,试问哪些方框是电源,哪些是负载?

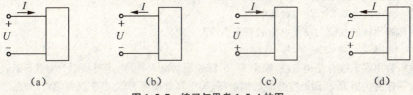

图 1.5.7 练习与思考 1.5.4 的图

【分析】 进行电源或负载的判断可采用两种方法,利用电压、电流的实际方向来判断或者利用参考方向来判断。这两种判断方法的本质是相同的,所以判断结果也是一致的。

【解】 方法一:利用电压、电流的实际方向来判断。如果两者相同,意味着电流由高电位流向低电位,电荷经过该部分电路(或元件)后能量降低,说明该部分电路(或元件)吸收(消耗)了能量,因此为负载;反之,若两者相反,意味着电流由低电位流向高电位,电荷经过该部分电路(或元件)后能量增高,说明该部分电路(或元件)发出(释放)了能量,具有电动势性质,因此为电源。

图 1.5.7(a)、(d)中 U、I 实际方向相反,因此方框中具有电源性质;图 1.5.7(b)、(c)中 U、I 实际方向相同,因此方框中具有负载性质。

方法二:利用参考方向来判断。U、I 参考方向相同:$P=UI$

$P>0$ 时(表明 U、I 实际方向相同),为负载;

$P<0$ 时(表明 U、I 实际方向相反),为电源。

U、I 参考方向相反:$P=UI$

$P>0$ 时(表明 U、I 实际方向相反),为电源;

$P<0$ 时(表明 U、I 实际方向相同),为负载。

注意:上面式中,U、I 为参考电压和参考电流,因此它们的值可能有正有负。

1.5.5 图 1.5.8 所示是一电池电路,当 $U=3$ V,$E=5$ V 时,该电池作电源(供电)还是作负载(充电)用?图 1.5.9 所示也是一电池电路,当 $U=5$ V,$E=3$ V 时,则又如何?两图中,电流 I 是正值还是负值?

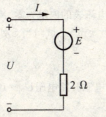

图 1.5.8 练习与思考 1.5.5 的图

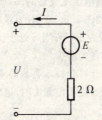

图 1.5.9 练习与思考 1.5.5 的图

【分析】 根据电流的流进流出的方向判断输入输出功率,从而可判断实际作用是电源还是负载。

【解】 根据电路,可列电压方程 $U=E+IR$

因此 $I=\dfrac{U-E}{R}=\dfrac{3-5}{2}$ A $=-1$ A

电流 I 的实际方向是从电池 E 的正极流出,即 E 向外输出功率,因此它实际起到电源的作用(供电)。

对于 1.5.9 所示电路,有 $U=E-IR$

因此 $I=\dfrac{E-U}{R}=\dfrac{3-5}{2}$ A $=-1$ A

电流 I 的实际方向是从电池 E 的正极流入,即 E 向外吸收功率,因此它实际起到负载的作用(充电)。

1.5.6 有一台直流发电机,其铭牌上标有 40 kW/230 V/174 A。试问什么是发电机的空载运行、轻载运行、满载运行和过载运行?负载的大小,一般指什么而言?

【分析】 对于发电机各种运行的理解。

【解】 铭牌所标的数值为该发电机的额定值,即

$P_N=40$ kW,$U_N=230$ V,$I_N=174$ A

当发电机输出端未接有任何负载,输出 $I=0$,即输出功率 $P=0$ 的运行状态为空载运行。由于发电机一般均有一定的内阻 R_0。因此空载时的端电压(等于其电动势 E)将高于额定端电压 U_N。

当发电机接有负载,但负载电流 $I<I_N$,输出功率 $P<P_N$ 时,称为轻载运行。此时的端电压会略高于 U_N。

当发电机的负载电流、输出电压、输出功率均等于发电机额定值 I_N、U_N 和 P_N 时,称为满载运行。

当发电机的负载电流 $I>I_N$,输出功率 $P<P_N$,称为过载运行。发电机在一定范围内允许短时过载,但长期过载将影响发电机的使用寿命。

1.5.7 一个电热器从 220 V 的电源取用的功率为 1 000 W,如将它接到 110 V 的电源上,则取用的功率为多少?

【分析】 功率公式的考查。

【解】 此电热器的额定电阻 R_N 可通过其额定功率 P_N 和额定电压 U_N 求得

$R_N=\dfrac{U_N^2}{P_N}=\dfrac{220^2}{1\,000}$ Ω $=48.4$ Ω

当接到 110 V 电源上时,电热器取得的功率为

$P=\dfrac{U^2}{R_N}=\dfrac{110^2}{48.4}$ W $=250$ W

只有额定值的四分之一。

1.5.8 根据日常观察,电灯在深夜要比黄昏时亮一些,为什么?

【分析】 考查电压源和负载之间的关系。

【解】 由于深夜大多数人关灯休息,工地停工,使电源的负载大大减轻,电源内阻和导线电阻电压降大大减小,电灯端电压比黄昏时高,所以电灯要亮一些。

1.5.9 电路如图 1.5.10 所示,设电压表的内阻为无穷大,电流表的内阻为零。当开关 S 处于位置 1 时,电压表的读数为 10 V;当 S 处于位置 2 时,电流表的读数为 5 mA。试问当 S 处于位置 3 时,电压表和电流表的读数各为多少?

【分析】 电源开路和接入负载的不同情况的电路分析。

【解】 当开关 S 处于位置 1 时,电压表读数为 10 V,可知该电源开路电压 $U_0=10$ V,即该电源电动势 $E=10$ V。

当开关 S 处于位置 2 时,电流表读数为 5 mA,可知该电源的短路电流 $I_S=5$ mA,则该电源内阻

$$R_0 = \frac{E}{I_s} = \frac{U_0}{I_s} = \frac{10\text{ V}}{5\text{ mA}} = 2\text{ k}\Omega$$

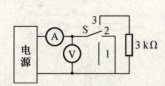

图1.5.10 练习与思考1.5.9的图

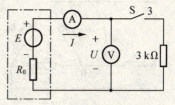

图解1.01

当开关S处于位置3时,如图解1.01所示。电源输出电压U、输出电流I分别为

$$I = \frac{E}{R_0 + 3} = \frac{10\text{ V}}{(2+3)\text{k}\Omega} = 2\text{ mA}$$

$$U = E - IR_0 = (10-4)\text{V} = 6\text{ V}$$

即电压表、电流表读数分别为6 V和2 mA。

1.5.10 在图1.5.11中,将开关S断开和闭合两种情况下,试问电流I_1、I_2、I_3各为多少?图中$E = 12$ V,$R = 3$ Ω。设S两端自上而下的电压为U。

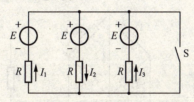

图1.5.11 练习与思考1.5.10的图

【分析】 开关断开,三个支路电压相等;开关闭合,三个支路电压为零。

【解】 (1) 当开关S断开时,则对于三个支路可列出

$U = E - I_1 R$

$U = E + I_2 R$

$U = E - I_3 R$

由三个等式可看出$I_1 = I_2 = I_3 = 0$

(2) 当开关闭合时,则$U = 0$。

$$I_1 = \frac{E}{R} = \frac{12}{3}\text{ A} = 4\text{ A}$$

$$I_2 = -\frac{E}{R} = -\frac{12}{3}\text{ A} = -4\text{ A}$$

$$I_3 = \frac{E}{R} = \frac{12}{3}\text{ A} = 4\text{ A}$$

1.6.1 在图1.6.3所示电路中,如I_A,I_B,I_C的参考方向如图中所设,这三个电流有没有可能都是正值?

【分析】 考查基尔霍夫定律。

【解】 图1.6.3中的虚线圆圈可看作是一个广义的结点,由基尔霍夫定律知

$I_A + I_B + I_C = 0$

由此式可以看出这三个电流不可能全都是正值。图中的电流方向仅为参考方向。

1.6.2 求图1.6.8所示电路中电流I_5的数值,已知$I_1 = 4$ A,$I_2 = -2$ A,$I_3 = 1$ A,$I_4 = -3$ A。

【分析】 同1.6.1。

【解】 由基尔霍夫定律可得

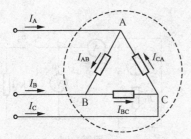

图1.6.3 基尔霍夫电流定律的推广应用

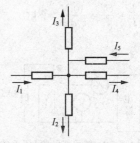

图1.6.8 练习与思考1.6.2的图

$$I_1+I_5=I_2+I_3+I_4$$

故

$$I_5=I_2+I_3+I_4-I_1$$
$$=(-2+1-3-4)A=-8\ A$$

I_5实际方向与参考方向相反。

1.6.3 在图1.6.9所示电路中,已知$I_a=1$ mA,$I_b=10$ mA,$I_c=2$ mA,求电流I_d。

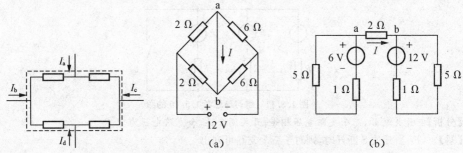

图1.6.9 练习与思考1.6.3的图　　　　图1.6.10 练习与思考1.6.4的图

【分析】 本题考查广义基尔霍夫电流定律的推广应用。

【解】 图1.6.9所示电路中虚线围起的4个电阻可看作一个广义结点,因此根据基尔霍夫电流定律,有

$$I_a+I_b+I_c+I_d=0$$

故 $I_d=-(I_a+I_b+I_c)=-(1+10+2)\text{mA}=-13\text{ mA}$

1.6.4 在图1.6.10所示的两个电路中,各有多少支路和结点?U_{ab}和I是否等于零? 如将图1.6.10(a)中右下臂的6 Ω改为3 Ω,则又如何?

【分析】 电压、电流的电路分析求解。

【解】 图1.6.10(a)中有6条支路4个结点,由于a、b之间短路,故$U_{ab}=0$,a和b为等电位点,从这个角度也可以看作只有3个结点。由于该电桥电路4个桥臂是平衡的,所以$I=0$。如将图1.6.10(a)右下臂的6 Ω改为3 Ω,该电桥不再平衡,因而$I\neq0$。

图1.6.10(b)中无支路也无结点,仅有两个相互独立的单回路。因电流I无闭合回路,故$I=0$,$U_{ab}=2I=0$ V,即a与b为等电位。

1.6.5 按照式(1.6.4)$\sum E=\sum(RI)$和图1.6.11所示回路的循行方向,写出基尔霍夫电压定律的表达式。

【分析】 同1.6.1。

【解】 由图1.6.11可列出该回路的基尔霍夫电压定律表达式

$$-E_1+E_2+E_3-E_4=I_1R_1-I_2R_2+I_3R_3-I_4R_4$$

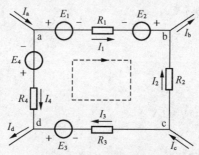

图 1.6.11 练习与思考 1.6.5 的图

1.6.6 电路如图 1.6.12 所示，计算电流 I、电压 U 和电阻 R。

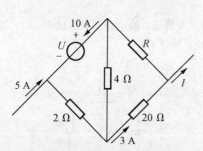

图 1.6.12 练习与思考 1.6.6 的图

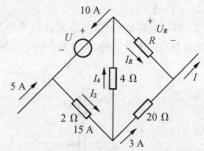

图解 1.02 练习与思考 1.6.6 的解

【分析】 基尔霍夫电压、电流定律、欧姆定律的考查。

【解】 设图 1.6.12 中 2 Ω、4 Ω、R 三个电阻的电流和电压分别为 I_2、I_4、I_R、U_R，如图解 1.02 所示。
由基尔霍夫电流定律可得

$I_2=(5+10)\text{A}=15\text{ A}$

$I_4=I_2-3=(15-3)\text{A}=12\text{ A}$

$I_R=I_4-10=(12-10)\text{A}=2\text{ A}$

$I=I_R+3=(2+3)\text{A}=5\text{ A}$

由基尔霍夫电压定律可得

$U=-(I_2 \cdot 2+I_4 \cdot 4)=-(15\times2+12\times4)\text{V}=-78\text{ V}$

$U_R=U+I_2\times2+3\times20=(-78+15\times2+3\times20)\text{V}=12\text{ V}$

由欧姆定律可得

$R=\dfrac{U_R}{I_R}=\dfrac{12}{2}\text{ }\Omega=6\text{ }\Omega$

1.7.1 计算图 1.7.6 所示两电路中 A,B,C 各点的电位。

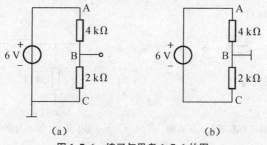

(a)　　　　　　　　(b)

图 1.7.6 练习与思考 1.7.1 的图

【分析】 电路中电位概念的考查。

【解】 图1.7.6(a)中电流

$$I = \frac{6}{4+2} \text{ mA} = 1 \text{ mA}$$

故

$V_A = 6 \text{ V}$

$V_B = V_A - 1 \times 4 = (6-4)\text{V} = 2 \text{ V}$

$V_C = 0$

图1.7.6(b)中电流仍为 1 mA，

$V_A = (1 \times 4)\text{V} = 4 \text{ V}$

$V_B = 0$

$V_C = (-1 \times 2)\text{V} = -2 \text{ V}$

1.7.2 有一电路如图1.7.7所示，(1) 零电位参考点在哪里？画电路图表示出来。(2) 当将电位器 R_P 的滑动触点向下滑动时，A，B两点的电位增高了还是降低了？

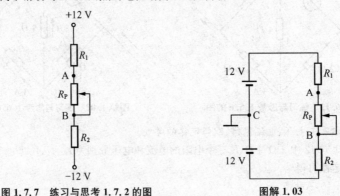

图1.7.7 练习与思考1.7.2的图　　　　图解1.03

【分析】 同1.7.1。

【解】 (1) 零电位参考点在正电源的负极与负电源的正极相连的那一点 C 上，如图解1.03所示。

(2) 设图解1.03中的电流为 I，则A、B两点电位

$V_A = 12 - IR_1$

$V_B = IR_2 - 12$

当 R_P 滑动触点向下滑动时，电路的总电阻增大，电流将减小，因而 A 点电位 V_A 将升高；B 点电位 V_B 将下降。

1.7.3 计算图1.7.8所示电路在开关S断开和闭合时A点的电位 V_A。

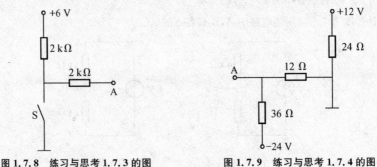

图1.7.8 练习与思考1.7.3的图　　　　图1.7.9 练习与思考1.7.4的图

【分析】 同1.7.1

【解】 当S断开时,电路中没有回路,2个2 kΩ电阻中电流皆为零,因此$V_A=+6$ V。
当S闭合时,横向的2 kΩ电阻中无电流流过,故$V_A=0$ V。

1.7.4 计算图1.7.9中A点的电位V_A。

【分析】 同1.7.1

【解】 设由A点经由36 Ω电阻流向-24 V的电流为I,则
$$0-(-24\text{ V})=(12+36)I$$
故
$$V_A=0-12I=-12\times 0.5\text{ V}=-6\text{ V}$$

1.3 习题全解

A 选择题

1.5.1 在图1.01中,负载增加是指( )。
(1) 负载电阻R增大 (2) 负载电流I增大 (3) 电源端电压U增高

【解】 选择(1)

1.5.2 在图1.01中,电源开路电压U_0为230 V,电源短路电流I_S为1150 A。当负载电流I为50 A时,负载电阻R为( )。
(1) 4.6 Ω (2) 0.2 Ω (3) 4.4 Ω

【分析】 由题设及图1.01所示电路可知电源内阻R_0为
$$R_0=\frac{U_0}{I_S}=\frac{230}{1150}\text{ Ω}=0.2\text{ Ω}$$
负载电阻R中的电流
$$I=\frac{U_0}{R_0+R}$$
则 $R=\frac{U_0}{I}-R_0=\left(\frac{230}{50}-0.2\right)\text{ Ω}=4.4\text{ Ω}$

【解】 选择(3)

1.5.3 如将两只额定值为220 V/100 W的白炽灯串联接在220 V的电源上,每只灯消耗的功率为( )。设灯电阻未变。
(1) 100 W (2) 50 W (3) 25 W

【分析】 每只灯的电阻
$$R=\frac{U^2}{P}=\frac{220^2}{100}\text{ Ω}=484\text{ Ω}$$
串联后每只灯的工作电压为110 V,此时所消耗的功率
$$P'=\frac{U'^2}{R}=\frac{110^2}{484}\text{ W}=25\text{ W}$$

【解】 选择(3)

1.5.4 用一只额定值为110 V/100 W的白炽灯和一只额定值为110 V/40 W的白炽灯串联后接到220 V的电源上,当将开关闭合时,( )。
(1) 能正常工作 (2) 100 W的灯丝烧毁 (3) 40 W的灯丝烧毁

【分析】 相同额定电压、不同额定功率的白炽灯,其电阻是不同的,额定功率大的电阻小,额定功率小的电阻大。

【解】 选择(3)

1.5.5 在图 1.02 中,电阻 R 为( )。

(1) 0 Ω (2) 5 Ω (3) −5 Ω

【分析】 由图 1.02 可知,电阻 R 上的电压为 20 V,极性为左正右负,故其电阻应为 5 Ω。

【解】 选择(2)

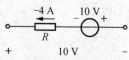
图 1.02 习题 1.5.5 的图

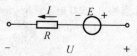
图 1.03 习题 1.5.6 的图

1.5.6 在图 1.03 中,电压电流的关系式为( )。

(1) $U=E-RI$ (2) $U=E+RI$ (3) $U=-E+RI$

【分析】 由基尔霍夫电压定律可列出图 1.03 的电压方程 $U=E+IR$。

【解】 选择(2)

1.5.7 在图 1.04 中,三个电阻共消耗的功率为( )。

(1) 15 W (2) 9 W (3) 无法计算

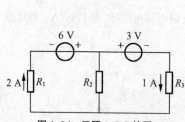
图 1.04 习题 1.5.7 的图

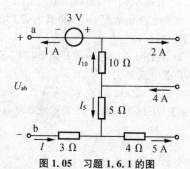
图 1.05 习题 1.6.1 的图

【分析】 由图 1.04 可知,2 A 电流由 6 V 电压源负极流入,正极流出,该电压源发出功率;1 A 电流由 3 V 电压源正极流入,负极流出,该电压源吸收功率。

【解】 选择(2)

1.6.1 在图 1.05 所示的部分电路中,a,b 两端的电压 U_{ab} 为( )。

(1) 40 V (2) −40 V (3) −25 V

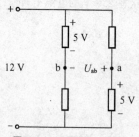
图 1.06 习题 1.6.2 的图

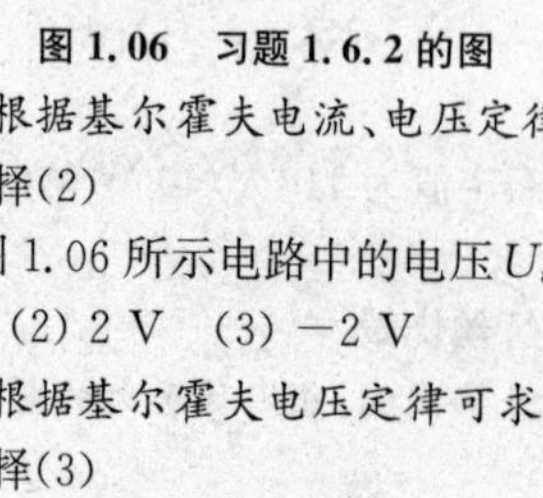

图 1.07 习题 1.7.1 的图

【分析】 根据基尔霍夫电流、电压定律可求得。

【解】 选择(2)

1.6.2 图 1.06 所示电路中的电压 U_{ab} 为( )。

(1) 0 V (2) 2 V (3) −2 V

【分析】 根据基尔霍夫电压定律可求得。

【解】 选择(3)

1.7.1 在图 1.07 中,B 点的电位 V_B 为( )。

(1) -1 V　(2) 1 V　(3) 4 V

【分析】 由图 1.07 知 $I_{CA}=\dfrac{5-(-5)}{75+50}$ A＝0.08 A。

则 $V_B=V_C-I_{CA}\times 50=(5-0.08\times 50)$V＝1 V

【解】 选择(2)

1.7.2 图 1.08 所示电路中 A 点的电位 V_A 为(　　)。

(1) 2 V　(2) 4 V　(3) -2 V

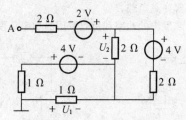

图 1.08　习题 1.7.2 的图

【分析】 由图 1.08 可知，与 2 V 电压源串联的 2 Ω 电阻中的电流为 0，根据基尔霍夫电压定律可得。

【解】 选择(3)

B 基本题

1.5.8 在图 1.09 所示的各段电路中，已知 $U_{ab}=10$ V，$E=5$ V，$R=5$ Ω，试求 I 的表达式及其数值。

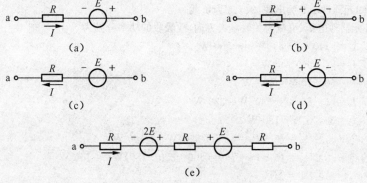

图 1.09　习题 1.5.8 的图

【分析】 本题考查电压和电流的参考方向及基尔霍夫定律的应用。

【解】 根据基尔霍夫电压定律可列出图 1.09(a)—(e)电路的电压平衡方程，由此求出相应的电流 I。

(a) $U_{ab}=IR+(-E)$, $\qquad I=\dfrac{U_{ab}+E}{R}=\dfrac{10+5}{5}$ A＝3 A。

(b) $U_{ab}=IR+E$, $\qquad I=\dfrac{U_{ab}-E}{R}=\dfrac{10-5}{5}$ A＝1 A。

(c) $U_{ab}=-IR+(-E)$, $\qquad I=\dfrac{-U_{ab}-E}{R}=\dfrac{-10-5}{5}$ A＝-3 A。

(d) $U_{ab}=-IR+E$, $\qquad I=\dfrac{-U_{ab}+E}{R}=\dfrac{-10+5}{5}$ A＝-1 A。

(e) $U_{ab}=IR+(-2E)+IR+E+IR=3IR-E$, $I=\dfrac{U_{ab}+E}{3R}=\dfrac{10+5}{3\times 5}$ A$=1$ A。

1.5.9 在图 1.10 中,五个元器件代表电源或负载。电流和电压的参考方向如图中所示,今通过实验测量得知

$I_1=-4$ A $I_2=6$ A $I_3=10$ A

$U_1=140$ V $U_2=-90$ V $U_3=60$ V $U_4=-80$ V $U_5=30$ V

(1) 试标出各电流的实际方向和各电压的实际极性(可另画一图);

(2) 判断哪些元器件是电源,哪些是负载;

(3) 计算各元器件的功率,电源发出的功率和负载取用的功率是否平衡?

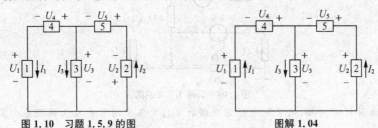

图 1.10 习题 1.5.9 的图　　　　图解 1.04

【分析】 电流、电压实际方向的判别,电源与负载的判别,功率公式的考查。

【解】 (1) 五个元器件中电流和电压的实际方向可根据参考方向和实验测量结果确定:实验测量结果为正值,说明实际方向与参考方向相同;实验测量结果为负值,说明实际方向与参考方向相反。图解 1.04 标出了各电流的实际方向和各电压的实际极性。

(2) 电压与电流实际方向相同的元器件吸收电能(正电荷由高电位向低电位失去能量),为负载;电压与电流实际方向相反的元器件释放电能(正电荷由低电位向高电位获得能量),为电源。因此,根据图解 1.04 可以得知元器件 1、2 为电源,3、4、5 为负载。

(3) 因为各元器件电压、电流为关联参考方向,故吸收的功率分别为

$P_1=U_1 I_1=[140\times(-4)]W=-560$ W

$P_2=U_2 I_2=[(-90)\times 6]W=-540$ W

$P_3=U_3 I_3=60\times 10$ W$=600$ W

$P_4=U_4 I_4=[(-80)\times(-4)]W=320$ W

$P_5=U_5 I_5=30\times 6$ W$=180$ W

电源发出的功率　$\sum P_发=P_1+P_2=(560+540)W=1\,100$ W

负载吸收的功率　$\sum P_吸=P_3+P_4+P_5=(600+320+180)W=1\,100$ W

$\sum P_发=\sum P_吸$

二者相等,整个电路的功率平衡。

1.5.10 在图 1.11 中,已知 $I_1=3$ mA,$I_2=1$ mA。试确定电路元器件 3 中的电流 I_3 和其两端电压 U_3,并说明它是电源还是负载。校验整个电路的功率是否平衡。

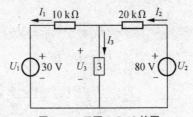

图 1.11 习题 1.5.10 的图

【分析】 本题考查基尔霍夫电流定律和功率平衡。根据实际方向和功率正负来判断是负载还是

电源,根据能量守恒定律,电源输出和负载消耗功率绝对值应相等。

【解】 由基尔霍夫电流定律可列出电流方程

$I_2 = I_1 + I_3$

$I_3 = I_2 - I_1 = (1-3)\text{mA} = -2 \text{ mA}$

由基尔霍夫电压定律可列右侧回路的电压方程

$-U_2 + 20I_2 + U_3 = 0$

则 $U_3 = U_2 - 20I_2 = (80 - 20 \times 1)\text{V} = 60 \text{ V}$

元器件3中电压、电流的实际方向相反,释放电能,因此是电源。

电路中各元器件吸收的功率为

$P_1 = U_1 I_1 = (30 \times 3)\text{mW} = 90 \text{ mW}$ 为负载

$P_2 = -U_2 I_2 = (-80 \times 1)\text{mW} = -80 \text{ mW}$ 为电源

$P_3 = U_3 I_3 = [60 \times (-2)]\text{mW} = -120 \text{ mW}$ 为电源

$P_{R1} = I_1^2 R_1 = (3^2 \times 10)\text{mW} = 90 \text{ mW}$ 为负载

$P_{R2} = I_2^2 R_2 = (1^2 \times 20)\text{mW} = 20 \text{ mW}$ 为负载

各电源发出的功率 $\sum P_{放} = P_2 + P_3 = (80+120)\text{mW} = 200 \text{ mW}$

各负载吸收的功率 $\sum P_{吸} = P_1 + P_{R1} + P_{R2} = (90+90+20)\text{mW} = 200 \text{ mW}$

$\sum P_{放} = \sum P_{吸}$

整个电路的功率是平衡的。

1.5.11 有一直流电源,其额定功率 $P_N = 200$ W,额定电压 $U_N = 50$ V,内阻 $R_0 = 0.5$ Ω,负载电阻 R 可以调节,其电路如图1.5.1所示。试求:(1)额定工作状态下的电流及负载电阻;(2)开路状态下的电源端电压;(3)电源短路状态下的电流。

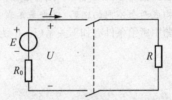

图 1.5.1 习题 1.5.11 的图

【分析】 本题考查电路的工作状态的判断、功率求解公式的应用、欧姆定律的应用。

【解】 电源输出的额定功率 P_N、额定电压 U_N 和额定电流 I_N 之间的关系为

$P_N = U_N \cdot I_N$

(1) 额定电流 $I_N = \dfrac{P_N}{U_N} = \dfrac{200}{50}\text{A} = 4 \text{ A}$

额定工作状态下的负载电阻 $R = \dfrac{U_N}{I_N} = \dfrac{50}{4}\Omega = 12.5 \text{ }\Omega$

(2) 开路状态下的电源端电压 U_0 等于电源电动势 E,即

$U_0 = E = U_N + I_N \cdot R_0 = (50 + 4 \times 0.5)\text{V} = 52 \text{ V}$

(3) 短路状态下的电流 $I_N = \dfrac{E}{R_0} = \dfrac{52}{0.5}\text{A} = 104 \text{ A}$

1.5.12 有一台直流稳压电源,其额定输出电压为30 V,额定输出电流为2 A,从空载到额定负载,其输出电压的变化率为千分之一(即 $\Delta U = \dfrac{U_0 - U_N}{U_N} = 0.1\%$),试求该电源的内阻。

【分析】 电路的工作状态的判断,全电路欧姆定律的应用。

【解】 电源从空载到额定负载,其输出电压的变化值 ΔU 实际上就是在电源内阻 R_0 上产生的电压降,依题意

$\Delta U = 0.1\% U_N = I_N \cdot R_0$

故 $R_0 = \dfrac{\Delta U}{I_N} = \dfrac{0.1\% U_N}{I_N} = \dfrac{0.001 \times 30}{2} \Omega = 0.015\ \Omega$

1.5.13 在图 1.12 所示的两个电路中,要在 12 V 的直流电源上使 6 V/50 mA 的电珠正常发光,应该采用哪一个连接电路?

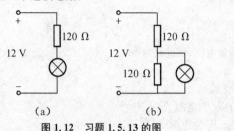

图 1.12 习题 1.5.13 的图

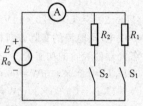

图 1.13 习题 1.5.14 的图

【分析】 (a)中先求出分电路电阻,再用电压除以总电阻即可得到电路电流;(b)中得到电路总电流后还要求出电路上的分电流。

【解】 6 V/50 mA 电珠的电阻

$$R = \dfrac{6}{50 \times 10^{-3}} \Omega = 120\ \Omega$$

要使它能正常发光,其工作电压应达到 6 V 或者工作电流应达到 50 mA,因此应采用图 1.12(a)所示的电路。

1.5.14 图 1.13 所示的电路可用来测量电源的电动势 E 和内阻 R_0。图中,$R_1 = 2.6\ \Omega$,$R_2 = 5.5\ \Omega$。当将开关 S_1 闭合时,电流表读数为 2 A,断开 S_1,闭合 S_2 后,读数为 1 A。试求 E 和 R_0。

【分析】 分别闭合两个开关,构成两个不同的回路,根据基尔霍夫电压定律列出方程组求解。

【解】 由图 1.13 所示电路及题中所给条件有如下关系(I_1、I_2 为 R_1、R_2 中电流)

S_1 闭合时 $E = I_1(R_0 + R_1)$

S_2 闭合时 $E = I_2(R_0 + R_2)$

即 $\begin{cases} E = 2(R_0 + 2.6) \\ E = R_0 + 5.5 \end{cases}$

联立解得 $E = 5.8\ \text{V}$ $R_0 = 0.3\ \Omega$

1.5.15 图 1.14 所示是电阻应变仪中的测量电桥的原理电路。R_x 是电阻应变片,粘附在被测零件上。当零件发生变形(伸长或缩短)时,R_x 的阻值随之改变,这反映在输出信号 U_0 上。在测量前如果把各个电阻调节到 $R_x = 100\ \Omega$,$R_1 = R_2 = 200\ \Omega$,$R_3 = 100\ \Omega$,这时满足 $\dfrac{R_x}{R_3} = \dfrac{R_1}{R_2}$ 的电桥平衡条件,$U_0 = 0$。在进行测量时,如果测出(1)$U_0 = +1$ mV,(2)$U_0 = -1$ mV,试计算两种情况下的 ΔR_x。U 极性的改变反映了什么?设电源电压 U 是直流 3 V。

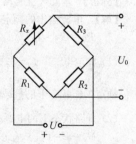

图 1.14 习题 1.5.15 的图

【分析】 电桥的作用主要是精确测量电阻值。一般通过调节伏特表或者接一个大电阻和安培表串联支路来调节安培表为 0 即可。本题也是考查欧姆定律和基尔霍夫电压定律。

【解】 当 $\dfrac{R_x}{R_3} = \dfrac{R_1}{R_2}$ 时,电桥平衡,$U_0 = 0$

当 $\dfrac{R_x + \Delta R_x}{R_3} \neq \dfrac{R_1}{R_2}$ 时,电桥不再平衡,$U_0 \neq 0$

由图 1.14 可得

$$U_0 = R_3 \cdot \frac{U}{R_x + \Delta R_x + R_3} - R_2 \cdot \frac{U}{R_1 + R_2}$$

$$= 100 \times \frac{3}{100 + \Delta R_x + 100} - 200 \times \frac{3}{200 + 200}$$

$$= \frac{300}{\Delta R_x + 200} - \frac{3}{2}$$

整理可得

$$\Delta R_x = \frac{300}{1.5 + U_0} - 200$$

(1) 若 $U_0 = +1$ mV,则代入可得

$$\Delta R_x = \left(\frac{300}{1.5 + 0.001} - 200\right) \Omega = -0.133 \ \Omega, R_x \text{减小}.$$

(2) 若 $U_0 = -1$ mV,则代入可得

$$\Delta R_x = \left[\frac{300}{1.5 + (-0.001)} - 200\right] \Omega = +0.133 \ \Omega, R_x \text{增大}.$$

由 $R = \rho \frac{l}{A}$ 知,l 伸长或缩短时,R 将增大或减小。因此当 U_0 极性变正时($U_0 > 0$),电阻应变片阻值 R_x 减小(即 $\Delta R_x < 0$),说明被测零件的变形为缩短;当 U_0 极性变负时($U_0 < 0$),电阻应变片阻值 R_x 增大(即 $\Delta R_x > 0$),说明被测零件的变形为伸长。U_0 极性的改变情况反映了零件的形变情况。

1.5.16 电路如图 1.15 所示。当开关 S 断开时,电压表读数为 18 V;当开关 S 闭合时,电流表读数为 1.8 A。试求电源的电动势 E 和内阻 R_0,并求 S 闭合时电压表的读数。

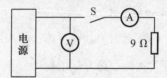

图 1.15 习题 1.5.16 的图

【分析】 由电源开路、短路知识应用公式求解。

【解】 当开关 S 断开时,电压表读数 18 V 即为该电源开路电压 U_0,则电源电动势 $E = U_0 = 18$ V。
当开关 S 闭合时,电流表读数 1.8 A 即为 9 Ω 电阻中电流 I,则电压表读数应为 $1.8 * 9$ V $= 16.2$ V,且 $\frac{E}{R_0 + 9} = I = 1.8$ A,故 $R_0 = \frac{E}{I} - 9 = \left(\frac{18}{1.8} - 9\right) \Omega = 1 \ \Omega$。

1.5.17 图 1.16 是电源有载工作的电路。电源的电动势 $E = 220$ V,内阻 $R_0 = 0.2 \ \Omega$;负载电阻 $R_1 = 10 \ \Omega, R_2 = 6.67 \ \Omega$;线路电阻 $R_l = 0.1 \ \Omega$。试求负载电阻 R_2 并联前后:(1) 电路中电流 I;(2) 电源端电压 U_1 和负载端电压 U_2;(3) 负载功率 P。当负载增大时,总的负载电阻、线路中电流、负载功率、电源端和负载端的电压是如何变化的?

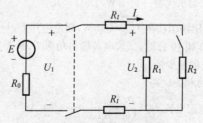

图 1.16 习题 1.5.17 的图

【分析】 理解电源及内阻、功率、负载等概念的基础上应用欧姆定律、KCL 定律解题。

【解】 并联 R_2 前,

电路总负载电阻为 $R_\Sigma = R_0 + 2R_l + R_1 = 10.4\ \Omega$

(1) 电路中电流为 $I = \dfrac{E}{R_0 + 2R_l + R_1} = \dfrac{220}{0.2 + 2 \times 0.1 + 10}\ A = 21.2\ A$

(2) 电源端电压为 $U_1 = E - IR_0 = (220 - 21.2 \times 0.2)\ V = 216\ V$

负载端电压为 $U_2 = IR_1 = 21.2 \times 10\ V = 212\ V$

(3) 负载功率 $P = U_2 I = 212 \times 21.2\ W = 4.49\ kW$

并联 R_2 后，电路总负载电阻

$$R_\Sigma = R_0 + 2R_l + (R_1 /\!/ R_2) = 4.4\ \Omega$$

(1) 电路中电流

$$I = \dfrac{E}{R_0 + 2R_l + (R_1 /\!/ R_2)} = \dfrac{220}{0.2 + 2 \times 0.1 + \dfrac{10 \times 6.67}{10 + 6.67}}\ A = 50\ A$$

(2) 电源端电压 $U_1 = E - IR_0 = (220 - 50 \times 0.2)\ V = 210\ V$

负载端电压 $U_2 = I(R_1 /\!/ R_2) = \left(50 \times \dfrac{10 \times 6.67}{10 + 6.67}\right)\ V = 200\ V$

(3) 负载功率 $P = U_2 I = (200 \times 50)\ W = 10\ kW$

负载增大时，电路总电阻减小，线路中电流增大，负载功率增大，电源端电压及负载端电压均下降。

1.5.18 计算下列两只电阻元件的最大容许电压和最大容许电流：(1) 1 W/1 kΩ；(2) $\dfrac{1}{2}$ W/500 Ω。能否将两只 $\dfrac{1}{2}$ W/500 Ω 的电阻元件串联起来代替一只 1 W/1 kΩ 的电阻？

【分析】 额定值与实际值相关知识的运用。

【解】 (1) 因 $P_{1N} = 1\ W$，$R_{1N} = 1\ k\Omega$，故由 $P_{1N} = \dfrac{U_{1N}^2}{R_{1N}}$ 得

$$U_{1N} = \sqrt{P_{1N} R_{1N}} = \sqrt{1 \times 10^3}\ V = 10\sqrt{10}\ V \approx 31.62\ V$$

$$I_{1N} = \dfrac{P_{1N}}{U_{1N}} = \dfrac{1}{10\sqrt{10}}\ A = 0.0316\ A$$

(2) 因 $P_{2N} = \dfrac{1}{2}\ W$，$R_{2N} = 500\ \Omega$，故由 $P_{2N} = \dfrac{U_{2N}^2}{R_{2N}}$ 得

$$U_{2N} = \sqrt{P_{2N} R_{2N}} = \sqrt{\dfrac{1}{2} \times 500}\ V = 5\sqrt{10}\ V = 15.81\ V$$

$$I_{2N} = \dfrac{P_{2N}}{U_{2N}} = \dfrac{1/2}{15.81}\ A = 0.0316\ A$$

因 1 W/1 kΩ 电阻与 $\dfrac{1}{2}$ W/500 Ω 电阻允许流过的额定电流皆为 0.0316 A，在额定电压之内可以将两只 $\dfrac{1}{2}$ W/500 Ω 电阻元件串联起来代替一只 1 W/1 kΩ 电阻。

1.5.19 有一电源设备，额定输出功率 $P_N = 400\ W$，额定电压 $U_N = 110\ V$，电源内阻 $R_0 = 1.38\ \Omega$。(1) 当负载电阻 R_2 分别为 50 Ω 和 10 Ω 时，试求电源输出功率 P，是否过载？(2) 当发生电源短路时，试求短路电流 I_3，它是额定电流的多少倍？

【分析】 本题考查电动势的相关概念。

【解】 (1) 该电源设备的额定电流 $I_N = \dfrac{P_N}{U_N} = \dfrac{400}{110}\ A \approx 3.64\ A$

电源电动势 $E = U_N + I_N R_0 = (110 + 3.64 \times 1.38)\ V = 115\ V$

在不同负载下的输出功率 $P_L = \left(\dfrac{E}{R_0 + R_L}\right)^2 \cdot R_L$

当 $R_{L1}=50$ Ω 时，$P_{L1}=\left(\dfrac{115}{1.38+50}\right)^2\times 50$ W=250.5 W$<P_N$，未过载

当 $R_{L2}=10$ Ω 时，$P_{L2}=\left(\dfrac{115}{1.38+10}\right)^2\times 10$ W=1 021.2 W$>P_N$，过载

(2) 发生电源短路时，$I_S=\dfrac{E}{R_0}=\dfrac{115}{1.38}=83.33$ A=22.9$I_N\gg I_N$，会造成电源设备损坏，应采取保护措施加以避免。

1.6.3 在图 1.17 中，已知 $I_1=0.01$ μA，$I_2=0.3$ μA，$I_5=9.61$ μA，试求电源 I_3，I_4 和 I_6。

【分析】 本题考查基尔霍夫电流定律。

【解】 根据基尔霍夫电流定律

$I_3=I_1+I_2=(0.01+0.3)$μA=0.31 μA

$I_4=I_5-I_3=(9.61-0.31)$ μA=9.3 μA

$I_6=I_2+I_4=(0.3+9.3)$ μA=9.6 μA

或由 $I_1+I_6=I_2$（将 I_2、I_3、I_4 三条支路构成的电路看作是一个广义结点），得

$I_6=I_5-I_1=(9.61-0.01)$ μA=9.6 μA

结果是一致的。

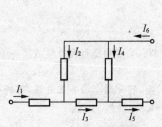

图 1.17 习题 1.6.3 的图

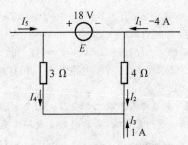

图 1.18 习题 1.6.4 的图

1.6.4 在图 1.18 所示的部分电路中，计算电流 I_2，I_4 和 I_5。

【分析】 直接应用基尔霍夫电流定律求解。

【解】 将 I_1、I_3、I_5 三条支路构成的电路看作是一个广义结点，由基尔霍夫电流定律可得

$I_1+I_3+I_5=0$

故 $I_5=-(I_1+I_3)=-(-4+1)$A=3 A

1.6.5 计算图 1.19 所示电路中的电流 I_1，I_2，I_3，I_4 和电压 U。

【分析】 本题考查基尔霍夫电流定律和基尔霍夫电压定律。

【解】 设电流 I_1、I_2、I_3、I_4 流过的电阻上的电压分别为 U_1、U_2、U_3、U_4，方向与该电流方向相同。

由图 1.19 可知 $U_4=0.2\times 30$ V=6 V

则 $I_4=\dfrac{U_4}{60}=\dfrac{6}{60}$ A=0.1 A

$I_3=I_4+0.2=(0.1+0.2)$A=0.3 A

$U_3=10I_3=0.3\times 10$ V=3 V

$U_2=U_3+U_4=(3+6)$V=9 V

$I_2=\dfrac{U_2}{15}=\dfrac{9}{15}$ A=0.6 A

$I_1=I_2+I_3=(0.6+0.3)$A=0.9 A

$U_1=90I_1=0.9\times 90$ V=81 V

$U=U_1+U_2=(81+9)$V=90 V

1.7.3 试求图 1.20 所示电路中 A,B,C,D 各点电位。

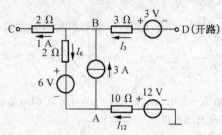

图 1.20　习题 1.7.3 的图

【分析】　本题考查电位相关概念、欧姆定律、基尔霍夫定律。

【解】　设 3 V、6 V 和 12 V 电压源支路的电流分别为 I_3、I_6 和 I_{12}，由广义基尔霍夫电流定律可得
$$I_3+I_{12}=1$$
因 D 开路，$I_3=0$，故 $I_{12}=1$ A。
对于 B 点，可列出 KCL 方程。
$$V_A=12-I_{12}\times 10=(12-1\times 10)\text{V}=2\text{ V}$$
$$V_B=V_A+6+I_4\times 2=(2+6+2\times 2)\text{V}=12\text{ V}$$
$$V_C=V_B-1\times 2=(12-1\times 2)\text{V}=10\text{ V}$$
$$V_D=V_B+I_3\times 3-3=V_B-3=(12-3)\text{V}=9\text{ V}$$

1.7.4 试求图 1.21 所示电路中 A 点和 B 点的电位。如将 A,B 两点直接连接或接一电阻，对电路工作有无影响？

【分析】　本题考查串联电阻分压。两个电阻所在两个回路，可分别求出各自电压，若两个电阻间压降为零，则接一电阻无影响，否则将改变电路中电流大小、方向。

【解】　对于左侧回路　$V_A=\left(\dfrac{20}{12+8}\times 8\right)\text{V}=8\text{ V}$

对于右侧回路　$V_B=\left(\dfrac{16}{4+4}\times 4\right)\text{V}=8\text{ V}$

A,B 两点电位相等，故两点直接相连或接一电阻对电路工作没有影响。

1.7.5 在图 1.22 中，在开关 S 断开和闭合的两种情况下试求 A 点的电位。

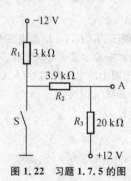

图 1.22　习题 1.7.5 的图

【分析】　对于这些回路进行分析，反复运用欧姆定律则可得所要求的电位。开关断开时，仅一回路；开关闭合时，为三个回路。

【解】　当开关 S 断开时，
$$V_A=12-R_3\times\dfrac{12-(-12)}{R_1+R_2+R_3}$$

$$= \left(12 - 20 \times \frac{24}{3+3.9+20}\right) \text{V}$$
$$= 5.84 \text{ V}$$

当开关 S 闭合时,
$$V_A = 12 - R_3 \cdot \frac{12}{R_2 + R_3}$$
$$= \left(12 - 20 \times \frac{12}{3.9+20}\right) \text{V}$$
$$= 1.96 \text{ V}$$

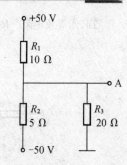

图 1.23 习题 1.7.6 的图

1.7.6 在图 1.23 中,求 A 点电位 V_A。

【分析】 本题考查基尔霍夫电压定律和基尔霍夫电流定律。

【解】 列结点 A 的基尔霍夫电流方程
$$\frac{50 - V_A}{R_1} + \frac{(-50) - V_A}{R_2} + \frac{0 - V_A}{R_3} = 0$$
解得 $V_A = -14.3$ V

C 拓宽题

1.6.6 在图 1.24 所示的电路中,欲使指示灯上的电压 U_3 和电流 I_3 分别为 12 V 和 0.3 A,试求电源电压 U 应为多少?

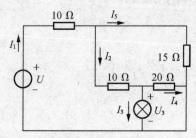

图 1.24 习题 1.6.6 的图

【分析】 基尔霍夫定律相关知识应用。

【解】 设 I_1、I_2、I_4、I_5 电流流过的电阻上的电压降分别为 U_1、U_2、U_4、U_5,方向与电流的方向相同。由题设并根据基尔霍夫电压定律、电流定律及欧姆定律可得

$$U_4 = U_3 = 12 \text{ V} \quad I_4 = \frac{U_4}{20} = 0.6 \text{ A}$$
$$I_2 = I_3 + I_4 = (0.3 + 0.6)\text{A} = 0.9 \text{ A} \quad U_2 = 10 I_2 = 9 \text{ V}$$
$$U_5 = U_2 + U_4 = (9 + 12)\text{V} = 21 \text{ V} \quad I_5 = \frac{U_5}{15} = 1.4 \text{ A}$$
$$I_1 = I_2 + I_5 = (0.9 + 1.4)\text{A} = 2.3 \text{ A} \quad U_1 = 10 I_1 = 23 \text{ V}$$
$$U = U_1 + U_5 = (23 + 21)\text{V} = 44 \text{ V}$$

欲使指示灯上的电压 U_3 和电流 I_3 分别为 12 V 和 0.3 A,电源电压应为 44 V。

1.7.7 图 1.25 所示是某晶体管静态(直流)工作时的等效电路,图中 $I_C = 1.5$ mA,$I_B = 0.04$ mA。试求 CB 间和 BE 间的等效电阻 R_{CB} 和 R_{BE},并计算 C 点和 B 点的电位 V_C 和 V_B。

【分析】 电位的相关知识运用。

【解】 由基尔霍夫电流定律 $I_E = I_B + I_C = (0.04 + 1.5)\text{mA} = 1.54$ mA

B 点电位 $V_B = 3 - I_B \cdot R_B = (3 - 0.04 \times 10^{-3} \times 60 \times 10^3)\text{V} = 0.6$ V

C 点电位 $V_C = 12 - I_C \cdot R_C = (12 - 1.5 \times 10^{-3} \times 4 \times 10^3)\text{V} = 6$ V

BE间等效电阻 $R_{BE}=\dfrac{V_E}{I_E}=\dfrac{0.6}{1.54\times 10^{-3}}\ \Omega=389.6\ \Omega\approx 390\ \Omega$

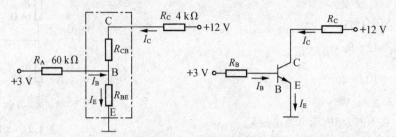

图 1.25 习题 1.7.7 的图

CB间等效电阻 $R_{CB}=\dfrac{V_C-V_B}{I_C}=\dfrac{6-0.6}{1.5\times 10^{-3}}\ \Omega=3.6\ k\Omega$

1.7.8 在图 1.26 所示电路中，已知 $U_1=12\ V$，$U_2=-12\ V$，$R_1=2\ k\Omega$，$R_2=4\ k\Omega$，$R_3=1\ k\Omega$，$R_4=4\ k\Omega$，$R_5=2\ k\Omega$。试求：(1) 各支路电流 I_1,I_2,I_3,I_4,I_5；(2) A 点和 B 点的电位 V_A 和 V_B。

【分析】 基尔定律、电位相关知识运用。

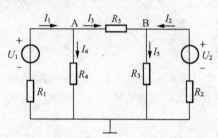

图 1.26 习题 1.7.8 的图

【解】 先列 A、B 两点的基尔霍夫电流方程

结点 A：$I_1-I_3-I_4=0$

结点 B：$I_2+I_3-I_5=0$

其中

$$I_1=-\frac{V_A-U_1}{R_1}\quad I_2=-\frac{V_B-U_2}{R_2}\quad I_3=\frac{V_A-V_B}{R_3}$$

$$I_4=\frac{V_A}{R_4}\quad I_5=\frac{V_B}{R_5}$$

代入上述电流方程得

结点 A：$-\dfrac{V_A-U_1}{R_1}-\dfrac{V_A-V_B}{R_3}-\dfrac{V_A}{R_4}=0$

结点 B：$-\dfrac{V_B-U_2}{R_2}+\dfrac{V_A-V_B}{R_3}-\dfrac{V_B}{R_5}=0$

代入已知数据联立求解得 $V_A=3.64\ V$ $V_B=0.364\ V$，故

$$I_1=-\frac{3.64-12}{2\times 10^3}\ A=4.18\ mA$$

$$I_2=-\frac{0.364+12}{4\times 10^3}\ A=-3.09\ mA$$

$$I_3=\frac{3.64-0.364}{1\times 10^3}\ A=3.276\ mA$$

$$I_4=\frac{3.64}{4\times 10^3}\ A=0.91\ mA$$

$$I_5=\frac{0.364}{2\times 10^3}\ A=0.182\ mA$$

1.4 经典习题与全真考题详解

题 1 求题 1 图所示电路中的电流 I、电阻 R、电压源电压 U_S，并计算电压源的功率。

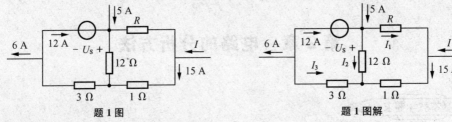

题1图　　　　　　　　　　　题1图解

【分析】 列出 KCL 或 KVL 方程即可求解。

【解】 各电路中电流如题1图解所示。

$I = 6 - 5 = 1 \text{ A}$

$12 + 5 = I_1 + I_2$

$I_2 + I_3 + 15 = 0$

$12 + 6 + I_3 = 0$

$I_1 R + 15 - 12 I_2 = 0$

解得

$R = \dfrac{3}{2} \; \Omega, I_1 = 14 \text{ A}, I_2 = 3 \text{ A}, I_3 = -18 \text{ A}$

$U_S = \dfrac{3}{2} \times 14 + 15 + 18 \times 3 = 90 \text{ V}$

题2 电路如题2图所示，计算电路中各电源的功率。(苏州大学2011年考研试题)

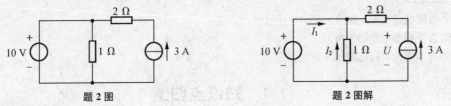

题2图　　　　　　　　　　　题2图解

【分析】 确定各支路电压电流参考方向，然后列出 KCL 或 KVL 方程即可求解。

【解】 电路的电流电压方向如题2图解所示：

则：
$$\begin{cases} I_1 + I_2 + 3 = 0 \\ -I_2 = 10 \\ U = 2 \times 3 - I_2 \end{cases}$$

解得 $I_2 = -10 \text{ A}, I_1 = 7 \text{ A}, U = 16 \text{ V}$

所以：

$P_U = -10 I_1 = -10 \times 7 = -70 \text{ W}$

$P_I = -U \times 3 = -16 \times 3 = -48 \text{ W}$

第 2 章 电路的分析方法

1. 掌握用支路电流法、叠加原理和戴维南定理分析电路的方法。
2. 理解实际电源的两种模型及其等效变换。
3. 了解非线性电阻元件的伏安特性及静态电阻、动态电阻的概念,以及简单非线性电阻电路的图解分析法。

1. 电路分析常用的分析方法——支路电流法、结点电压法、等效变换法。
2. 现行电路的基本定理——叠加定理、等效电源定理(戴维南定理、诺顿定理)。
3. 实际电源两种电路模型间的等效变换。
4. 受控源的概念。

1. 电阻电路 Y－△ 变换关系的灵活运用。
2. 含受控源电路的分析。
3. 含非线性电阻电路的分析。

2.1 知识点归纳

电路分析方法	基本分析方法	1. 等效变化法 2. 支路电流法 3. 回路电流法 4. 结点电压法
	基本电路	1. 独立电源电路 2. 受控电源电路
	基本定理	1. 叠加定理 2. 等效电源定理
	非线性电路	1. 图解法 2. 解析法

2.2 练习与思考全解

2.1.1 试估算图 2.1.5 所示两个电路中的电流 I。

【分析】 本题考查电阻的串联和并联问题。

【解】 对图 2.1.5(a)所示电路,两个阻值相差甚大的电阻串联时,小电阻可忽略不计,故

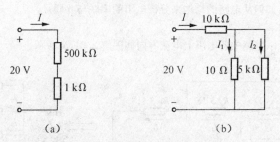

图 2.1.5 练习与思考 2.1.1 的图

$$I=\frac{20}{500\,000+1\,000}\text{A}\approx\frac{20}{500\,000}\text{A}=0.04\text{ mA}$$

对图 2.1.5(b)所示电路,两个阻值相差甚大的电阻并联时,大电阻可忽略不计,故

$$I=\frac{20}{10\,000+\frac{10\times5\,000}{10+5\,000}}\text{A}\approx\frac{20}{10\,000+10}\text{A}\approx\frac{20}{10\,000}\text{A}=2\text{ mA}$$

2.1.2 通常电灯开得愈多,总负载电阻愈大还是愈小?

【分析】 日常所用电源均为电压源,其端电压基本不变,因此电灯都是并联连接的。

【解】 由于电源电压通常基本不变,而电灯都是并联在电源上的,灯开的愈多则相当于并联电阻愈多,总负载电阻就越小。

2.1.3 计算图 2.1.6 所示两电路中 a,b 间的等效电阻 R_{ab}。

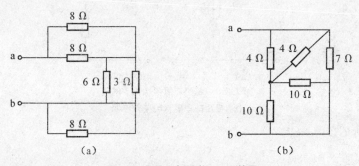

图 2.1.6 练习与思考 2.1.3 的图

【分析】 同 2.1.1。

【解】 对于图 2.1.6(a)所示电路

$$R_{ab}=[(R_{8\Omega}//R_{8\Omega})+(R_{6\Omega}//R_{3\Omega})+0]\Omega$$
$$=(4+2+0)\Omega=6\text{ }\Omega$$

对于图 2.1.6(b)所示电路

$$R_{ab}=[(R_{4\Omega}//R_{4\Omega})+(R_{10\Omega}//R_{10\Omega})]//R_{7\Omega}=3.5\text{ }\Omega$$

2.1.4 在图 2.1.7 所示电路中,试标出各个电阻上的电流数值和方向。

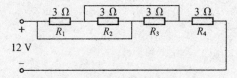

图 2.1.7 练习与思考 2.1.4 的图

通过上两题试总结如何从电路的结构来分析电阻的串联与并联。

【分析】 同 2.1.1。

【解】 图 2.1.7 所示电路中各电阻上电流方向如图解 2.01(a)所示。

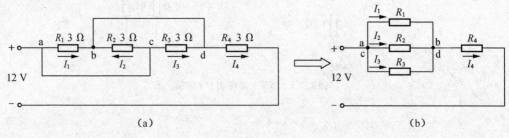

图解 2.01

由图解 2.01(b)可知,$I_4=3$ A,$I_1=I_2=I_3=1$ A。

2.1.5 在图 2.1.1 所示的电阻 R_1 和 R_2 的串联电路中,$U=20$ V,$R_1=10$ kΩ。试分别求(1) $R_2=30$ kΩ,(2) $R_2=\infty$,(3) $R_2=0$ 三种情况下的电流 I、电压 U_1 和 U_2。

通过本题可知,对电阻 R_2 来说有三种情况:(1) 有电压有电流;(2) 有电压无电流;(3) 无电压有电流。此外,在电路通电时还可得出又一种情况,即电阻 R_2 上无电压无电流,请画出电路。

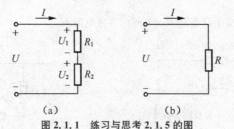

图 2.1.1 练习与思考 2.1.5 的图
(a) 电阻的串联;(b) 等效电阻

【分析】 同 2.1.1。

【解】
$$I=\frac{U}{R_1+R_2}$$

$$U_1=\frac{R_1}{R_1+R_2}U=IR_1$$

$$U_2=\frac{R_2}{R_1+R_2}U=IR_2$$

(1) $R_2=30$ kΩ 时,$I=\dfrac{20}{10+30}=$mA$=0.5$ mA

$U_1=0.5\times10^{-3}\times10\times10^3$ V$=5$ V

$U_2=0.5\times10^{-3}\times30\times10^3$ V$=15$ V

(2) $R_2=\infty$ 时,$I=0$,$U_1=0$,$U_2=0$

(3) $R_2=0$ 时,$I=\dfrac{20}{10}$ mA$=2$ mA

$U_1=2\times10^{-3}\times10\times10^3$ V$=20$ V

$U_2=0$

在电路通电时,电阻 R_2 上无电压无电流的情况是 R_2 被短接,如图解 2.02 所示。

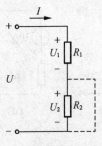

图解 2.02

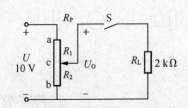

图 2.1.8 练习与思考 2.1.6 和 2.1.7 的图

2.1.6 图 2.1.8 所示是一调节电位器电阻 R_p 的分压电路,$R_p=1\ \text{k}\Omega$。在开关 S 断开和闭合两种情况时,试分别求电位器的滑动触点在 a,b 和中点 c 三个位置时的输出电压 U_o。

【分析】 触点在不同的位置其电阻大小也不一样,根据欧姆定律可求得。

【解】 (1) 开关 S 断开时:

滑动触点在 a 点,$U_o=10\ \text{V}$

滑动触点在 b 点,$U_o=0\ \text{V}$

滑动触点在 c 点,$U_o=\dfrac{R_2}{R_1+R_2}\cdot U=\dfrac{0.5}{1}\times 10\ \text{V}=5\ \text{V}$

(2) 开关 S 闭合时:

滑动触点在 a 点,$U_o=10\ \text{V}$

滑动触点在 b 点,$U_o=0\ \text{V}$

滑动触点在 c 点,$U_o=\dfrac{R_2/\!/R_L}{R_1+R_2/\!/R_L}\cdot U=\dfrac{\frac{0.5\times 2}{0.5+2}}{0.5+\frac{0.5\times 2}{0.5+2}}\times 10\ \text{V}=4.44\ \text{V}$

2.1.7 在练习与思考 2.1.6 中,开关 S 闭合后调节电位器使 $U_o=2\ \text{V}$,这时电位器上下两段电阻 R_1 和 R_2 各为多少?

【分析】 同 2.1.6。

【解】 开关 S 闭合后,$U_o=\dfrac{R_2/\!/R_L}{R_1+(R_2/\!/R_L)}U=\dfrac{R_2/\!/R_L}{(R_p-R_2)+(R_2/\!/R_L)}\cdot U$

代入解得 $R_2=0.217\ \text{k}\Omega$,$R_1=0.783\ \text{k}\Omega$。

2.3.1 把图 2.3.13 中的电压源模型变换为电流源模型,电流源模型变换为电压源模型。

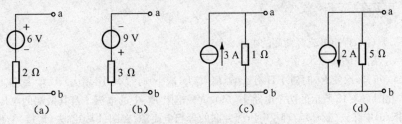

图 2.3.13 练习与思考 2.3.1 的图

【分析】 根据电源两种模型的等效变换求解。

【解】 根据电压源与电流源等效变换关系,可将图 2.3.13 中(a)、(b)、(c)、(d)各图变换为图解 2.03 中对应的(a)、(b)、(c)、(d)各图。注意变换前后电动势 E 和 I_S 的方向应保持一致,内阻 R_0 不变。

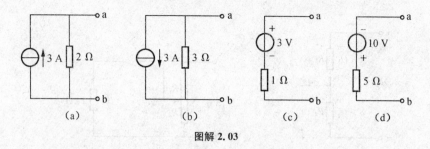

(a)　　　　(b)　　　　(c)　　　　(d)

图解 2.03

2.3.2 在图 2.3.14 所示的两个电路中,(1) R_1 是不是电源的内阻?(2) R_2 中的电流 I_2 及其两端的电压 U_2 各等于多少?(3) 改变 R_1 的阻值,对 I_2 和 U_2 有无影响?(4) 理想电压源中的电流 I 和理想电流源两端的电压 U 各等于多少?(5) 改变 R_2 的阻值,对(4)中的 I 和 U 有无影响?

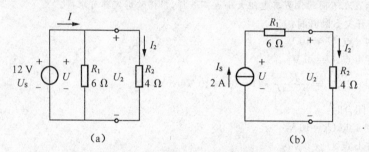

(a)　　　　　　　　　(b)

图 2.3.14　练习与思考 2.3.2 的图

【分析】 欧姆定律的应用。

【解】 (1) 与理想电压源并联的电阻和与理想电流源串联的电阻都不影响该理想电源的外特性,因此图 2.3.14(a)、(b) 中的 R_1 均不是电源内阻。

(2) 对图 2.3.14(a)　　$U_2 = U_S = 12$ V,$I_2 = \dfrac{U_2}{R_2} = \dfrac{12}{4}$ A $= 3$ A

对图 2.3.14(b)　　$I_2 = I_S = 2$ A,$U_2 = I_2 R_2 = (2 \times 4)$ V $= 8$ V

(3) 由(1)、(2) 分析和计算结果可知,I_2、U_2 与 R_1 无关,因此改变 R_1 对 I_2、U_2 没有影响。

(4) 对图 2.3.14(a),理想电压源中的电流

$$I = \dfrac{U_S}{R_1 /\!/ R_2} = \dfrac{12}{\dfrac{6 \times 4}{6+4}} \text{ A} = 5 \text{ A}$$

对图 2.3.14(b),理想电流源两端的电压

$$U = I_S (R_1 + R_2) = 2 \times (6+4) \text{ V} = 20 \text{ V}$$

(5) 由(4) 可知,改变 R_2 时对 I、U 有影响,R_2 增大(减小)时,I 减小(增大),U 增大(减小)。

2.3.3 在图 2.3.15 所示的两个电路中,(1) 负载电阻 R_L 中的电流 I 及其两端的电压 U 各为多少?如果在图(a)中除去(断开)与理想电压源并联的理想电流源,在图(b)中除去(短接)与理想电流源串联的理想电压源,对计算结果有无影响?(2) 理想电压源和理想电流源,何者为电源,何者为负载?(3) 试分析功率平衡关系。

【分析】 电压源、电流源的定义和欧姆定律的考查。

【解】 (1) 对图 2.3.15(a) 所示电路

$$I = \dfrac{U_S}{R_L} = \dfrac{10}{2} \text{ A} = 5 \text{ A},\quad U = 10 \text{ V}$$

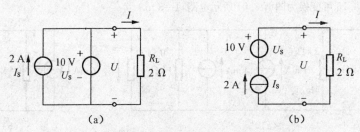

图 2.3.15 练习与思考 2.3.3 的图

对图 2.3.15(b)所示电路

$I=I_S=2 \text{ A}, \quad U=IR_L=2\times 2 \text{ V}=4 \text{ V}$

如果在图 2.3.15(a)中除去(断开)与理想电压源并联的理想电流源,在图 2.3.15(b)中除去(短接)与理想电流源串联的理想电压源,对计算结果没有任何影响。

(2) 图 2.3.15(a)中理想电压源中的电流实际方向从下向上,与电压方向相反;理想电流源的电流与其两端电压也相反,电流都由低电位流向高电位,正电荷获得能量,因此两者皆为电源。

图 2.3.15(b)中理想电流源两端的电压实际方向从下向上,与电流方向相同,电流由高电位流向低电位,正电荷失去能量,因此该电流源为负载;电流由理想电压源低电位流向高电位获得能量,因此该电压源为电源。

(3) 对图 2.3.15(a)所示电路

$P_{I_S}=-U_S I_S=(-2\times 10)\text{W}=-20 \text{ W}(发出)$

$P_{U_S}=-U_S I_{U_S}=(-3\times 10)\text{W}=-30 \text{ W}(发出)$

$P_L=I^2 R_L=(5^2\times 2)\text{W}=50 \text{ W}(吸收)$

$P_{I_S}+P_{U_S}+P_L=0$

功率平衡

对图 2.3.15(b)所示电路

$P_{U_S}=-U_S I_S=(-2\times 10)\text{W}=-20 \text{ W}(发出)$

$P_{I_S}=U_{I_S} I_S=(2\times 6)\text{W}=12 \text{ W}(吸收)$

$P_L=I^2 R_L=(2^2\times 2)\text{W}=8 \text{ W}(吸收)$

$P_{U_S}+P_{I_S}+P_L=0$

功率平衡。

2.3.4 试用电压源和电流源等效变换的方法计算图 2.3.16 中的电流 I。

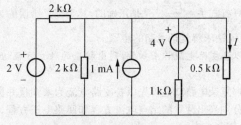

图 2.3.16 练习与思考 2.3.4 的图

【分析】 电压源和电流源等效变换。

【解】 图 2.3.16 可变换为图解 2.04 所示电路，$I=3$ mA。

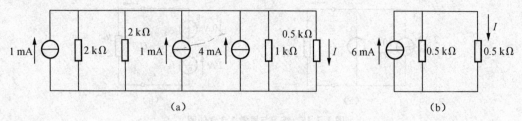

图解 2.04

2.4.1 图 2.4.1 所示的电路共有三个回路，是否也可应用基尔霍夫电压定律列出三个方程，求解三个支路电流？

【分析】 由基尔霍夫定律列出左右两个回路方程可求解。

【解】 左回路：$E_1 = I_1 R_1 + I_3 R_3$
右回路：$E_2 = I_2 R_2 + I_3 R_3$
外回路：$I_1 R_1 + E_2 = I_2 R_2 + E_1$

三个回路电压方程之中任意一个方程可由另外两个方程得到，即只有两个方程独立，因此由这三个方程无法求解三个支路电流。

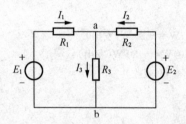

图 2.4.1 练习与思考 2.4.1 和 2.4.2 的图

2.4.2 对图 2.4.1 所示电路，下列各式是否正确？

$$I_1 = \frac{E_1 - E_2}{R_1 + R_2} \qquad I_1 = \frac{E_1 - U_{ab}}{R_1 + R_3}$$

$$I_2 = \frac{E_2}{R_2} \qquad I_2 = \frac{E_2 - U_{ab}}{R_2}$$

【分析】 同 2.4.1。

【解】 题中四个式子中只有式 $I_2 = \dfrac{E_2 - U_{ab}}{R_2}$ 是正确的，其余都是错误的。

2.4.3 试总结用支路电流法求解复杂电路的步骤。

【分析】 支路电流法是以各支路电流作未知量，列出相应的独立方程组，求解出各支路电流后，再求各元件的电压和功率。

【解】 用支路电流法求解复杂电路就是首先以各支路电流为未知量并标出参考方向，然后根据基尔霍夫电流定律和电压定律分别列出独立的结点电流方程和回路电压方程，进而求解方程组得到各支路电流，最后确定各元件的电压和功率。

一般地，有 n 个结点、b 条支路的电路，应用基尔霍夫电流定律可列出 $(n-1)$ 各独立的结点电流方程，应用基尔霍夫电压定律可列出另外 $b-(n-1)$ 个独立的回路电压方程，即共列出 $(n-1)+[b-(n-1)]=b$ 个独立方程，从而解出 b 个支路电流。

2.5.1 试列出图 2.5.3 所示电路结点电压 U_{ab} 的方程式。

第 2 章 电路的分析方法

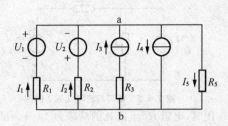

图 2.5.3 练习与思考 2.5.1 的图　　图 2.5.4 练习与思考 2.5.2 的图

【分析】 有关结点电压法的考查。

【解】 根据基尔霍夫电流定律,由图 2.5.3 得

$$I_1+I_2+I_3-I_4-I_5=0$$

其中

$$I_1=-\frac{U_{ab}-U_1}{R_1}, I_2=-\frac{U_{ab}-(-U_2)}{R_2}, I_5=\frac{U_{ab}}{R_5}$$

代入上式整理得

$$U_{ab}=\frac{\dfrac{U_1}{R_1}-\dfrac{U_2}{R_2}+I_3-I_4}{\dfrac{1}{R_1}+\dfrac{1}{R_2}+\dfrac{1}{R_5}}$$

2.5.2 电路如图 2.5.4 所示,试求结点电压 U_{A0} 和电流 I_1 与 I_2。

【分析】 同 2.5.1。

【解】 结点电压 U_{A0} 可参考上题表达式列出

$$U_{A0}=\frac{\dfrac{2}{\dfrac{1}{3}}+\dfrac{1}{\dfrac{1}{2}}+\dfrac{1}{3}I_2}{\dfrac{1}{\dfrac{1}{3}}+\dfrac{1}{\dfrac{1}{2}}+\dfrac{1}{\dfrac{1}{4}}}$$

另外

$$I_2=\frac{2-U_{A0}}{\dfrac{1}{3}}, I_1=\frac{1-U_{A0}}{\dfrac{1}{2}}$$

联立三式解得 $U_{A0}=1\,\text{V}, I_2=3\,\text{A}, I_1=0$。

2.6.1 用叠加定理计算图 2.6.4 所示电路中的电流 I,并求电流源两端电压 U。

【分析】 欧姆定律、叠加定理和基尔霍夫定律的应用。

【解】 当 6 A 电流源 I_S 单独作用时($U_S=0$),

$$I'=-\frac{R_2}{R+R_2}I_S=-\frac{2}{1+2}\times 6\,\text{A}=-4\,\text{A}$$

当 6 V 电压源 U_S 单独作用时($I_S=0$),

$$I''=\frac{U_S}{R+R_2}=\frac{6}{1+2}\,\text{A}=2\,\text{A}$$

由叠加定理可知两电源 U_S、I_S 共同作用时,

$$I=I'+I''=(-4+2)\,\text{A}=-2\,\text{A}$$

由基尔霍夫电压定律可知电流源两端电压

$$U=-I_S R_1+IR=[-6\times 2+(-2)\times 1]\,\text{V}=-14\,\text{V}$$

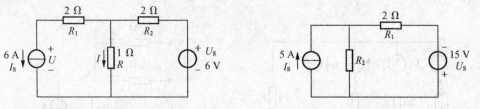

图 2.6.4　练习与思考 2.6.1 的图　　　　　图 2.6.5　练习与思考 2.6.2 的图

2.6.2　在图 2.6.5 所示电路中,当电压源单独作用时,电阻 R_1 上消耗的功率为 18 W。试问:(1)当电流源单独作用时,R_1 上消耗的功率为多少?(2)当电压源和电流源共同作用时,则 R_1 上消耗的功率为多少?(3)功率能否叠加?

【分析】　叠加定理的应用。

【解】　由电压源 U_S 单独作用时,R_1 上消耗的功率可知 $R_2=3\ \Omega$

$$P'_{N1}=\left(\frac{U_S}{R_1+R_2}\right)^2 \cdot R_1=\left(\frac{15}{2+3}\right)^2 \times 2\ \text{W}=18\ \text{W}$$

(1) 当电流源 I_2 单独作用时,R_1 上消耗的功率

$$P''_{N1}=\left(\frac{R_2}{R_1+R_2}I_S\right)^2 R_1=\left(\frac{3}{2+3}\times 5\right)^2\times 2\ \text{W}=18\ \text{W}$$

(2) 当电压源 U_S 与电流源 I_S 共同作用时,电阻 R_1 上消耗的功率

$$P=\left(\frac{U_S}{R_1+R_2}+\frac{R_2}{R_1+R_2}I_S\right)^2 R_1=\left(\frac{15}{2+3}+\frac{3}{2+3}\times 5\right)^2\times 2\ \text{W}=72\ \text{W}$$

(3) 显然 U_S、I_S 共同作用时,R_1 上消耗的功率不等于 U_S 与 I_S 分别单独作用时在 R_1 上消耗功率之和。功率不能进行叠加。

2.7.1　分别应用戴维宁定理和诺顿定理将图 2.7.11 所示各电路化为等效电压源和等效电流源。

【分析】　戴维宁定理和诺顿定理的考查应用。

【解】

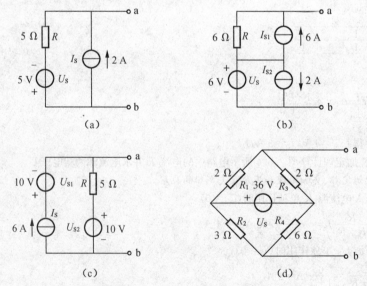

图 2.7.11　练习与思考 2.7.1 的图

对图 2.7.11(a)可求得

开路电压

$$U_{abo}=I_S R-U_S=(2\times 5-5)\text{V}=5\ \text{V}$$

短路电流 $I_{abs}=I_S-\dfrac{U_S}{R}=(2-1)\text{A}=1\text{ A}$

等效电阻 $R_{abe}=R=5\text{ Ω}$

对图 2.7.11(b)可求得

开路电压 $U_{abo}=U_S+I_{S1}\cdot R=(6+6\times 6)\text{V}=42\text{ V}$

短路电流 $I_{abs}=\dfrac{U_S}{R}+I_{S1}=\left(\dfrac{6}{6}+6\right)\text{A}=7\text{ A}$

等效电阻 $R_{abe}=R=6\text{ Ω}$

对图 2.7.11(c)可求得

开路电压 $U_{abo}=U_{S2}+I_S\cdot R=(10+6\times 5)\text{V}=40\text{ V}$

短路电流 $I_{abs}=I_S+\dfrac{U_{S2}}{R}=\left(6+\dfrac{10}{5}\right)\text{A}=8\text{ A}$

等效电阻 $R_{abe}=R=5\text{ Ω}$

对图 2.7.11(d)可求得

开路电压

$$U_{abo}=\dfrac{R_3}{R_1+R_3}\cdot U_S-\dfrac{R_4}{R_2+R_4}\cdot U_S=\left(\dfrac{2}{2+2}\times 36-\dfrac{6}{3+6}\times 36\right)\text{V}=-6\text{ V}$$

短路电流

$$I_{abs}=\dfrac{R_2}{R_1+R_2}\cdot\dfrac{U_S}{(R_1//R_2)+(R_3//R_4)}-\dfrac{R_4}{R_3+R_4}\cdot\dfrac{U_S}{(R_1//R_2)+(R_3//R_4)}$$

$$=\left(\dfrac{R_2}{R_1+R_2}-\dfrac{R_4}{R_3+R_4}\right)\cdot\dfrac{U_S}{(R_1//R_2)+(R_2//R_4)}$$

$$=\left(\dfrac{3}{2+3}-\dfrac{6}{2+6}\right)\times\dfrac{36}{\dfrac{2\times 3}{2+3}+\dfrac{2\times 6}{2+6}}\text{A}=-2\text{ A}$$

等效电阻

$$R_{abe}=(R_1//R_3)+(R_2//R_4)=\left(\dfrac{2\times 2}{2+2}+\dfrac{3\times 6}{3+6}\right)\text{Ω}=(1+2)\text{Ω}=3\text{ Ω}$$

故由戴维宁定理和诺顿定理可将图 2.7.11(a)、(b)、(c)、(d)各电路化为相应的等效电压源和等效电流源电路,如图解 2.05(a-1)和(a-2)、(b-1)和(b-2)、(c-1)和(c-2)、(d-1)和(d-2)所示。

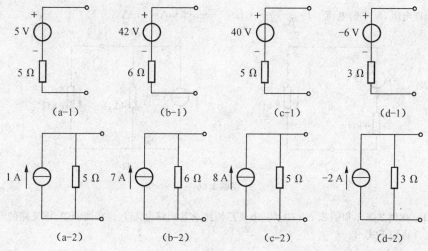

图解 2.05

2.7.2 分别应用戴维宁定理和诺顿定理计算图 2.7.12 所示电路中流过 8 kΩ 电阻的电流。

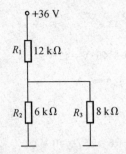

图 2.7.12　练习与思考 2.7.2 的图

【分析】　本题可以采用戴维南定理和诺顿定理求解。

【解】　(1) 应用戴维宁定理

将 8 kΩ 电阻 R_3 与电路断开后求电路其余部分构成的有源二端网络的戴维宁等效如图解 2.06(a) 所示，其中

$$E = \frac{R_2}{R_1+R_2} \cdot 36 = \frac{6}{12+6} \times 36 \text{ V} = 12 \text{ V}$$

$$R_0 = R_1 // R_2 = \frac{12 \times 6}{12+6} \text{ kΩ} = 4 \text{ kΩ}$$

则 8 kΩ 电阻 R_3 中的电流

$$I = \frac{E}{R_0+R_3} = \frac{12}{4+8} \text{ mA} = 1 \text{ mA}$$

(2) 应用诺顿定理

将 8 kΩ 电阻 R_3 与电路断开后求电路其余部分构成的有源二端网络的诺顿等效电路如图解 2.06(b) 所示，其中

$$I_S = \frac{36}{R_1} = \frac{36}{12} \text{ mA} = 3 \text{ mA}$$

$$R_0 = R_1 // R_3 = \left(\frac{12 \times 6}{12+6}\right) \text{ kΩ} = 4 \text{ kΩ}$$

则 8 kΩ 电阻 R_3 中的电流　　$I = \frac{R_0}{R_0+R_3} \cdot I_S = \frac{4}{4+8} \times 3 \text{ mA} = 1 \text{ mA}$

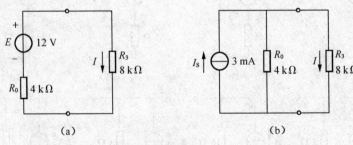

图解 2.06

2.7.3 在例 2.7.1 和例 2.7.2 中，将 ab 支路短路求其短路电流 I_S。在两例中，该支路的开路电压 U_0 已求出。再用下式

$$R_0 = \frac{U_0}{I_S}$$

求等效电源的内阻,其结果是否与上述两例题中一致?

【分析】 同 2.7.2。

【解】 将例 2.7.1 和例 2.7.2 的电路图分别重画于图解 2.07 和图解 2.08 中。

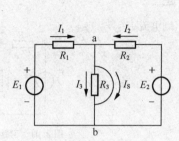

图解 2.07

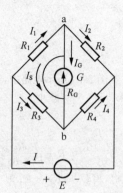

图解 2.08

在图解 2.07 中,ab 间的短路电流

$$I_S = \frac{E_1}{R_1} + \frac{E_2}{R_2} = \left(\frac{140}{20} + \frac{90}{5}\right) \text{A} = 25 \text{ A}$$

因 $U_0 = 100$ V(已求出),则

$$R_0 = \frac{U_0}{I_S} = \frac{100}{25} \ \Omega = 4 \ \Omega$$

结果与例 2.7.1 中一致。

在图解 2.08 中,ab 间的短路电流

$$I_S = I_1 - I_2 = \frac{R_3}{R_1+R_3}I - \frac{R_4}{R_2+R_4}I$$

$$I = \frac{E}{(R_1 // R_3)+(R_2 // R_4)} = \frac{12}{\frac{5\times10}{5+10}+\frac{5\times5}{5+5}} \text{ A} = \frac{72}{35} \text{ A}$$

代入式 I_S 中可得

$$I_S = \left(\frac{10}{5+10} \times \frac{72}{35} - \frac{5}{5+5} \times \frac{72}{35}\right) \text{A} = \frac{12}{35} \text{ A}$$

因 $U_0 = 2$ V(已求出),则

$$R_0 = \frac{U_0}{I_S} = \frac{2}{\frac{12}{35}} \ \Omega = \frac{70}{12} \ \Omega = 5.8 \ \Omega。$$

2.9.1 有一非线性电阻,当工作点电压 U 为 6 V 时,电流 I 为 3 mA。若电压增量 ΔU 为 0.1 V 时,电流增量 ΔI 为 0.01 mA。试求其静态电阻和动态电阻。

【分析】 静态电阻 $R = \frac{U}{I}$ 以及动态电阻 $r = \frac{\Delta U}{\Delta I}$ 的考查应用。

【解】 非线性电阻的静态电阻 R 为工作点 Q 处的电压 U 与电流 I 之比,即 $R = \frac{U}{I}$。

本题的静态电阻为

$$R = \frac{U}{I} = \frac{6}{3\times10^{-3}} \ \Omega = 2\times10^3 \ \Omega = 2 \text{ k}\Omega$$

非线性电阻的动态电阻 r 为工作点 Q 附近的电压微变量 ΔU 与电流微变量 ΔI 之比的极限,本题的动态电阻为

$$r = \frac{\Delta U}{\Delta I} = \frac{0.1}{0.01 \times 10^{-3}} \ \Omega = 10 \times 10^3 \ \Omega = 10 \ \text{k}\Omega_\circ$$

2.3 习题全解

A 选择题

2.1.1 在图 2.01 所示电路中,当电阻 R_2 增大时,则电流 I_1 (　　)。
(1) 增大　　(2) 减小　　(3) 不变

【分析】
$$I_1 = \frac{R_2}{R_1 + R_2} \cdot \frac{U}{R + \frac{R_1 R_2}{R_1 + R_2}} = \frac{U}{R\left(1 + \frac{R_1}{R_2}\right) + R_1}$$

当 $R_2 \uparrow$ 时,因 U、R、R_1 一定,则 $I_1 \uparrow$。

【解】 选择(1)

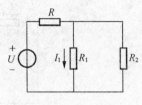

图 2.01　习题 2.1.1 的图

2.1.2 在图 2.02 所示电路中,当电阻 R_2 增大时,则电流 I_1 (　　)。
(1) 增大　　(2) 减小　　(3) 不变

【分析】
$$I_1 = \frac{R_2}{R_1 + R_2} I = \frac{I}{1 + \frac{R_1}{R_2}}$$

当 $R_2 \uparrow$ 时,因 I、R_1 一定,则 $I_1 \uparrow$。

【解】 选择(1)

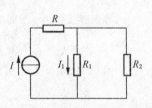

图 2.02　习题 2.1.2 的图

2.1.3 在图 2.03 所示电路中,滑动触点处于 R_P 的中点 C,则输出电压 $U_\circ$ (　　)。
(1) $=6$ V　　(2) >6 V　　(3) <6 V

【分析】 当滑动触点处于 R_P 的中点 C 时

$$R_{AC} = \frac{1}{2} R_P$$

$$R_{CB} = \left(\frac{1}{2} R_P\right) // R_L < \frac{1}{2} R_P$$

故 $U_\circ = U_{CB} < \frac{1}{2} U_{AB}$

【解】 选择(3)

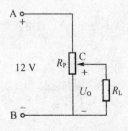

图 2.03　习题 2.1.3 的图

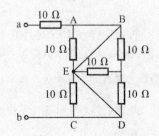

图 2.04　习题 2.1.4 的图

2.1.4 在图 2.04 所示电路中,电路两端的等效电阻 R_{ab} 为(　　)。
(1) 30 Ω　　(2) 10 Ω　　(3) 20 Ω

【分析】 由图 2.04 可以看出 A、B、C、D、E 五点电位相等,实质为同一点,即 A、C 间相当于短接,

$R_{ab}=10\ \Omega$。

【解】 选择(2)

2.1.5 在图 2.05 所示的电阻 R_1 和 R_2 并联的电路中,支路电流 I_2 等于( )。

(1) $\dfrac{R_2}{R_1+R_2}I$ (2) $\dfrac{R_1}{R_1+R_2}I$ (3) $\dfrac{R_1+R_2}{R_2}I$

【分析】 由分流公式 $I_2=\dfrac{R_1}{R_1+R_2}I$ 可求得。

【解】 选择(2)

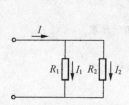

图 2.05 习题 2.1.5 的图　　图 2.06 习题 2.1.6 的图

2.1.6 在图 2.06 所示电路中,当 ab 间因故障断开时,用电压表测得 U_{ab} 为( )。

(1) 0 V (2) 9 V (3) 36 V

【分析】 当 ab 间因故障断开时,

$$U_{ab}=U_{AB}=\dfrac{3}{3+3+6}\times 36\ \text{V}=9\ \text{V}。$$

【解】 选择(2)

2.1.7 有一 220 V/1 000 W 的电炉,今欲接在 380 V 的电源上使用,可串联的变阻器是( )。

(1) 100 Ω/3 A (2) 50 Ω/5 A (3) 30 Ω/10 A

【分析】 求出串联的变阻器的电压及电流为电炉的额定电流。

【解】 选择(2)

2.3.1 在图 2.07 中,发出功率的电源是( )。

(1) 电压源 (2) 电流源 (3) 电压源和电流源

【分析】 图 2.07 中电压源两端电压与其中流过的电流方向相反,吸收功率;电流源的电流与其两端电压方向相同,发出功率。

【解】 选择(2)

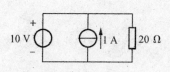 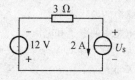

图 2.07 习题 2.3.1 的图　　图 2.08 习题 2.3.2 的图

2.3.2 在图 2.08 中,理想电流源两端电压 U_S 为( )。

(1) 0 V (2) −18 V (3) −6 V

【分析】 由 $U_S=(-12-2\times 3)\text{V}=-18\ \text{V}$ 可得。

【解】 选择(2)

2.3.3 在图 2.09 中,电压源发出的功率为( )。

(1) 30 W (2) 6 W (3) 12 W

【分析】 求出电压源中流过的电流,其方向与电压源电压实际方向相反,发出的功率可求得。

【解】 选择(1)

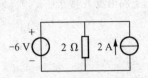

图 2.09 习题 2.3.3 的图

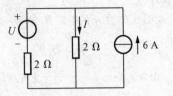

图 2.10 习题 2.3.4 的图

2.3.4 在图 2.10 所示电路中,$I=2\,\text{A}$,若将电流源断开,则电流 I 为( )。
(1) 1 A　　(2) 3 A　　(3) -1 A

【分析】 图 2.10 中 $I=2\,\text{A}$ 为电压源与电流源共同作用的结果。

【解】 选择(3)

2.5.1 2.5.1 用结点电压法计算图 2.11 中的结点电压 U_{A0} 为( )。
(1) 2 V　　(2) 1 V　　(3) 4 V

【分析】 由结点电压法可求得。

【解】 选择(2)

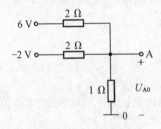

图 2.11 习题 2.5.1 的图

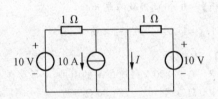

图 2.12 习题 2.6.1 的图

2.6.1 用叠加定理计算图 2.12 中的电流 I 为( )。
(1) 20 A　　(2) -10 A　　(3) 10 A

【分析】 由叠加定理可求得 $I=\left(\dfrac{10}{1}+\dfrac{10}{1}-10\right)\,\text{A}=10\,\text{A}$。

【解】 选择(3)

2.6.2 叠加定理用于计算( )。
(1) 线性电路中的电压、电流和功率
(2) 线性电路中的电压和电流
(3) 非线性电路中的电压和电流

【分析】 叠加定理不适用于计算线性电路中的功率和非线性电路中的电压和电流,只能用于计算线性电路中的电压和电流。

【解】 选择(2)

2.7.1 将图 2.13 所示电路化为电流源模型,其电流 I_S 和电阻 R 为( )。
(1) 1 A,2 Ω　　(2) 1 A,1 Ω　　(3) 2 A,1 Ω

【分析】 任何与理想电压源并联的电路对外电路都不起作用,图 2.13 中 2 Ω 电阻可除去,从而求出电流源模型时的电流。

【解】 选择(3)

2.7.2 将图 2.14 所示电路化为电压源模型,其电压 U 和电阻 R 为( )。
(1) 2 V,1 Ω　　(2) 1 V,2 Ω　　(3) 2 V,2 Ω

【分析】 任何与理想电流源串联的电路对外电路都不起作用。
【解】 选择(1)

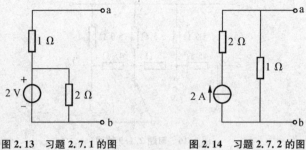

图 2.13 习题 2.7.1 的图　　　图 2.14 习题 2.7.2 的图

B 基本题

2.1.8 在图 2.15 所示电路中,试求等效电阻 R_{ab} 和电流 I。已知 U_{ab} 为 16 V。

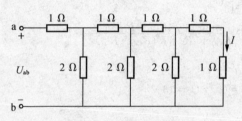

图 2.15 习题 2.1.8 的图

【分析】 等效电阻、电阻的串并联相关知识。

【解】 图 2.15 是一个由串联臂和并联臂交替组成的梯形电阻网络。重画图 2.15 为图解 2.09,其中 R_1 与 R_2 串联再与 R_3 并联后得 1 Ω,再继续上述过程,直至最后得到 $R_{ab}=2$ Ω,$I_S=8$ A。

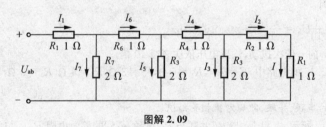

图解 2.09

$$I_6 = I_7 = \frac{1}{2}I_1 = 4 \text{ A}$$

$$I_4 = I_5 = \frac{1}{2}I_6 = 2 \text{ A}$$

$$I = I_2 = I_3 = \frac{1}{2}I_4 = 1 \text{ A}$$

2.1.9 图 2.16 所示是一衰减电路,共有四挡。当输入电压 $U_1=16$ V 时,试计算各挡输出电压 U_2。

【分析】 电阻的串、并联相关知识。由于电阻的实际数值与所示数值可能存在 5% 的误差,所以实际计算中,只要估计即可。

【解】 由图 2.16 可知

$$U_{2d}=\frac{5}{45+5}\cdot U_{2c}=\frac{1}{10}U_{2c}$$

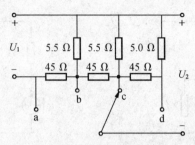

图 2.16 习题 2.1.9 的图

$$U_{2c}=\frac{R_{5.5\Omega}//(R_{45\Omega}+R_{5\Omega})}{R_{45\Omega}+[R_{5.5\Omega}//(R_{45\Omega}+R_{5\Omega})]}\cdot U_{2b}$$

$$\approx\frac{5}{45+5}\cdot U_{2b}=\frac{1}{10}U_{2b}$$

$$U_{2b}=\frac{R_{5.5\Omega}//[R_{45\Omega}+[R_{5.5\Omega}//(R_{45\Omega}+R_{5\Omega})]]}{R_{45\Omega}+R_{5.5\Omega}//[R_{45\Omega}+[R_{5.5\Omega}//(R_{45\Omega}+R_{5\Omega})]]}\cdot U_{2a}$$

$$=\frac{5}{45+5}U_{2a}=\frac{1}{10}U_{2a}$$

故开关打在 a 点时 $U_2=U_{2a}=U_1=16\text{ V}$

开关打在 b 点时

$$U_2=U_{2b}=\frac{1}{10}U_{2b}=\frac{1}{10}U_1=1.6\text{ V}$$

开关打在 c 点时

$$U_2=U_{2c}=\frac{1}{10}U_{2b}=\frac{1.6}{10}\text{ V}=0.16\text{ V}$$

开关打在 d 点时

$$U_2=U_{2d}=\frac{1}{10}U_{2c}=\frac{0.16}{10}\text{ V}=0.016\text{ V}$$

即随着开关由 a 向 d 依次拨动,输出电压依次衰减 10 倍。

2.1.10 在图 2.17 的电路中,$E=6\text{ V}$,$R_1=6\text{ }\Omega$,$R_2=3\text{ }\Omega$,$R_3=4\text{ }\Omega$,$R_4=3\text{ }\Omega$,$R_5=1\text{ }\Omega$。试求 I_3 和 I_4。

【分析】电阻的串联、并联、欧姆定律相关知识。

【解】如图 2.17 所示,电阻 R_1 与 R_4 并联与 R_3 串联,得到的等效电阻 $R_{1,3,4}$ 与 R_2 并联,进一步得到的等效电阻 $R_{134,2}$ 再与 E、R_5 组成单回路电路,从而得出电压源 E 中的电流 I,最后利用分流公式求出 I_3 和 I_4。

重画电路如图解 2.10 所示。

$$R_{1,3,4}=(R_1//R_4)+R_3=\frac{R_1R_4}{R_1+R_4}+R_3$$

$$=\left(\frac{6\times3}{6+3}+4\right)\Omega=(2+4)\Omega=6\text{ }\Omega$$

$$R_{134,2}=R_{1,3,4}//R_2=\frac{R_{1,3,4}R_2}{R_{1,3,4}+R_2}=\frac{6\times3}{6+3}\Omega=2\text{ }\Omega$$

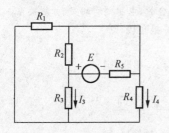
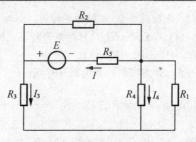

图 2.17 习题 2.1.10 的图   图解 2.10

故
$$I = \frac{E}{R_{134,2} + R_5} = \frac{6}{2+1} \text{ A} = 2 \text{ A}$$

由分流公式得
$$I = \frac{R_2}{R_{1,3,4} + R_2} \cdot I = \frac{3}{6+3} \times 2 \text{ A} = \frac{2}{3} \text{ A}$$

$$I_4 = -\frac{R_1}{R_1 + R_4} \cdot I_3 = -\frac{6}{6+3} \times \frac{2}{3} \text{ A} = -\frac{4}{9} \text{ A}$$

即 I_4 实际方向与参考方向相反。

2.1.11 有一无源二端电阻网络 N(图 2.18),通过实验测得:当 $U = 10$ V 时,$I = 2$ A;并已知该电阻网络由四个 3 Ω 的电阻构成,试问这四个电阻是如何连接的?

【**分析**】 欧姆定律,二端网络的定义。

【**解**】 由题意可知这四个 3 Ω 电阻并联得 2 Ω,最后再与一个 3 Ω 电阻电阻构成的电阻网络总电阻
$$R = \frac{U}{I} = \frac{10}{2} \text{ Ω} = 5 \text{ Ω}$$

或者四个 3 Ω 电阻两个先串联得 6 Ω,然后与一个 3 Ω 电阻并联得 2 Ω,最后再与一个 3 Ω 电阻串联得 5 Ω,如图解 2.11 所示。

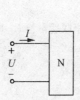
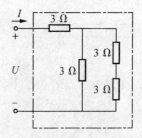

图 2.18 习题 2.1.11 的图   图解 2.11

2.1.12 图 2.19 所示的是直流电动机的一种调速电阻,它由四个固定电阻串联而成。利用几个开关的闭合或断开,可以得到多种电阻值。设四个电阻都是 1 Ω,试求在下列三种情况下 a,b 两点间的电阻值:(1) S_1 和 S_5 闭合,其他断开;(2) S_2,S_3 和 S_5 闭合,其他断开;(3) S_1,S_3 和 S_4 闭合,其他断开。

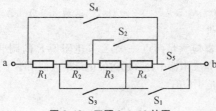

图 2.19 习题 2.1.12 的图

【分析】 电阻的串联、并联相关知识。要弄清楚在开关闭合时,电阻之间的串、并联关系。

【解】 (1) 当 S_1、S_5 闭合,其他断开时,R_1、R_2、R_3 串联,R_4 被短接,则

$$R_{ab}=R_1+R_2+R_3=3\ \Omega$$

(2) 当 S_2、S_3、S_5 闭合,其他断开时,R_2、R_3、R_4 并联后再与 R_1 串联,则

$$R_{ab}=R_1+R_2//R_3//R_4=R_1+\cfrac{1}{\cfrac{1}{R_2}+\cfrac{1}{R_3}+\cfrac{1}{R_4}}=\left(1+\cfrac{1}{\cfrac{1}{1}+\cfrac{1}{1}+\cfrac{1}{1}}\right)\Omega=\cfrac{4}{3}\ \Omega$$

(3) 当 S_1、S_3、S_4 闭合,其他断开时,R_1 与 R_4 并联,R_2 与 R_3 被短接,则

$$R_{ab}=R_1//R_4=\cfrac{R_1R_4}{R_1+R_4}=\cfrac{1\times1}{1+1}\ \Omega=\cfrac{1}{2}\ \Omega$$

2.1.13 在图 2.20 中,$R_1=R_2=R_3=R_4=300\ \Omega$,$R_5=600\ \Omega$,试求开关 S 断开和闭合时 a 和 b 之间的等效电阻。

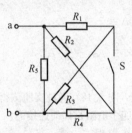

图 2.20 习题 2.1.13 的图

【分析】 同 2.1.12。

【解】 当开关 S 断开时,R_1 与 R_3 串联,R_2 与 R_4 串联后皆与 R_5 并联,即 a、b 间等效电阻

$$R_{ab}=R_5//(R_1+R_3)//(R_2+R_4)=\cfrac{1}{\cfrac{1}{R_5}+\cfrac{1}{R_1+R_3}+\cfrac{1}{R_2+R_4}}$$

$$=\cfrac{1}{\cfrac{1}{600}+\cfrac{1}{300+300}+\cfrac{1}{300+300}}\ \Omega=200\ \Omega$$

当开关 S 闭合时,R_1 与 R_2 并联和 R_3 和 R_4 并联的结果相串联后再与 R_5 并联,即 a、b 间等效电阻

$$R_{ab}=R_5//[(R_1//R_2)//(R_3//R_4)]=\cfrac{1}{\cfrac{1}{R_5}+\cfrac{1}{\cfrac{R_1R_2}{R_1+R_2}+\cfrac{R_3R_4}{R_3+R_4}}}$$

$$=\cfrac{1}{\cfrac{1}{600}+\cfrac{1}{\cfrac{300\times300}{300+300}+\cfrac{300\times300}{300+300}}}\ \Omega=200\ \Omega$$

2.1.14 图 2.21 所示的是用变阻器 R 调节直流电机励磁电流 I_f 的电路。设电机励磁绕组的电阻为 315 Ω,其额定电压为 220 V,如果要求励磁电流在 0.35 A~0.7 A 的范围内变动,试在下列三个变阻器中选用一个合适的:(1) 1 000 Ω/0.5 A;(2) 200 Ω/1 A;(3) 350 Ω/1 A。

【分析】 欧姆定律相关知识。

【解】 对于所选择的变阻器应满足两点:一是在其电阻值 R 的调节范围内,能保证励磁电流在 0.35~0.7 A 的范围内变动;二是变阻器中允许通过的电流最大值不小于 0.7 A 的最大励磁电流。

为此根据励磁电流的调节范围应有

$$0.35\leqslant\cfrac{220}{R+315}\leqslant0.7$$

则　$313.6\ \Omega \geqslant R \geqslant -0.714\ \Omega$

取　$314\ \Omega \geqslant R \geqslant 0$

结合条件二可知只有(3)中的 350 Ω/1 A 变阻器满足上述两点，因此(3)是合适的选择。

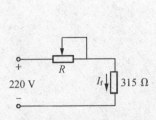

图 2.21　习题 2.1.14 的图

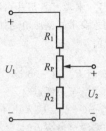

图 2.22　习题 2.1.15 的图

2.1.15　图 2.22 所示的是由电位器组成的分压电路，电位器的电阻 $R_P=270\ \Omega$，两边的串联电阻 $R_1=350\ \Omega, R_2=550\ \Omega$。设输入电压 $U_1=12\ \text{V}$，试求输出电压 U_2 的变化范围。

【分析】　由电阻分压性质可知，当 R_P 的滑动触头在最下方时，U_2 取得最小值；触头在最上方时，U_2 取得最大值。本题可以学习滑动变阻器以及串联的分压作用。

【解】　当电位器的滑动端滑到最低点时 U_2 最小，即

$$U_{2\min}=\frac{R_2}{R_1+R_P+R_2}\cdot U_1=\frac{550}{350+270+550}\times 12\ \text{V}=5.64\ \text{V}$$

当电位器的滑动端滑倒最高点时 U_2 最大，即

$$U_{2\max}=\frac{R_P+R_2}{R_1+R_P+R_2}\cdot U_1=\frac{270+550}{350+270+550}\times 12\ \text{V}=8.41\ \text{V}$$

故 U_2 的变化范围为 $5.64\ \text{V}\sim 8.41\ \text{V}$。

2.1.16　图 2.23 所示是一直流电压信号输出电路。调节电位器 R_{P1}（粗调）和 R_{P2}（细调）滑动触点的位置即可改变输出电压 U_o 的大小。试分析：

(1) 调节 R_{P1} 和 R_{P2}，电压 U_o 的变化范围是多少？

(2) 当 R_{P1} 的滑动触点在中点位置，调节 R_{P2} 时电压 U_o 的变化范围又是多少？

【分析】　欧姆定律和基尔霍夫定律的应用。

【解】　(1) 根据分压公式，调节 R_{P1} 时 U_{ab} 的变化范围是 $0\sim 30\ \text{V}$；调节 R_{P2} 时 U_{ac} 的变化范围是 $0\sim 2\ \text{V}$。因此调节 R_{P1} 和 R_{P2}，电压的变化范围是 $0\sim 32\ \text{V}$。

(2) 当 R_{P1} 的滑动触点在中间位置时，$U_{ab}=\frac{1}{2}\times 30\ \text{V}=15\ \text{V}$，此时调节 R_{P2} 时电压 U_o 的变化范围是 $15\sim 17\ \text{V}$。

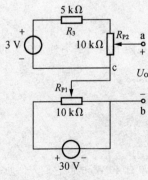

图 2.23　习题 2.1.16 的图

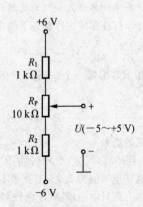

图解 2.12

2.1.17 试用两个 6 V 的直流电源,两个 1 kΩ 的电阻和一个 10 kΩ 的电位器连成调压范围为 −5～+5 V 的调压电路。

【分析】 引入电位器,就是引入了滑动变阻器,可利用介入电阻的阻值的不同即改变相应的电压大小,得到调压电路。本题可采用基尔霍夫电压定律求解。

【解】 满足题意要求的调压电路如图解 2.12 所示。

调压电路中电流

$$I = \frac{6-(-6)}{R_1 + R_P + R_2} = \frac{12}{1+10+1} \text{ mA} = 1 \text{ mA}$$

当电位器滑动端滑至最低点时

$$U_{\min} = IR_2 + (-6) = (1 \times 1 - 6)\text{V} = -5 \text{ V}$$

当电位器滑动端滑至最高点时

$$U_{\max} = 6 - IR_1 = (6 - 1 \times 1)\text{V} = 5 \text{ V}$$

因而调压范围为 −5～+5V。电位器滑动触点在中间位置时,电压 U 为 0。

2.1.18 在图 2.24 所示的电路中,R_{P1} 和 R_{P2} 是同轴电位器,试问当滑动触点 a、b 移到最左端、最右端和中间位置时,输出电压 U_{ab} 各为多少伏?

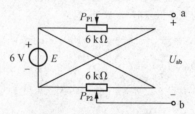

图 2.24 习题 2.1.18 的图

【分析】 串联电路的分压作用的学习,电阻之比和电压之比相等。

【解】 由于 R_{P1} 和 R_{P2} 为同轴电位器,两者的滑动触点固定在同一转轴上,转动转轴时两个滑动触点将同时左移或同时右移。

当滑动触点都移到最左端时,a 点接到电源的正极,b 点接到电源的负极,故 $U_{ab}=6$ V;当滑动触点都移到最右端时,a 点接到电源的负极,b 点接到电源的正极,故 $U_{ab}=-6$ V;当滑动触点都移到中间位置时,a、b 两点电位相等,故 $U_{ab}=0$。

2.1.19 一只 110 V/8 W 的指示灯,现在要接在 380 V 的电源上,问要串多大阻值的电阻? 该电阻应选用多大瓦数的?

【分析】 功率计算公式和欧姆定律的应用。

【解】 指示灯在额定工作状态下的电流

$$I_N = \frac{P_N}{U_N} = \frac{8}{110} \text{ A} = 0.073 \text{ A}$$

若要使指示灯串联一个电阻 R 后仍工作在额定值下,电阻 R 应分去另外 270 V 的电压,则所串电阻

$$R = \frac{U - U_N}{I_N} = \frac{380 - 110}{0.073} \Omega \approx 3700 \Omega$$

R 上消耗的功率为

$$P = I_N^2 R = [(0.073)^2 \times 3700]\text{W} = 12.7 \text{ W}$$

因此应选用电阻值为 3.7 kΩ,瓦数不低于 20 W 的电阻。

2.1.20 有两只电阻,其额定值分别为 40 Ω/10 W 和 200 Ω/40 W,试问它们允许通过的电流是多少? 如将两者串联起来,其两端最高允许电压可加多大? 如将两者并联起来,允许流入的最大电流为

多少？

【分析】 功率公式及其相关应用。

【解】 两者的额定电流和额定电压分别为

$$I_{1N}=\sqrt{\frac{P_{1N}}{R_{1N}}}=\sqrt{\frac{10}{40}}\ \text{A}=0.5\ \text{A}, \qquad U_{1N}=\sqrt{P_{1N}R_{1N}}=\sqrt{10\times40}\ \text{V}=20\ \text{V}$$

$$I_{2N}=\sqrt{\frac{P_{2N}}{R_{2N}}}=\sqrt{\frac{40}{200}}\ \text{A}=0.447\ \text{A}, \qquad U_{2N}=\sqrt{P_{2N}R_{2N}}=\sqrt{40\times200}\ \text{V}=89.4\ \text{V}$$

两者串联时流过它们的电流不应超过 I_{2N}，故其两端所加最高允许电压为

$$U=I_{2N}R_{串}=I_{2N}(R_{1N}+R_{2N})=0.447\times(40+200)\ \text{V}=107.3\ \text{V}$$

两者并联时加在它们两端的电压不应超过 U_{1N}，故允许流入的最大电流为

$$I=\frac{U_{1N}}{R_{并}}=\frac{U_{1N}}{\frac{R_{1N}R_{2N}}{R_{1N}+R_{2N}}}=\frac{20}{\frac{40\times200}{40+200}}\ \text{A}=0.6\ \text{A}$$

2.1.21 求图 2.25 所示电路中的是电流 I 和电压 U。

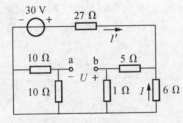

图 2.25 习题 2.1.21 的图

【分析】 欧姆定律，电阻的串、并联相关知识。

【解】 图 2.25 中两个 10 Ω 电阻被短接，5 Ω 与 1 Ω 串联再与 6 Ω 并联后等效电阻为 3 Ω。因而由 30 V 电源正极流出的电流

$$I'=[30/(27+3)]\text{A}=1\ \text{A}, \qquad I=-\frac{1}{2}I'=-0.5\ \text{A}$$

由于 10 Ω 电阻中无电流流过，电压降为 0，所以 U 即为 1 Ω 电阻上的电压，$U=\frac{1}{2}I'\times 1=0.5\times 1\ \text{V}=0.5\ \text{V}$。

2.3.5 在图 2.26 所示的电路中，求各理想电流源的端电压、功率及各电阻上消耗的功率。

【分析】 先由 KCL、KVL 求出端电压，或者戴维宁等效法简化电路求出端电压，再利用功率公式直接求出各功率。

【解】 根据基尔霍夫电流定律

$$I_3=I_2-I_1=(2-1)\text{A}=1\ \text{A}$$

则 $U_1=I_3\cdot R_1=1\times 20\ \text{V}=20\ \text{V}$

由基尔霍夫电压定律

$$U_2=U_1+I_2R_2=(20+2\times10)\ \text{V}=40\ \text{V}$$

两个理想电流源的功率分别为

$$P_1=U_1I_1=20\times1\ \text{W}=20\ \text{W}（吸收功率，为负载）$$

$$P_2=-U_2I_2=-40\times2\ \text{W}=-80\ \text{W}（发出功率，为电源）$$

两个电阻消耗的功率分别为

$$P_{N1}=I_3^2R_1=1^2\times20\ \text{W}=20\ \text{W}（吸收功率，为负载）$$

$$P_{N2}=I_2^2R_2=2^2\times10\ \text{W}=40\ \text{W}（吸收功率，为负载）$$

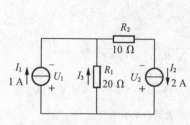
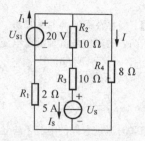

图 2.26　习题 2.3.5 的图　　　　图 2.27　习题 2.3.6 的图

2.3.6 电路如图 2.27 所示,试求 I,I_1,U_S;并判断 20 V 的理想电压源和 5 A 的理想电流源是电源还是负载?

【分析】 理想电压源两端电压是恒定的,流过理想电流源的电流也是恒定的;判断是电源或是负载,要看理想电流源或理想电压源的输出功率 P。若 P 的表达式中 U 和 I 的方向不匹配,则为电源;若方向匹配,则为负载。

【解】 由图 2.27 可以看出,与 U_{S1} 并联的电阻 R_2 和与 I_S 串联的电阻 R_3 对于电阻 R_2 中的电流 I 没有影响,因此在求解 I 时可将原电路进行化简,如图解 2.13(a)、(b)、(c)所示。

$$I=\frac{U_{S1}-U_{S2}}{R_1+R_4}=\frac{20-10}{2+8}\text{ A}=1\text{ A}$$

由基尔霍夫定律和图解 2.13(a)

$$I_1=\frac{U_{S1}}{R_2}+I=\frac{20}{10}+1\text{ A}=3\text{ A}$$

$$\begin{aligned}U_S&=(I_S+I)R_2+I_SR_3\\&=[(5+1)\times2+5\times10]\text{V}\\&=(12+50)\text{V}=62\text{ V}\end{aligned}$$

此题中求 I 也可直接运用戴维宁定理。20 V 电压源为电源,5 A 电流源也为电源。

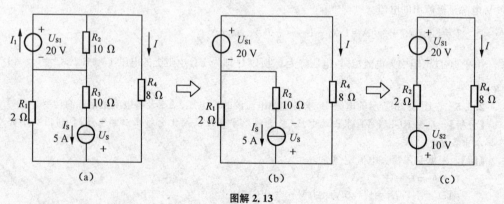

图解 2.13

2.3.7 计算图 2.28 中的电流 I_3。

【分析】 利用电源等效变换法,把电流源变为电压源,或电压源变为电流源,这里显然将电流源变为电压源较为简单。

【解】 将图 2.28 电路中的 I_S 和 R_4 的并联电路等效变换为电压源 U_S 与电阻 R_4 的串联电路,如图解 2.14 所示。

第2章 电路的分析方法

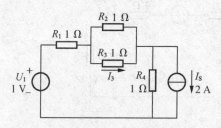

图 2.28 习题 2.3.7 的图

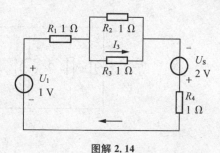

图解 2.14

图中电流

$$I = \frac{U_1 + U_S}{R_1 + R_2 // R_3 + R_4} = \frac{1+2}{1+\frac{1\times 1}{1+1}+1} \text{ A} = 1.2 \text{ A}$$

则

$$I_3 = \frac{1}{2}I = \frac{1}{2}\times 1.2 \text{ A} = 0.6 \text{ A}$$

2.3.8 计算图 2.29 中的电压 U_5。

【分析】 通过戴维宁定理和诺顿定理,将两个电压源转换为一个电源,即得到一个简单电路进行计算。

【解】 将电阻 R_1、R_2、R_3 合并

$$R_{123} = R_1 + R_2 // R_3 = \left(0.6 + \frac{6\times 4}{6+4}\right) \Omega = 3 \Omega$$

则电路变为由 U_1 和 R_{123}、R_5、U_4 和 R_4 三条支路并联。

由求两个结点间的结点电压公式可得

$$U_5 = \frac{\frac{U_1}{R_{123}} + \frac{U_4}{R_4}}{\frac{1}{R_{123}} + \frac{1}{R_5} + \frac{1}{R_4}} = \frac{\frac{15}{3} + \frac{2}{0.2}}{\frac{1}{3} + \frac{1}{1} + \frac{1}{0.2}} \text{ V} = \frac{45}{19} \text{ V} = 2.37 \text{ V}$$

2.3.9 试用电压源与电流源等效变换的方法计算图 2.30 中 2 Ω 电阻中的电流 I。

【分析】 电源等效变换对外电路无影响,这里 2 Ω 电阻可看作负载。变换后再利用全电路欧姆定律求出电流。

【解】 图 2.30 电路经电压源与电流源之间的等效变换[如图解 2.15(a)、(b)、(c)、(d)所示]可得

$$I = \frac{6}{4+2} \text{ A} = 1 \text{ A}$$

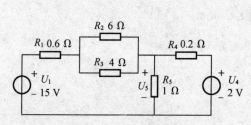

图 2.29 习题 2.3.8 的图

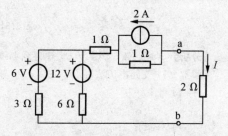

图 2.30 习题 2.3.9 和习题 2.7.4 的图

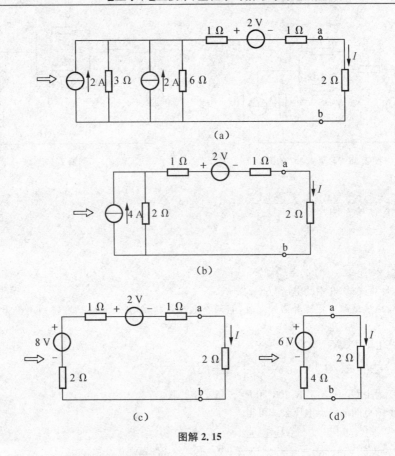

图解 2.15

2.4.1 图 2.31 是两台发电机并联运行的电路。已知 $E_1=230$ V, $R_{01}=0.5$ Ω, $E_2=226$ V, $R_{02}=0.3$ Ω,负载电阻 $R_L=5.5$ Ω,试分别用支路电流法和结点电压法求各支路电流。

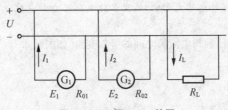

图 2.31 习题 2.4.1 的图

【分析】 利用 KCL 和 KVL 定律得到电流和电压的关系,分别求解。

【解】 (1) 支路电流法

$$\begin{cases} I_1+I_2=I_L \\ E_1=I_1R_{01}+I_LR_L \\ E_2=I_2R_{02}+I_LR_L \end{cases}$$

联立解得

$$I_1=20\text{ A}, I_2=20\text{ A}, I_L=40\text{ A}$$

(2) 结点电压法

两结点之间的电压

$$U = \frac{\dfrac{E_1}{R_{01}} + \dfrac{E_2}{R_{02}}}{\dfrac{1}{R_{01}} + \dfrac{1}{R_{02}} + \dfrac{1}{R_L}} = \frac{\dfrac{230}{0.5} + \dfrac{226}{0.3}}{\dfrac{1}{0.5} + \dfrac{1}{0.3} + \dfrac{1}{5.5}} \text{ V} = 220 \text{ V}$$

各支路电流

$$I_1 = \frac{E_1 - U}{R_{01}} = \frac{230 - 220}{0.5} \text{ A} = 20 \text{ A}$$

$$I_2 = \frac{E_2 - U}{R_{02}} = \frac{226 - 220}{0.3} \text{ A} = 20 \text{ A}$$

$$I_L = \frac{U}{R_L} = \frac{220}{5.5} \text{ A} = 40 \text{ A}$$

(1)、(2)两种方法结果一致。

2.4.2 试用支路电流法或结点电压法求图 2.32 所示电路中的各支路电流,并求三个电源的输出功率和负载电阻 R_L 取用的功率。0.8 Ω 和 0.4 Ω 分别为两个电压源的内阻。

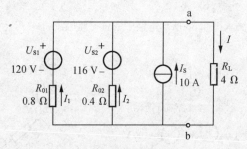

图 2.32　习题 2.4.2 的图

【分析】 支路电流法、结点电压法可以进行求解。二结点的电路,可用结点电压法求解。本题也可用电源等效法来化简计算,显然结点电压法计算更为简单。

【解】 (1) 支路电流法

列结点电流方程和回路电压方程

$$\begin{cases} I_1 + I_2 + I_S = I \\ U_{S1} = I_1 R_{01} + I R_L \\ U_{S2} = I_2 R_{02} + I R_L \end{cases}$$

即

$$\begin{cases} I_1 + I_2 + 10 = I \\ 120 = 0.8 I_1 + 4I \\ 116 = 0.4 I_2 + 4I \end{cases}$$

联立解得

$$I_1 = 9.38 \text{ A}, \quad I_2 = 8.75 \text{ A}, \quad I = 28.13 \text{ A}$$

(2) 结点电压法

$$U_{ab} = \frac{\dfrac{U_{S1}}{R_{01}} + \dfrac{U_{S2}}{R_{02}} + I_S}{\dfrac{1}{R_{01}} + \dfrac{1}{R_{02}} + \dfrac{1}{R_L}} = \frac{\dfrac{120}{0.8} + \dfrac{116}{0.4} + 10}{\dfrac{1}{0.8} + \dfrac{1}{0.4} + \dfrac{1}{4}} \text{ V} = 112.5 \text{ V}$$

各支路电流

$$I_1 = \frac{U_{S1} - U_{ab}}{R_{01}} = \frac{120 - 112.5}{0.8} \text{ A} = 9.38 \text{ A}$$

$$I_2=\frac{U_{S2}-U_{ab}}{R_{02}}=\frac{116-112.5}{0.4}\text{ A}=8.75\text{ A}$$

$$I=\frac{U_{ab}}{R_L}=\frac{112.5}{4}\text{ A}=28.13\text{ A}$$

(1)、(2)两种方法结果一致。

(3) 计算功率

三个电源的输出功率分别为

$$P_{U_{S1}}=U_{S2}I_1-I_1^2R_1=U_{ab}I_1=(112.5\times 93.8)\text{W}=1\ 055\text{ W}$$

$$P_{U_{S2}}=U_{S2}I_2-I_2^2R_2=U_{ab}I_2=(112.5\times 8.75)\text{W}=984\text{ W}$$

$$P_{I_S}=U_{ab}I_S=(112.5\times 10)\text{W}=1\ 125\text{ W}$$

$$\sum P_S=P_{U_{S2}}+P_{U_{S2}}+P_{I_S}=(1\ 055+984+1\ 125)\text{W}=3\ 164\text{ W}$$

负载电阻取得的功率

$$P_L=U_{ab}I=I^2R_L=(112.5\times 28.13)\text{W}=3\ 164\text{ W}$$

故功率平衡。

2.5.2 试用结点电压法求图 2.33 所示电路中的各支路电流。

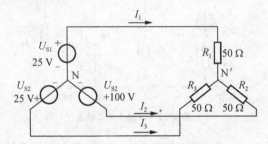

图 2.33　习题 2.5.2 的图

【分析】　此题运用结点电压法可求得。

【解】　由图 2.33 可得 N′、N 之间的电压

$$U_{N'N}=\frac{\dfrac{U_{S1}}{R_1}+\dfrac{U_{S2}}{R_2}+\dfrac{U_{S3}}{R_3}}{\dfrac{1}{R_1}+\dfrac{1}{R_2}+\dfrac{1}{R_3}}=\frac{\dfrac{25}{50}+\dfrac{100}{50}+\dfrac{25}{50}}{\dfrac{1}{50}+\dfrac{1}{50}+\dfrac{1}{50}}\text{ V}=50\text{ V}$$

因此,各支路电流

$$I_1=\frac{U_{S1}-U_{N'N}}{R_1}=\frac{25-50}{50}\text{ A}=-0.5\text{ A}$$

$$I_2=\frac{U_{S2}-U_{N'N}}{R_2}=\frac{100-50}{50}\text{ A}=1\text{ A}$$

$$I_3=\frac{U_{S3}-U_{N'N}}{R_3}=\frac{25-50}{50}\text{ A}=-0.5\text{ A}$$

2.5.3 用结点电压法计算例 2.6.3 的图 2.6.3(a)所示电路中 A 点的电位。

【分析】　同 2.5.2。

【解】　由结点电压法公式可得

$$V_A=\frac{\dfrac{50}{R_1}+\dfrac{(-50)}{R_2}}{\dfrac{1}{R_1}+\dfrac{1}{R_2}+\dfrac{1}{R_3}}=\frac{\dfrac{50}{10}-\dfrac{50}{5}}{\dfrac{1}{10}+\dfrac{1}{5}+\dfrac{1}{20}}\text{ V}=-14.3\text{ V}$$

第 2 章 电路的分析方法

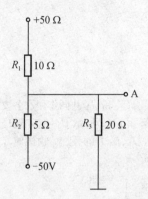

图 2.6.3(a) 习题 2.5.3 的图

2.5.4 电路如图 2.34 所示,试用结点电压法求电压 U,并计算理想电流源的功率。

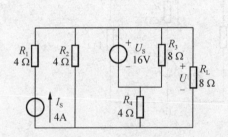

图 2.34 习题 2.5.4 的图

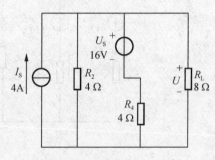

图解 2.16

【分析】 本题采用结点电压公式和功率公式求解。

【解】 图 2.34 中与电流源 I_S 串联的电阻 R_1 和与电压源 U_S 并联的电阻 R_3 对电压 U 没有影响,因此计算 U 时可以除去,即将 R_1 所在之处短接、R_3 所在之处断开,如图解 2.16 所示。

$$U=\frac{I_S+\dfrac{U_S}{R_4}}{\dfrac{1}{R_2}+\dfrac{1}{R_4}+\dfrac{1}{R_L}}=\frac{4+\dfrac{16}{4}}{\dfrac{1}{4}+\dfrac{1}{4}+\dfrac{1}{8}}\text{ V}=\frac{64}{5}\text{ V}=12.8\text{ V}$$

计算理想电流源的功率时,电阻 R_1 应保留。如图 2.34 所示,I_S 两端电压为 $(U+I_S R_1)$,方向上正下负,则

$$P_S=(U+I_S R_1)\cdot I_S=(12.8+4\times4)\times4\text{ W}=115.2\text{ W}$$

电流源 I_S 输出功率 115.2 W。

2.6.3 在图 2.35 中,(1) 当将开关 S 合在 a 点时,求电流 I_1,I_2 和 I_3;(2) 当将开关 S 合在 b 点时,利用(1)的结果,用叠加定理计算电流 I_1,I_2 和 I_3。

【分析】 可以利用结点电压公式求出结点电压,再利用欧姆定律求出各支路电流;也可以将电路进行分解,利用叠加原理来求解。

【解】 (1) 当将开关 S 合在 a 点时,由结点电压法可得

$$U=\frac{\dfrac{U_{S1}}{R_1}+\dfrac{U_{S2}}{R_2}}{\dfrac{1}{R_1}+\dfrac{1}{R_2}+\dfrac{1}{R_3}}=\frac{\dfrac{130}{2}+\dfrac{120}{2}}{\dfrac{1}{2}+\dfrac{1}{2}+\dfrac{1}{4}}\text{ V}=100\text{ V}$$

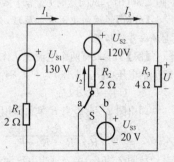

图 2.35 习题 2.6.3 的图

则 $I_1 = \dfrac{U_{S1}-U}{R_1} = \dfrac{130-100}{2}$ A $= 15$ A

$I_2 = \dfrac{U_{S2}-U}{R_2} = \dfrac{120-100}{2}$ A $= 10$ A

$I_3 = \dfrac{U}{R_3} = \dfrac{100}{4}$ A $= 25$ A

(2) 当将开关 S 合在 b 点时,由 U_{S1}、U_{S2} 和 U_{S3} 共同作用在各支路产生的电流 I_1、I_2、I_3 等于由(1)中 U_{S1} 和 U_{S2} 作用产生的电流分量[如图解 2.17(a)所示]$I_1' = 15$ A, $I_2' = 10$ A, $I_3' = 25$ A 与由 U_{S3} 单独作用产生的电流分量[如图解 2.17(b)所示]I_1''、I_2''、I_3'' 的叠加。由图解 2.17 可求出 I_1''、I_2''、I_3'',即

$$U'' = \dfrac{\dfrac{U_{S3}}{R_2}}{\dfrac{1}{R_1}+\dfrac{1}{R_2}+\dfrac{1}{R_3}} = \dfrac{\dfrac{20}{2}}{\dfrac{1}{2}+\dfrac{1}{2}+\dfrac{1}{4}} \text{ V} = 8 \text{ V}$$

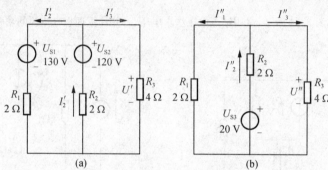

图解 2.17

则

$I_1'' = \dfrac{U''}{R_1} = \dfrac{8}{2}$ A $= 4$ A

$I_2'' = \dfrac{U_{S3}-U''}{R_2} = \dfrac{20-8}{2}$ A $= 6$ A

$I_3'' = \dfrac{U''}{R_3} = \dfrac{8}{4}$ A $= 2$ A

由叠加定理以及电流的参考方向可得

$I_2 = I_2' + I_2'' = (10+6)$A $= 16$ A

$I_3 = I_3' + I_3'' = (25+2)$A $= 27$ A

2.6.4 电路如图 2.36(a)所示,$E = 12$ V,$R_1 = R_2 = R_3 = R_4$,$U_{ab} = 10$ V。若将理想电压源除去后[图 2.36(b)],试问这时 U_{ab} 等于多少?

【分析】 逆向使用叠加原理,分别求出 E 和 I 对电路的作用,根据叠加原理来分割电路,电压源、电流源看作断开。

【解】 设只有两个电流源 I 作用时 a、b 之间的电压(即 R_3 上电压)为 U_{ab}';仅电压源 E 作用时 a、b 之间的电压(R_3 上电压)为 U_{ab}'',则由叠加定理得

$U_{ab} = U_{ab}' + U_{ab}''$

而由图 2.36(a)当 E 单独作用,两个 I 不作用(I 取零值,即该处断路)时的电路可知

$U_{ab}'' = \dfrac{R_3}{R_1+R_2+R_3+R_4} \cdot E = \dfrac{1}{4} E = 3$ V

故图 2.36(a)中当理想电压源 E 被除去(该处短接)后[图 2.36(b)],a、b 之间电压

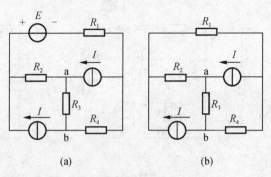

图 2.36 习题 2.6.4 的图

$U'_{ab}=U_{ab}-U''_{ab}=(10-3)\text{V}=7\text{ V}$

2.6.5 应用叠加定理计算图 2.37 所示电路中各支路的电流和各元器件(电源和电阻)两端的电压,并说明功率平衡关系。

【分析】 该电路较为复杂,故可利用叠加原理先将电路分解,利用各种电路定律求出分路中的电流和电压,再进行叠加得到结果。

【解】 (1) 当电压源单独作用时[图解 2.18(b)]

$I'_1=0$

$I'_2=I'_4=\dfrac{U_S}{R_2+R_4}=\dfrac{10}{1+4}\text{ A}=2\text{ A}$

$I'_3=\dfrac{U_S}{R_3}=\dfrac{10}{5}\text{ A}=2\text{ A}$

$I'=I'_2+I'_3=(2+2)\text{A}=4\text{ A}$

则 $U'_1=I'_1R_1=0\times 2\text{ V}=0\text{ V}$

$U'_2=I'_2R_2=2\times 1\text{ V}=2\text{ V}$

$U'_3=I'_3R_3=2\times 5\text{ V}=10\text{ V}$

$U'_4=I'_4R_4=2\times 4\text{ V}=8\text{ V}$

$U'=-U'_2+U'_3=(-2+10)\text{V}=8\text{ V}$

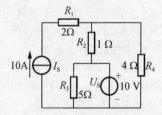

图 2.37 习题 2.6.5 和习题 2.7.3 的图

当电流源单独作用时[图解 2.18(c)]

$I''_1=I_S=10\text{ A}$

$I''_2=-\dfrac{R_4}{R_2+R_4}I_S=-\dfrac{4}{1+4}\times 10\text{ A}=-8\text{ A}$

$I''_3=0(R_3$ 被短路$)$

$I''_4=\dfrac{R_2}{R_2+R_4}I_S=\dfrac{1}{1+4}\times 10\text{ A}=2\text{ A}$

$I''=I''_2+I''_3=(-8+0)\text{A}=-8\text{ A}$

则 $U''_1=I''_1R_1=10\times 2\text{ V}=20\text{ V}$

$U''_2=I''_2R_2=-8\times 1\text{ V}=-8\text{ V}$

$U''_3=I''_3R_3=0\times 5\text{ V}=0\text{ V}$

$U''_4=I''_4R_4=2\times 4\text{ V}=8\text{ V}$

$U''=U''_1+U''_4=(20+8)\text{V}=28\text{ V}$

当电压源和电流源共同作用时[图解 2.18(a)],由叠加定理可得

$I_1=I'_1+I''_1=(0+10)\text{A}=10\text{ A}$

$I_2=I'_2+I''_2=[2+(-8)]\text{A}=-6\text{ A}$

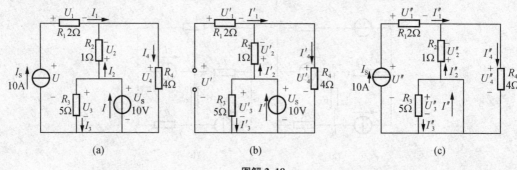

图解 2.18

$I_3 = I'_3 + I''_3 = (2+0)A = 2\ A$

$I_4 = I'_4 + I''_4 = (2+2)A = 4\ A$

$I = I' + I'' = [4+(-8)]A = -4\ A$

$U_1 = U'_1 + U''_1 = (0+20)V = 20\ V$

$U_2 = U'_2 + U''_2 = [2+(-8)]V = -6\ V$

$U_3 = U'_3 + U''_3 = (10+0)V = 10\ V$

$U_4 = U'_4 + U''_4 = (8+8)V = 16\ V$

$U = U' + U'' = (8+28)V = 36\ V$

(2) 求各元器件的功率

电流源 I_S：$P_{I_S} = UI_S = 36 \times 10\ W = 360\ W$（发出）

电压源 U_S：$P_{U_S} = U_S I = 10 \times (-4) W = -40\ W$

电阻 R_1：$P_{R_1} = I_1^2 R_1 = 10^2 \times 2\ W = 200\ W$（吸收）

电阻 R_2：$P_{R_2} = I_2^2 R_2 = (-6)^2 \times 1\ W = 36\ W$（吸收）

电阻 R_3：$P_{R_3} = I_3^2 R_3 = 2^2 \times 5\ W = 20\ W$（吸收）

电阻 R_4：$P_{R_4} = I_4^2 R_4 = 4^2 \times 4\ W = 64\ W$（吸收）

$\sum P_{吸} = \sum P_{发}$

功率平衡。

2.6.6 图 2.38 所示的是用于电子技术的数模转换中的 R-$2R$ 梯形网络，试用叠加定理求证输出端的电流 I 为

$$I = \frac{U}{3R \times 2^4}(2^3 + 2^2 + 2^1 + 2^0)$$

图 2.38 习题 2.6.6 的图

【分析】 本题是模拟数/模转换器。令四个电压源分别作用，求出相应的输入电流，最后进行叠加。

【解】 本题的证明可通过电阻的串并联等效变换、分流公式、叠加定理分步进行。

图 2.38 所示电路中任何一个电压源 U 作用而另外三个不起作用(短路)时,都可将电路化简成图解 2.19(a)的形式。右边 $2R$ 电阻中的电流为 $\frac{1}{2} \cdot \frac{U}{3R}$。此电流即为最右侧电源单独作用时,在最右侧电阻 $2R$ 中流过的电流 I',即 $\frac{1}{2} \cdot \frac{U}{3R}$。

从图解 2.19(b)可以看到,右侧第二个电源单独作用时,在最右侧电阻 $2R$ 中流过的电流

$$I'' = \frac{1}{2} \times \frac{1}{2} \cdot \frac{U}{3R} = \frac{1}{2^2} \cdot \frac{U}{3R}$$

从图解 2.19(c)可以看到,左侧第二个电源单独作用时,在最右侧电阻 $2R$ 中流过的电流

$$I''' = \frac{1}{2} \times \frac{1}{2} \times \frac{1}{2} \cdot \frac{U}{3R} = \frac{1}{2^3} \cdot \frac{U}{3R}$$

从图解 2.19(d)可以看到,左侧第一个电源单独作用时,在最右侧电阻 $2R$ 中流过的电流

$$I'''' = \frac{1}{2} \times \frac{1}{2} \times \frac{1}{2} \times \frac{1}{2} \cdot \frac{U}{3R} = \frac{1}{2^4} \cdot \frac{U}{3R}$$

因此当四个电源共同作用时,在图 2.38 中的电流 I 由叠加定理可得

$$I = \frac{1}{2} \cdot \frac{U}{3R} + \frac{1}{4} \cdot \frac{U}{3R} + \frac{1}{8} \cdot \frac{U}{3R} + \frac{1}{16} \cdot \frac{U}{3R}$$
$$= \frac{U}{3R \times 2^4}(2^3 + 2^2 + 2^1 + 2^0)$$

结论得证。

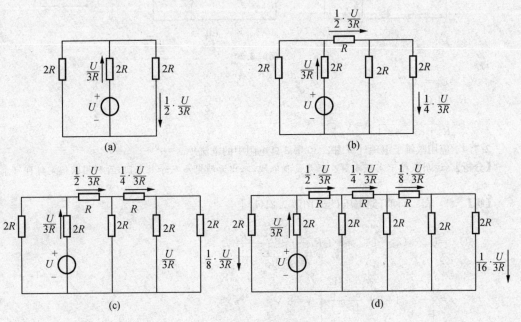

图解 2.19

2.7.3 应用戴维宁定理计算图 2.37 中 1 Ω 电阻中的电流。

【分析】 戴维宁定理的应用。

【解】 设 1 Ω 电阻 R_2 中的电流为 I[如图解 2.20(a)所示]。将与电流源 I_S 串联的 2 Ω 电阻 R_S 除去(短接),该支路电流仍为 10 A;将与电压源 U_3 并联的 5 Ω 电阻 R_3 除去(断开),该处两端的电压仍为 10 V。除去 R_1、R_3 后对 R_2 中电流 I 没有影响[如图解 2.20(b)所示],电路得到简化。

应用戴维宁定理求图解 2.20(b)中 a、b 两点之间的开路电压 U_0 和等效电阻 R_0,电路如图解 2.20

(c)、(d)所示。

$$U_0 = I_S \cdot R_4 - U_S = (4 \times 10 - 10)\text{ V} = 30\text{ V}$$

$$R_0 = R_4 = 4\ \Omega$$

即戴维宁等效电路[图解2.20(e)]中

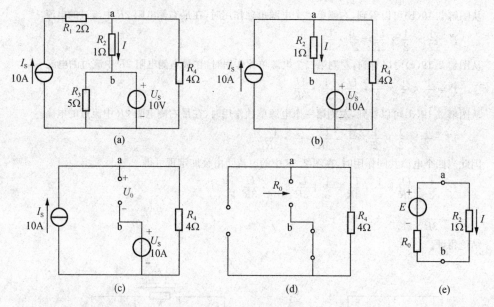

图解 2.20

$$E = U_0 = 30\text{ V}$$

$$R_0 = 4\ \Omega$$

$$I = \frac{E}{R_0 + R_2} = \frac{30}{4 + 1}\text{ A} = 6\text{ A}$$

2.7.4 应用戴维宁定理计算图2.30中2Ω电阻中的电流I。

【**分析**】 运用戴维宁定理求解。断开负载电阻,求出开路电压及等效电阻,再利用欧姆定律即可求出电流。

【**解**】 (1) 求a、b间开路电压U_{abo}[图解2.21(b)]

$$U_{abo} = U_{aco} + U_{cdo} + U_{dbo} = -I_S R_4 + 0 + \frac{\dfrac{U_{S1}}{R_1} + \dfrac{U_{S2}}{R_2}}{\dfrac{1}{R_1} + \dfrac{1}{R_2}}$$

$$= \left[-2 \times 1 + 0 + \frac{\dfrac{6}{3} + \dfrac{12}{6}}{\dfrac{1}{3} + \dfrac{1}{6}} \right]\text{ V} = 6\text{ V}$$

(2) 求a、b间等效电阻R_{abo}[图解2.21(c)]

$$R_{abo} = (R_1 /\!/ R_2) + R_3 + R_4 = \left(\frac{3 \times 6}{3 + 6} + 1 + 1\right)\ \Omega = 4\ \Omega$$

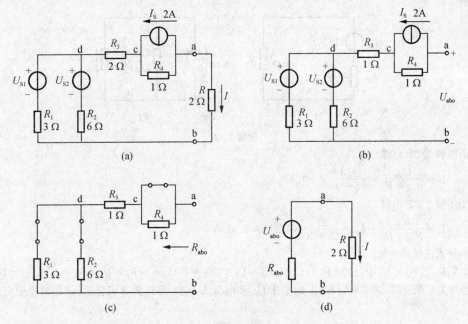

图解 2.21

(3) 求电流 I

由图解 2.21(d)所示戴维宁等效电路

$$I = \frac{U_{abo}}{R_{abo}+R} = \frac{6}{4+2}\,\text{A} = 1\,\text{A}$$

2.7.5 图 2.39 所示是常见的分压电路,试用戴维宁定理和诺顿定理分别求负载电流 I_L。

【分析】 断开负载或短路负载来求出开路电压或短路电路及等效内阻来构造等效电路,也可以直接进行等效。

【解】

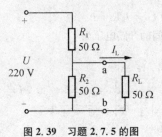

图 2.39 习题 2.7.5 的图

由图 2.39 电路可得

a、b 间开路电压

$$U_{abo} = \frac{R_2}{R_1+R_2}U = \frac{50}{50+50} \times 220\,\text{V} = 110\,\text{V}$$

a、b 间短路电流

$$I_{abs} = \frac{U}{R_1} = \frac{220}{50}\,\text{A} = 4.4\,\text{A}$$

$$R_{abs} = \frac{U_{abo}}{I_{abo}} = R_1 /\!/ R_2 = \frac{50 \times 50}{50+50}\,\Omega = 25\,\Omega$$

由此可画出图 2.39 所示电路的戴维宁等效电路和诺顿等效电路如图解 2.22(a)、(b)所示。

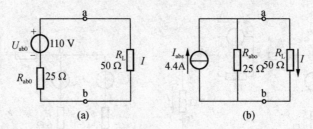

图解 2.22

由图解 2.22(a)得

$$I_L = \frac{U_{abo}}{R_{abo}+R_L} = \frac{110}{25+50} \text{ A} \approx 1.47 \text{ A}$$

由图解 2.22(b)得

$$I_L = \frac{R_{abo}}{R_{abo}+R_L} \cdot I_{abs} = \frac{25}{25+50} \times 4.4 \text{ A} \approx 1.47 \text{ A}$$

两种求法结果一致。

2.7.6 在图 2.40 中,已知 $E_1=15$ V,$E_2=13$ V,$E_3=4$ V,$R_1=R_2=R_3=R_4=1$ Ω,$R_5=10$ Ω。(1) 当开关 S 断开时,试求电阻 R_5 上的电压 U_5 和电流 I_5;(2) 当开关 S 闭合后,试用戴维宁定理计算 I_5。

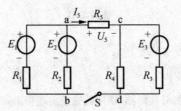

图 2.40 习题 2.7.6 的图

【分析】 断开时电路右边没有构成回路,闭合后可将 R_5 断开,求出相应的开路电压及等效内阻,再利用欧姆定律即可求出电流。

【解】 (1) 当开关 S 断开时,故 $U_5 = I_5 R_5 = 0$。
(2) 当开关 S 闭合时,a、c 两点间的开路电压为

$$U_{aco} = U_{abo} - U_{bco}$$

$$= \frac{\frac{E_1}{R_1}+\frac{E_2}{R_2}}{\frac{1}{R_1}+\frac{1}{R_2}} - \frac{\frac{E_3}{R_3}}{\frac{1}{R_3}+\frac{1}{R_4}} = \left(\frac{\frac{15}{1}+\frac{13}{1}}{\frac{1}{1}+\frac{1}{1}} - \frac{\frac{4}{1}}{\frac{1}{1}+\frac{1}{1}}\right) \text{V} = \left(\frac{28}{2}-\frac{4}{2}\right) \text{V} = 12 \text{ V}$$

a、c 两点间除源后的等效电阻为

$$R_{aco} = (R_1 // R_2) + (R_3 // R_4) = \frac{R_1 R_2}{R_1+R_2} + \frac{R_3 R_4}{R_3+R_4} = \left(\frac{1\times 1}{1+1}+\frac{1\times 1}{1+1}\right) \text{Ω} = 1 \text{ Ω}$$

由戴维宁定理可得

$$I_5 = \frac{U_{aco}}{R_{aco}+R_5} = \frac{12}{1+10} \text{ A} = \frac{12}{11} \text{ A} = 1.09 \text{ A}$$

2.7.7 用戴维宁定理计算图 2.41 所示电路中的电流 I。已知:$R_1=R_2=6$ Ω,$R_3=R_4=3$ Ω,$R=1$ Ω,$U=18$ V,$I_S=4$ A。

第2章 电路的分析方法

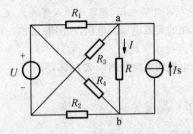

图 2.41　习题 2.7.7 的图

【分析】　本题考查叠加定理和戴维宁定理。

【解】　(1) 将 a、b 间电阻 R 断开,利用叠加定理求开路电压(即戴维宁等效电源电动势 E),如图解 2.23(a)、(b)所示。

$$E = U_{abo} = U'_{abo} + U''_{abo} = \left(\frac{R_3}{R_1+R_3}U - \frac{R_1}{R_2+R_4}U\right) + \left[(R_1 /\!/ R_3) + (R_2 /\!/ R_4)\right]I_S$$

$$= \left[\left(\frac{3}{6+3} - \frac{6}{6+3}\right) \times 18 + \left(\frac{6 \times 3}{6+3} + \frac{6 \times 3}{6+3}\right) \times 4\right] \text{V} = 10 \text{ V}$$

(2) 将 a、b 间开路和除源(电压源、电流源取零值),求等效电阻(即戴维宁等效电路内阻 R_0),如图解 2.23(c)所示。

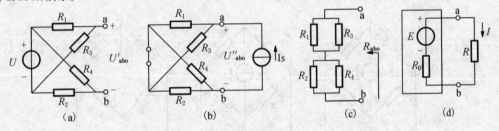

图解 2.23

$$R_0 = R_{abo} = (R_1 /\!/ R_3) + (R_2 /\!/ R_4) = \left(\frac{6 \times 3}{6+3} + \frac{6 \times 3}{6+3}\right) \Omega = 4 \text{ }\Omega$$

(3) 求电阻 R 中电流 I,如图解 2.23(c)、(d)所示。

$$I = \frac{E}{R_0 + R} = \frac{10}{4+1} \text{ A} = 2 \text{ A}$$

2.7.8　用戴维宁定理和诺顿定理分别计算图 2.42 所示桥式电路中电阻 R_1 上的电流。

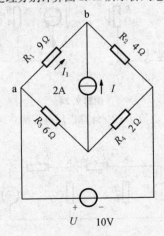

图 2.42　习题 2.7.8 的图

【分析】 将 R_1 支路断开,分别求开路电压、短路电流及等效内阻。

【解】 (1) 求戴维宁等效电路的等效电压源电压,如图解 2.24(a)所示。由叠加定理得
$$U_{abo}=U-IR_2=(10-2\times 4)\text{ V}=2\text{ V}$$
(2) 求诺顿等效电路的等效电流源电流如图解 2.24(b)所示。
由叠加定理得
$$I_{abs}=\frac{U}{R_2}-I=\left(\frac{10}{4}-2\right)\text{ A}=0.5\text{ A}$$
(3) 求 a、b 两点之间除源后的等效电阻,如图解 2.24(c)所示。
$$R_{abo}=R_2=4\text{ }\Omega$$
(4) 画出图 2.42 的戴维宁等效电路和诺顿等效电路并求解 I_1。
由(1)、(3)结果画出的戴维宁等效电路如图解 2.24(d)所示,则
$$I_1=\frac{U_{abo}}{R_{abo}+R_1}=\frac{2}{4+9}\text{ A}=\frac{2}{13}\text{ A}=0.154\text{ A}$$
由(2)、(3)结果画出的诺顿等效电路如图解 2.24(e)所示,则
$$I_1=\frac{R_{abo}}{R_{abo}+R_1}I_{abs}=\frac{4}{4+9}\times 0.5\text{ A}=\frac{2}{13}\text{ A}=0.154\text{ A}$$
结果一致。

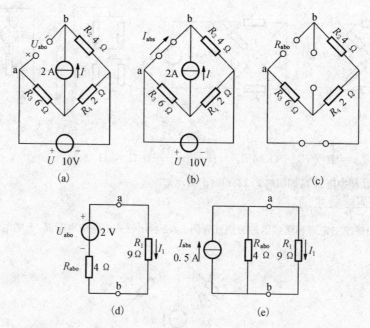

图解 2.24

2.7.9 在图 2.43 中,(1) 试求电流 I;(2) 计算理想电压源和理想电流源的功率,并说明是取用的还是发出的功率。

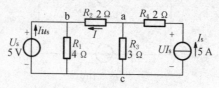

图 2.43 习题 2.7.9 的图

【分析】 只求一个支路的电流,应用戴维宁定理或诺顿定理,戴维宁定理更适合本题的电路。
【解】 (1) 用戴维宁定理求 I
由图 2.43 电路知
$$U_{abo}=U_{aco}-U_{bco}=I_SR_3-U_S=(5\times3-5)\text{ V}=10\text{ V}$$
$$R_{abo}=R_3=3\text{ }\Omega$$
由戴维宁定理可得
$$I=\frac{U_{abo}}{R_{abo}+R_2}=\frac{10}{3+2}\text{ A}=2\text{ A}$$
(2) 计算理想电源功率
理想电压源 U_S 中的电流为
$$I_{U_S}=\frac{U_S}{R_1}-I=\left(\frac{5}{4}-2\right)\text{ A}=-0.75\text{ A}$$
即实际方向与图中参考方向相反,由电压源正极流入,负极流出,故该电压源为工作在负载状态。
理想电压源的功率
$$P_{U_S}=U_SI_{U_S}=5\times(-0.75)\text{ W}=-3.75\text{ W}(吸收)$$
理想电流源 I_S 两端的电压为
$$U_{I_S}=I_SR_4+IR_2+U_S=(5\times2+2\times2+5)\text{ V}=19\text{ V}$$
理想电流源的功率
$$P_{I_S}=U_{I_S}I_S=19\times5\text{ W}=95\text{ W}(发出)$$

2.7.10 电路如图 2.44 所示,试计算电阻 R_L 上的电流 I_L:(1) 用戴维宁定理;(2) 用诺顿定理。

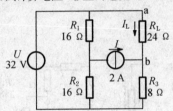

图 2.44 习题 2.7.10 的图

【分析】 戴维宁定理和诺顿定理的应用。
【解】 (1) 用戴维宁定理
① 求 a、b 间的开路电压
$$U_{abo}=U-IR_3=(32-2\times8)\text{ V}=16\text{ V}$$
② 求 a、b 间除源后的等效电阻
$$R_{abo}=R_1=8\text{ }\Omega$$
③ 由戴维宁等效电路[图解 2.25(a)]求 I_L
$$I_L=\frac{U_{abo}}{R_{abo}+R_L}=\frac{16}{8+24}\text{ A}=0.5\text{ A}$$

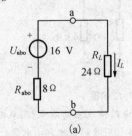
(a)

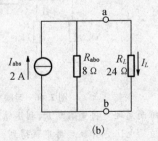
(b)

图解 2.25

(2) 用诺顿定理

①求 a、b 间的短路电流

$$I_{abs} = \frac{U}{R_3} - I = \left(\frac{32}{8} - 2\right) \text{A} = 2 \text{ A}$$

②求 a、b 间除源后的等效电阻,同(1)中②

③由诺顿等效电路[图解 2.25(b)]求 I_L

$$I_L = \frac{R_{abo}}{R_{abo} + R_L} \cdot I_{abs} = \left(\frac{8}{8+24} \times 2\right) \text{A} = 0.5 \text{ A}$$

2.7.11 电路如图 2.45 所示,当 $R = 4 \Omega$ 时,$I = 2$ A。求当 $R = 9 \Omega$ 时,I 等于多少?

【分析】 断开负载电阻利用戴维宁定理可得到有源二端网络的等效电压源电路,确定开路电压,再根据欧姆定律求出电流。

【解】 图 2.45 电路中 a、b 两点左边的部分为线性含源二端网络,可等效为戴维宁等效电路,如图解 2.26(a)所示,其中

$$U_{abo} = I(R_{abo} + R)$$

而由图解 2.26(b)可得

$$R_{abo} = R_2 /\!/ R_4 = \frac{2 \times 2}{2+2} \Omega = 1 \Omega$$

故由已知条件及上面表达式得

$$U_{abo} = I(R_{abo} + R) = 2 \times (1+4) \text{ V} = 10 \text{ V}$$

则当 $R = 9 \Omega$ 时

$$I = \frac{U_{abo}}{R_{abo} + R} = \frac{10}{1+9} \text{ A} = 1 \text{ A}$$

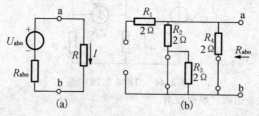

图 2.45 习题 2.7.11 的图

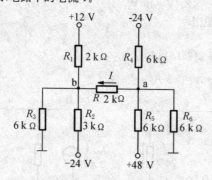

图解 2.26

2.7.12 试求图 2.46 所示电路中的电流 I。

图 2.46 习题 2.7.12 的图

【分析】 运用戴维南定理。将支路断开,利用结点电路法求出两端电位,从而可得到开路电压,等效内阻由电路左右两边的电阻先并联后再串联得到。再利用欧姆定律求出电流。

【解】 (1) 求 a、b 两点之间的开路电压[即 a、b 两点在电阻 R 支路开路时的电位之差,如图解 2.27

(a)所示]

由结点电压法可得

$$V_{ao} = \frac{\frac{(-24)}{R_4} + \frac{48}{R_5}}{\frac{1}{R_4} + \frac{1}{R_5} + \frac{1}{R_6}} = \frac{-\frac{24}{6} + \frac{48}{6}}{\frac{1}{6} + \frac{1}{6} + \frac{1}{6}} \text{ V} = 8 \text{ V}$$

$$V_{bo} = \frac{\frac{12}{R_1} + \frac{(-24)}{R_2}}{\frac{1}{R_1} + \frac{1}{R_2} + \frac{1}{R_3}} = \frac{\frac{12}{2} - \frac{24}{3}}{\frac{1}{2} + \frac{1}{3} + \frac{1}{6}} \text{ V} = -2 \text{ V}$$

$$V_{abo} = V_{ao} - V_{bo} = [8 - (-2)] \text{ V} = 10 \text{ V}$$

(2) 求 a、b 两点之间开路、电路除源后等效电阻[如图解 2.27(b)所示]

$$R_{abo} = (R_1 /\!/ R_2 /\!/ R_3) + (R_4 /\!/ R_5 /\!/ R_6)$$

$$= \left[\left(\frac{1}{\frac{1}{2} + \frac{1}{3} + \frac{1}{6}} \right) + \left(\frac{1}{\frac{1}{6} + \frac{1}{6} + \frac{1}{6}} \right) \right] \text{ k}\Omega = (1 + 2) \text{ k}\Omega = 3 \text{ k}\Omega$$

(3) 由戴维宁定理求电阻 $R = 2 \text{ k}\Omega$ 中的电流 I[戴维宁等效电路如图解 2.27(c)所示]

$$I = \frac{U_{abo}}{R_{abo} + R} = \frac{10}{(3+2) \times 10^3} \text{ A} = 2 \times 10^{-3} \text{ A} = 2 \text{ mA}$$

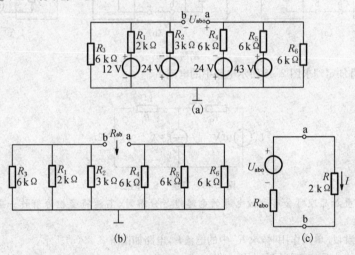

图解 2.27

2.7.13 两个相同的有源二端网络 N 与 N′ 连接如图 2.47(a)所示,测得 $U_1 = 4$ V。若连接如图 2.47(b)所示,则测得 $I_1 = 1$ A。试求连接如图 2.47(c)时的电流 I 为多少?

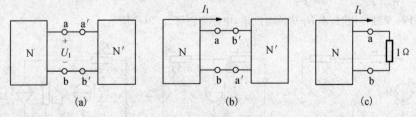

图 2.47 习题 2.7.13 的图

【分析】 二端网络的分析方法。对于二端网络可将之等效为电压源电路,化未知为已知再来解题。

【解】 将有源二端网络 N 用戴维宁等效电路表示,则图 2.47(a)、(b)、(c)各图可画为图解 2.28

(a)、(b)、(c)。

(1) 由图解 2.28(a)可知，N 与 N′并联，U_1 相当于开路电压，即

$$E = U_1 = 4 \text{ V}$$

(2) 由图解 2.28(b)可知，N 与 N′反向串联，I_1 相当于短路电流，即

$$I_S = \frac{2E}{2R_0} = I_1 = 1 \text{ A}$$

(3) 由(1)、(2) 结果可得出等效电源的内阻，即

$$R_0 = \frac{E}{I_S} = \frac{4}{1} \text{ Ω} = 4 \text{ Ω}$$

(4) 由图解 2.28(c)可求得当 $R = 1$ Ω 时的电流 I，即

$$I = \frac{E}{R_0 + R} = \frac{4}{4+1} \text{ A} = \frac{4}{5} \text{ A} = 0.8 \text{ A}$$

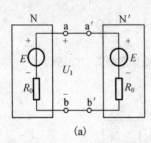
(a)
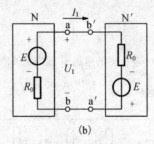
(b)
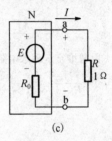
(c)

图解 2.28

2.8.1 用叠加定理求图 2.48 所示电路中的电流 I_1。

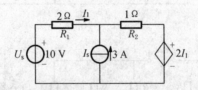

图 2.48 习题 2.8.1 的图

【分析】 用叠加原理对含有受控电源的电路进行分解时，不能将受控源看作一般电源作除源处理，应加以保留。

【解】 (1) 当 U_S 单独作用时，求 R_1 中的电流 I_1'，电路如图解 2.29(a)所示。

根据基尔霍夫电压定律列回路电压方程

$$U_S = I_1'(R_1 + R_2) + 2I_1'$$

故 $I_1' = \frac{U_S}{(R_1 + R_2) + 2} = \frac{10}{2+1+2} \text{ A} = 2 \text{ A}$

(2) 当 I_S 单独作用时，求 R_1 中的电流 I_1''，电路如图解 2.29(b)所示。

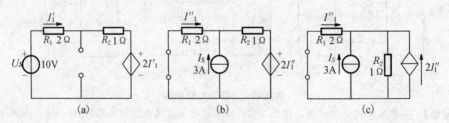

图解 2.29

图解 2.29(b)中受控电压源 $2I_1''$ 与电阻 R_2 的串联电路可等效变换为受控电流源 $2I_1''$ 与电阻 R_2 的并联电路,如图解 2.29(c)所示。

根据基尔霍夫电流定律及分流公式可列方程

$$-I_1''=\frac{R_2}{R_1+R_3}(I_S+2I_1'')$$

即

$$-I_1''=\frac{1}{2+1}\times(3+2I_1'')$$

解得 $I_1''=-0.6$ A

(3) 根据叠加定理求 I_1

$$I_1=I_1'+I_1''=[2+(-0.6)] A=1.4 A$$

2.8.2 试求图 2.49 所示电路的戴维宁等效电路和诺顿等效电路。

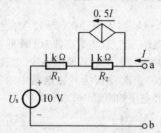

图 2.49 习题 2.8.2 的图

【分析】 先求开路电压,短路电流,再求出等效电阻,此时要注意对受控源的处理。

【解】 (1) 求图 2.49 所示电路的开路电压 U_0 和短路电流 I_S,电路如图解 2.30(a)、(b)所示。

当电路 a、b 端开路时,$I=0$,受控电流源的电流 $0.5I=0$,相当于该受控电流源断开,故由图解 2.30(a)知,$U_0=U_S=10$ V。

当电路 a、b 端短路时,因短路电流 I_S 参考方向与图 2.49 中电流 I 相反,所以图解 2.30(b)中受控电流源的电流方向也随之改变,根据基尔霍夫电压定律

$$U_S=I_SR_1+0.5I_SR_2$$

故 $I_S=\dfrac{U_S}{R_1+0.5R_2}=\dfrac{10}{1\ 000+0.5\times1\ 000} A=\dfrac{1}{150} A$

(2) 求 a、b 端口的等效电阻 R_0

由(1)结果可得

$$R_0=\frac{U_0}{I_S}=\frac{10}{\frac{1}{150}} \Omega=1\ 500\ \Omega=1.5 k\Omega$$

(3) 由 U_0、I_S、R_0 可分别画出图 2.49 电路的戴维宁等效电路和诺顿等效电路,如图解 2.30(c)、(d)所示。

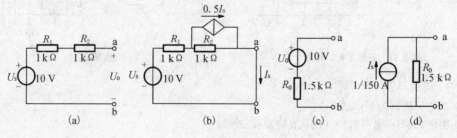

图解 2.30

2.9.1 试用图解法计算图 2.50(a)所示电路中非线性电阻元件 R 中的电流 I 及其两端电压 U。图 2.50(b)所示是非线性电阻元件的伏安特性曲线。

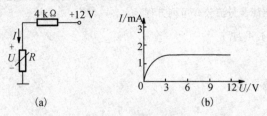

图 2.50 习题 2.9.1 的图

【分析】 非线性电阻电路的图解法、欧姆定律、基尔霍夫电压定律的应用。

【解】 非线性电阻 R 在图 2.50(a)中应满足的电路方程为

$$U=12-4I$$

由方程可知,当 $U=0$ 时,$I=3$ mA;当 $I=0$ 时,$U=12$ V。在图 2.50(b)的直角坐标系坐标点 A(3 mA,0 V)和 B(0 mA,12 V)两点作一直线(该直线即为上面的直线方程)。由于非线性电阻 R 工作于电路中,其端电压和电流应满足电路方程,同时其两端电压、电流由应满足其本身的伏安特性曲线,因此直线 AB 与 R 的伏安特性曲线的交点 Q 即为其在电路中的工作点,该点所对应的坐标值 $I_Q=1.5$ mA,$U_Q=6$ V 就是所求的电流和电压如图解 2.31 所示。

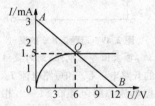

图解 2.31

2.9.2 在图 2.51(a)所示电路中,已知 $U_1=6$ V,$R_1=R_2=2$ kΩ,非线性电阻元件 R_3 的伏安特性曲线如图 2.51(b)所示。试求:(1) 非线性电阻元件 R_3 中的电流 I 及其两端电压 U_1;(2) 工作点 Q 处的静态电阻和动态电阻。

【分析】 同 2.9.1。

【解】 (1) 图 2.51(a)的戴维宁等效电路如图解 2.32(a)所示,其中 E 为除去非线性电阻元件 R_3 后左侧线性电路的开路电压 U_0,R_0 为去掉 R_3 后左侧线性电路除源后的等效电阻。

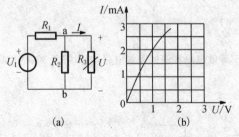

图 2.51 习题 2.9.2 的图

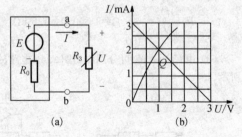

图解 2.32

$$E=\frac{R_2}{R_1+R_2}\cdot U_1=\frac{2}{2+2}\times 6 \text{ V}=3 \text{ V}$$

$$R_0=R_1 // R_2=1 \text{ kΩ}$$

由图解 2.32(a)可写出 U-I 的伏安特关系方程

$$U=E-IR_0=3-I$$

在图解 2.32(b)上画出上述方程的直线,与 R_3 伏安特性曲线的交点即为 R_3 的工作点 Q。

(2) 工作点处的静态电阻 R_Q 和动态电阻 r_Q 分别为

$$R_Q = \frac{U_Q}{I_Q} = \frac{1 \text{ V}}{2 \text{ mA}} = 0.5 \text{ k}\Omega$$

$$r_Q = \lim_{\Delta I \to 0} \frac{\Delta U}{\Delta I} = \frac{dU}{dI} = \frac{1.4 - 0.6}{2.5 - 1.5} \text{ k}\Omega = 0.8 \text{ k}\Omega$$

C 拓宽题

2.1.22 某次修理仪表发现一个 2 W/5 kΩ 的电阻烧了,手边没有这种电阻,只有几个其他电阻: $\frac{1}{2}$ W/2.5 kΩ 两个,1 W/2.5 kΩ 一个,$\frac{1}{2}$ W/5 kΩ 两个,1 W/15 kΩ 三个。试问应选哪几个电阻组合起来代用最为合适?如果通过的电流是原来电路的额定值,问组合后每个电阻上的电压是多少?

【分析】 电阻的串并联,欧姆定律。

【解】 应分别计算这五种电阻的额定电压 U_N 与额定电流 I_N

R_1(2 W/5 kΩ): $U_{1N} = \sqrt{P_{1N} \cdot R_1} = \sqrt{2 \times 5 \times 10^3}$ V = 100 V

$I_{1N} = \sqrt{\frac{P_{1N}}{R_1}} = \sqrt{\frac{2}{5 \times 10^3}}$ A = 0.02 A

$R_2 \left(\frac{1}{2} \text{ W}/2.5 \text{ k}\Omega\right)$: $U_{2N} = \sqrt{P_{2N} \cdot R_2} = \sqrt{0.5 \times 2.5 \times 10^3}$ V = 35.4 V

$I_{2N} = \sqrt{\frac{P_{2N}}{R_2}} = \sqrt{\frac{0.5}{2.5 \times 10^3}}$ A = 0.014 A

R_3(1 W/2.5 kΩ): $U_{3N} = \sqrt{P_{3N} \cdot R_3} = \sqrt{1 \times 2.5 \times 10^3}$ V = 50 V

$I_{3N} = \sqrt{\frac{P_{3N}}{R_3}} = \sqrt{\frac{1}{2.5 \times 10^3}}$ A = 0.02 A

$R_4 \left(\frac{1}{2} \text{ W}/5 \text{ k}\Omega\right)$: $U_{4N} = \sqrt{P_{4N} \cdot R_4} = \sqrt{0.5 \times 5 \times 10^3}$ V = 50 V

$I_{4N} = \sqrt{\frac{P_{4N}}{R_4}} = \sqrt{\frac{0.5}{5 \times 10^3}}$ A = 0.01 A

R_5(1 W/15 kΩ): $U_{5N} = \sqrt{P_{5N} \cdot R_5} = \sqrt{1 \times 15 \times 10^3}$ V = 122.5 V

$I_{5N} = \sqrt{\frac{P_{5N}}{R_5}} = \sqrt{\frac{1}{15 \times 10^3}}$ A = 0.008 A

由上述计算可知,一个 2 W/5 kΩ 的电阻可用两个 $\frac{1}{2}$ W/5 kΩ 电阻并联(变为 1 W/2.5 kΩ)后再串联一个 1 W/2.5 kΩ 电阻来代替。

如果通过的电流是原来电路的额定值(即 0.02 A),则 1 W/2.5 kΩ 电阻上电压为 2.5 kΩ×0.02 A = 50 V;每只 $\frac{1}{2}$ W/5 kΩ 电阻中电流为 0.01 A,两个并联电阻上电压为 5 kΩ×0.01 A = 50 V。各电阻上电压、电流均为其额定值。

2.2.1 试求图 2.52 所示电路的等效电阻 R_{ab}。

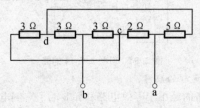

图 2.52 习题 2.2.1 的图

【分析】 电阻的串并联,电阻的 △—Y 变换。

【解】 图 2.52 所示电路可化为图解 2.33(a)、(b)所示电路。

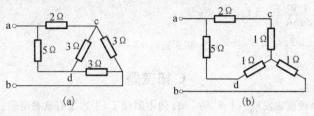

图解 2.33

由图解 2.33(b)可得

$$R_{ab}=[(R_{2\Omega}+R_{1\Omega})//(R_{5\Omega}+R_{1\Omega})]+1=(2+1)\ \Omega=3\ \Omega$$

2.6.7 电路如图 2.53 所示。当开关 S 合在位置 1 时,毫安表的读数为 40 mA;当 S 合在位置 2 时,毫安表的读数为 −60 mA;当 S 合在位置 3 时,毫安表的读数为多少? 已知 $U_2=4$ V, $U_3=6$ V。

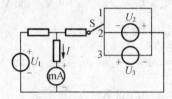

图 2.53 习题 2.6.7 的图

【分析】 叠加定理的应用。

【解】 根据叠加定理由图 2.53 所示电路可列出

$$I=K_1U_1+K_2U_{2,3}$$

当 S 置于 1 时,$40=K_1U_1+K_2\times 0$
当 S 置于 2 时,$-60=K_1U_1+K_2\times 4$
联立解得 $K_2=-25$
当 S 置于 3 时,$I=K_1U_1+K_2\times(-6)=[40+(-25)\times(-6)]$ mA$=190$ mA
即毫安表读数为 190 mA。

2.7.14 在图 2.54 中,$I_S=2$ A,$U=6$ V,$R_1=1$ Ω,$R_2=2$ Ω。如果:
(1) 当 I_S 的方向如图中所示时,电流 $I=0$;
(2) 当 I_S 的方向与图示相反时,则电流 $I=1$ A。
试求线性有源二端网络的戴维宁等效电路。

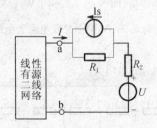

图 2.54 习题 2.7.14 的图

【分析】 戴维宁定理,叠加定理的应用。

【解】 设线性有源二端网络的戴维宁等效电路和 a、b 端子右侧电路的等效电路如图解 2.34(a)所示。

$E' = U + I_S R_1, R_0' = R_1 + R_2 = (1+2)\ \Omega = 3\ \Omega$

(1) 当 I_S 方向如图 2.54 所示时,电流 $I=0$

即 $I_{(1)} = \dfrac{E - E'_{(1)}}{R_0 + R_0'} = 0$

则 $E = E'_{(1)} = U + I_S R_1 = (6 + 2 \times 1)\ \text{V} = 8\ \text{V}$

(2) 当 I_S 方向与图 2.55 所示相反时,电流 $I = 1\ \text{A}$

即 $I_{(2)} = \dfrac{E - E'_{(2)}}{R_0 + R_0'} = 1\ \text{A}$

而 $E'_{(2)} = U + (-I_S) R_1 = (6 - 2)\ \text{V} = 4\ \text{V}$

故 $E - E'_{(2)} = (R_4 + R_0') \times 1, R_0 = [(8-4)-3]\ \Omega = 1\ \Omega$

线性有源二端网络的戴维宁等效电路如图解 2.34(b) 所示。

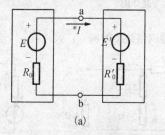
(a)

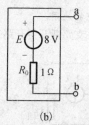
(b)

图解 2.34

2.4 经典习题与全真考题详解

题 1 电路如题 1 图所示,用结点电压法求各支路电流。(华中科技大学 2013 年考研试题)

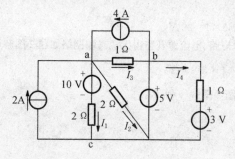

题 1 图

【分析】 本题是典型的结点电压法的应用。列出节点电压方程,结合电路进行求解。

【解】 设节点 c 为参考节点,各电流的参考方向如题 1 图所示,结点电压方程为:

$$\begin{cases} \left(\dfrac{1}{2} + 1 + \dfrac{1}{2}\right) U_a - U_b = \dfrac{10}{2} + 2 + 4 \\ U_b = 5 \end{cases}$$

解得: $U_a = 8\ \text{V}, U_b = 5\ \text{V}$

由题 1 图可得:

$I_1 = \dfrac{U_a - 10}{2} = \dfrac{8-10}{2} = -1\ \text{A}$

$I_2 = \dfrac{U_a}{2} = \dfrac{8}{2} = 4\ \text{A}$

$$I_3 = \frac{U_a - U_b}{1} = \frac{8-5}{1} = 3 \text{ A}$$

$$I_4 = \frac{U_b - 3}{1} = \frac{5-3}{1} = 2 \text{ A}$$

题 2 电路如题 2 图所示,试用戴维南定理计算电流 I。

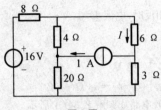

题 2 图

【分析】 戴维南定理的应用。

【解】 将电流 I 所在支路断开得开路二端网络题 2 图所示：

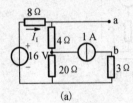 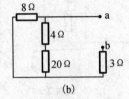

(a)　　　　　　　　(b)　　　　　　　　(c)

题 2 图解

设电流 I_1 的方向如图所示,对左边的支路列回路方程有：

$$(8+4)I_1 + 20(I_1+1) - 16 = 0$$

解得：$I_1 = -\dfrac{1}{8}$ A

$$U_{ab} = -8 \times I_1 + 16 + 3 \times 1 = 20 \text{ V}$$

将题 2 图解(a)中电压源短路、电流源开路得无源二端网络如题 2 图解(b)所示。

$$R_1 = R_{ab} = \frac{8 \times (4+20)}{20+4+8} + 3 = 9 \text{ }\Omega$$

画出戴维南等效电路如题 2 图解(c)所示：

$$I = \frac{20}{9+6} = \frac{4}{3} \text{ A}$$

第 3 章 电路的暂态分析

基本教学要求

1. 理解电阻元件是耗能元件,而电感元件和电容元件是储能元件。
2. 掌握电路暂态过程产生的原因和换路定则的理论依据。
3. 掌握换路定则确定 RC 电路和 RL 电路响应的初始值应用。
4. 熟练掌握 RL 电路和 RC 电路响应的分析计算。
5. 用三要素分析计算 RC 电路和 RL 电路的响应。
6. 理解利用电容器充放电原理,在一定条件下使 RC 电路成为微分电路和积分电路,并把矩形脉冲变换为尖顶波和锯齿波。

1. 换路的概念、电路暂态过程产生的原因。
2. 换路定则,初始值与稳态值的计算。
3. RC、RL 电路的零输入响应、零状态响应及全响应。
4. 一阶线性电路暂态分析的三要素法。

1. 微分电路与积分电路。
2. 电容分压电路换路时的强制跃变。

3.1 知识点归纳

电路的暂态分析	暂态过程产生的原因	1. 储能元件能量不能跃变 2. 换路定则及其应用
	RC 电路的响应	1. 零输入响应 2. 零状态响应 3. 全响应
	RL 电路的响应	1. 零输入响应 2. 零状态响应 3. 全响应
	三要素法	1. RC 电路的响应 2. RL 电路的响应

3.2 练习与思考全解

3.1.1 如果一个电感元件两端的电压为零,其储能是否也一定等于零?如果一个电容元件中的电流为零,其储能是否也一定等于零?

【分析】 电感元件储能公式和电容元件储能公式的考查。

【解】 电感元件储能与流过它的电流的平方成正比,即
$$W_L = \frac{1}{2} L i_L^2$$

当电感元件两端的电压 u_L 为零时,说明其中流过的变化率为零,但并不意味着电流一定为零,因此储能不一定为零。例如 $i_L = I$ 为直流电流时, $u_L = 0$,但 $W_L = \frac{1}{2} L I^2 \neq 0$。

电容元件储能与它两端的电压的平方成正比,即
$$W_C = \frac{1}{2} C u_C^2$$

当电容元件中的电流 i_C 为零时,说明其两端电压的变化率为零,但并不意味着电压一定为零,因此其储能不一定为零。例如 $u_C = U$ 为直流电压时, $i_C = 0$,但 $W_C = \frac{1}{2} C U^2 \neq 0$。

3.1.2 电感元件中通过恒定电流时可视为短路,是否此时电感 L 为零?电容元件两端加恒定电压时可视为开路,是否此时电容 C 为无穷大?

【分析】 同 3.1.1。

【解】 电感元件的电感量 L 取决于线圈的尺寸、匝数及其周围介质的性质,与通入何种电流无关。在恒定电流情况下,因为 $\frac{di_L}{dt} = 0$,故 $u_L = 0$,可视作短路,而此时电感 L 不等于零。电容元件的电容量 C 取决于其极板的尺寸、距离及中间介质的性质,与施加何种电压无关,在恒定电压作用下,因为 $\frac{du_C}{dt} = 0$,故 $i_C = 0$,可视作开路,而此时电容 C 不等于零。

3.2.1 确定图 3.2.2 所示电路中各电流的初始值。换路前电路已处于稳态。

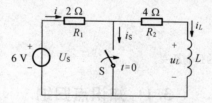

图 3.2.2 练习与思考 3.2.1 的图

【分析】 换路定则的应用。

【解】 由换路定则可得
$$i_L(0_+) = i_L(0_-) = \frac{U_S}{R_1 + R_2} = \frac{6}{2+4} \text{ A} = 1 \text{ A}$$
$$i(0_+) = \frac{U_S}{R_1} = \frac{6}{2} \text{ A} = 3 \text{ A}$$

则根据基尔霍夫电流定律
$$i_S(0_+) = i(0_+) - i_L(0_+) = (3-1) \text{ A} = 2 \text{ A}$$

3.2.2 在图 3.2.3 所示的电路中,试确定在开关 S 断开后初始瞬间的电压 u_C 和电流 i_C, i_1, i_2 之值。S 断开前电路已处于稳态。

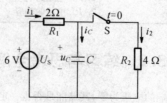

图 3.2.3 练习与思考 3.2.2 的图

【分析】 根据开关断开前后的初始瞬间电容电压不能跃变分析。

【解】 因 S 断开前电路已处于稳态

故 $u_C(0_-) = \dfrac{R_2}{R_1+R_2} \cdot U_S = \dfrac{4}{2+4} \times 6 \text{ V} = 4 \text{ V}$

根据换路定则可知 $u_C(0_+) = u_C(0_-) = 4 \text{ V}$

则 $i_C(0_+) = i_1(0_+) = \dfrac{U_S - u_C(0_+)}{R_1} = \dfrac{6-4}{2} \text{ A} = 1 \text{ A}$

$i_2(0_+) = 0$

3.2.3 在图 3.2.4 中,已知 $R = 2 \text{ }\Omega$,电压表的内阻为 2.5 kΩ,电源电压 $U = 4 \text{ V}$。试求开关 S 断开瞬间电压表两端的电压,分析其后果,并请考虑采取何种措施来防止这种后果的发生。换路前电路已处于稳态。

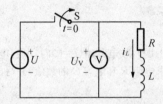

图 3.2.4 练习与思考 3.2.3 的图

【分析】 同 3.2.3。

【解】 换路前电流,电感对直流电源被短路,因此

$i_L(0_-) = \dfrac{U}{R} = \dfrac{4}{2} \text{ A} = 2 \text{ A}$

电感中电流不突变,因此换路后

$i_L(0_+) = i_L(0_-) = 2 \text{ A}$

$U_V(0_+) = -i_L(0_+) R_V = -2 \times 2\,500 \text{ V} = -5\,000 \text{ V}$

因此,电压表可能被损坏。

3.3.1 在图 3.3.1 中,$U = 20 \text{ V}$,$R = 7 \text{ k}\Omega$,$C = 0.47 \text{ }\mu\text{F}$。电容 C 原先不带电荷。试求在将开关 S 合到位置 1 上瞬间电容和电阻上的电压 u_C 和 u_R 以及充电电流 i。经过多少时间后电容元件的电压充电到 12.64 V?

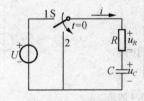

图 3.3.1 RC 充电电路

【分析】 电容原无储能,因此充电过程为零状态响应。

【解】 由于电容 C 原不带电荷,由换路定则

$u_C(0_+) = u_C(0_-) = 0$

由基尔霍夫电压定律,知

$u_R(0_+) = U - u_C(0_+) = (20-0) \text{ V} = 20 \text{ V}$

$i(0_+) = \dfrac{u_R(0_+)}{R} = \dfrac{20}{7 \times 10^3} \text{ A} = 2.86 \text{ mA}$

由零状态响应表达式

$u_C(t) = U(1 - e^{-\frac{t}{\tau}}) \quad (\tau = RC)$

设经过时间 t 电容上电压充到 12.64 V,则

$$12.64 = 20(1 - e^{-\frac{t_1}{7 \times 10^3 \times 0.41 \times 10^{-6}}})$$

$$t_1 = \tau = RC = 3.29 \text{ ms}$$

3.3.2 有一 RC 放电电路(图 3.3.1 中的开关合到位置 2),电容元件上电压的初始值 $u_C(0_+) = U_0 = 20$ V,$R = 10$ kΩ,放电开始($t=0$)经 0.01 s 后,测得放电电流为 0.736 mA,试问电容值 C 为多少?

【分析】 同 3.3.1。

【解】 由零输入响应

$$i = G \frac{du_C}{dt} = -\frac{U_0}{R} e^{-\frac{t}{RC}}$$

代入已知测量结果

$$0.736 \times 10^{-3} = \frac{20}{10 \times 10^3} e^{-\frac{0.01}{10 \times 10^3 \cdot C}}$$

$$C = 1 \times 10^{-6} \text{ F} = 1 \text{ μF}$$

3.3.3 有一 RC 放电电路(同上题),放电开始($t=0$)时,电容电压为 10 V,放电电流为 1 mA,经过 0.1 s(约 5τ)后电流趋近于零。试求电阻 R 和电容 C 的数值,并写出放电电流 i 的公式。

【分析】 换路定则的应用。

【解】 $i(0_+) = \frac{u_C(0_+)}{R} = -\frac{10}{R}$ A $= -1 \times 10^{-3}$ A

又 $5\tau \approx 0.1$ s 则 $\tau = RC = 0.02$ s,联立

$$\begin{cases} \frac{10}{R} = 1 \times 10^{-3} \\ RC = 0.02 \end{cases}$$

得 $R = 10$ kΩ,$C = 20$ μF

则 $i = -\frac{u_C(0_+)}{R} e^{-\frac{t}{RC}} = -e^{-50t}$ mA

3.3.4 电路如图 3.3.8 所示,试求换路后的 u_C。设 $u_C(0) = 0$。

【分析】 电压源变换等效问题的考查。

【解】 将 I_S 与 R 的并联电路等效变换为一电压源 U_S 与电阻 R 串联电路,如图解 3.02 所示。

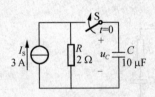

图 3.3.8 练习与思考 3.3.4 的图

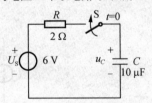

图解 3.02

由题意此题为零状态响应,则

$$u_C = U_S(1 - e^{-\frac{t}{\tau}})$$

$$= 6(1 - e^{-\frac{t}{RC}}) = 6(1 - e^{-5 \times 10^4 t}) \text{ V}$$

3.3.5 上题中如果 $u_C(0) = 2$ V 和 8 V,分别求 u_C。

【分析】 同 3.3.4。

【解】 电路中 u_C 响应为全响应

如果上题中 $u_C(0_-) = U_0 \neq 0$,则电路中 u_C 响应为全响应

$$u_C(t) = U_0 e^{-\frac{t}{\tau}} + U_S(1 - e^{-\frac{t}{\tau}})$$

当 $U_0 = u_C(0_+) = u_C(0_-) = 2$ V 时

$u_C(t)=[2\mathrm{e}^{-5\times10^4 t}+6(1-\mathrm{e}^{-5\times10^4 t})]\,\mathrm{V}=(6-4\mathrm{e}^{-5\times10^4 t})\,\mathrm{V}$

当 $U_0=u_C(0_+)=u_C(0_-)=8\,\mathrm{V}$ 时

$u_C(t)=[8\mathrm{e}^{-5\times10^4 t}+6(1-\mathrm{e}^{-5\times10^4 t})]\,\mathrm{V}=(6+2\mathrm{e}^{-5\times10^4 t})\,\mathrm{V}$

3.3.6 常用万用表的"$R\times1\,\mathrm{k}$"挡来检查电容器(电容量应较大)的质量。如在检查时发现下列现象,试解释之,并说明电容器的好坏:(1) 指针满偏转;(2) 指针不动;(3) 指针很快偏转后又返回原刻度(∞)处;(4) 指针偏转后不能返回原刻度处;(5) 指针偏转后返回速度很慢。

【分析】 万用表的使用方法的检验。

【解】 用万用表的"$R\times1\,\mathrm{k}$"挡检查大电容量电容元件质量时,万用表内电池经表内电阻向电容器充电,充电电流的大小通过万用表置于电阻挡时指针偏转大小表示——指针偏转大,则说明电流大;指针偏转小,则说明电流小。

(1) 指针满偏转时,说明线路中电流大,即电容器的漏电流大,其内部绝缘可能已被击穿损坏而造成内部短路。

(2) 指针不动,说明线路中电流为零,电容器的内部引线断开了。

(3) 指针很快偏转后又返回原刻度(∞)处,说明充电过程进行得很快,开始充电电流大,逐渐减小变为零,电容器漏电电流很小,质量比较好。

(4) 指针偏转后不能返回原刻度处,说明在电容器充电结束后线路中仍有电流流过,即电容器有漏电流存在,电容器质量不好。若漏电流较大,该电容器不宜被使用。

(5) 指针偏转后返回速度很慢,说明电容器充电过程进行得很慢,充的时间常数大,即电容器的电容量较大(因线路中电阻一定)。若指针能返回(∞)处,说明该电容器漏电电流很小,质量好。

3.3.7 试证明电容元件 C 通过电阻 R 放电,当电容电压降到初始值的一半时所需时间约为 0.7τ。

【分析】 C 通过 R 放电即为 RC 电路零输入响应。

【解】 设电容元件 C 通过电阻 R 放电的初始电压为 U_0,则

$u_C=U_0\mathrm{e}^{-\frac{t}{\tau}}$

当 $u_C=\dfrac{1}{2}U_0$ 时,$t=t'$,即 $\dfrac{1}{2}U_0=U_0\mathrm{e}^{-\frac{t}{\tau}}$

$\mathrm{e}^{-\frac{t}{\tau}}=0.5,\ t=-\tau\ln 0.5=0.693\tau\approx 0.7\tau$

3.3.8 今有一电容元件 C,对 $2.5\,\mathrm{k}\Omega$ 的电阻 R 放电,如 $u_C(0_-)=U_0$,并经过 $0.1\,\mathrm{s}$ 后电容电压降到初始值的 $\dfrac{1}{10}$,试求电容 C。

【分析】 同 3.3.7。

【解】 $u_C=U_0\mathrm{e}^{-\frac{t}{\tau}}=U_0\mathrm{e}^{-\frac{t}{RC}}$

由题设可知 $\dfrac{1}{10}U_0=U_0\mathrm{e}^{-\frac{0.1}{2.5\times10^3 C}}$

整理得 $C=17.4\,\mu\mathrm{F}$

3.4.1 试用三要素法写出图 3.4.4 所示指数曲线的表达式 u_C。

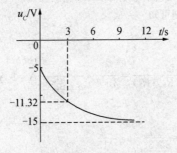

图 3.4.4 练习与思考 3.4.1 的图

【分析】 根据三要素法、全响应过程公式可求解。

【解】 根据三要素法，u_C 的表达式为

$$u_C(t)=u_C(\infty)+[u_C(0_+)-u_C(\infty)]e^{-\frac{t}{\tau}}$$

由图 3.4.4 所给 u_C 变化曲线可知

$$u_C(0_+)=-5\text{ V},u_C(\infty)=-15\text{ V}$$

当 $t=3$ s 时，即

$$-11.32=-15+[(-5)-(-15)]e^{-\frac{t}{\tau}}$$

$$\tau=3\text{ s}$$

故 u_C 的表达式为

$$u_C=-15\text{ V}+[(-5)-(-15)]^{-\frac{1}{3}}\text{ V}=(-15+10^{-\frac{1}{3}})\text{ V}$$

3.4.2 试用三要素法计算图 3.4.5 所示电路在 $t\geqslant 0$ 时的 u_C。

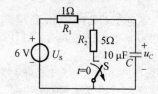

图 3.4.5 练习与思考 3.4.2 的图

【分析】 同 3.4.1。

【解】 $u_C(0_+)=u_C(0_-)=\dfrac{R_2}{R_1+R_2}U_S=\dfrac{5}{1+5}\times 6\text{ V}=5\text{ V}$

$$u_C(\infty)=U_S=6\text{ V}$$

$$\tau=RC=R_1C=1\times 10\times 10^{-6}\text{ s}=10^{-5}\text{ s}$$

由三要素法，当 $t\geqslant 0$ 时

$$u_C(t)=u_C(\infty)+[u_C(0_+)-u_C(\infty)]e^{-\frac{t}{\tau}}$$
$$=[6+(5-6)e^{-10^5 t}]\text{ V}=(6-e^{-10^5 t})\text{ V}$$

3.6.1 电路如图 3.6.8 所示，试求 $t\geqslant 0$ 时的电流 i_L。开关闭合前电感未储能。

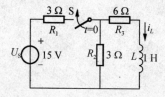

图 3.6.8 练习与思考 3.6.1 的图

【分析】 电感上电流不突变，根据换路定则求零状态响应。

【解】 由图示电路及换路定则可知

$$i_L(0_+)=i_L(0_-)=0$$

换路后电路达到稳态时

$$i_L(\infty)=\dfrac{R_2}{R_2+R_3}\cdot\dfrac{U_s}{R_1+(R_2//R_3)}=\dfrac{3}{3+6}\times\dfrac{15}{3+\dfrac{3\times 6}{3+6}}\text{ A}=1\text{ A}$$

时间常数

$$\tau=\dfrac{L}{R}=\dfrac{L}{(R_1//R_2)+R_3}=\dfrac{1}{\dfrac{3\times 3}{3+3}+6}\text{ s}=\dfrac{2}{15}\text{ s}$$

根据三要素法

$$i_L(t) = i_L(\infty) + [i_L(0_+) - i_L(\infty)]e^{-\frac{t}{\tau}}$$
$$= (1 - e^{-\frac{t}{2/15}}) \text{ A} = (1 - e^{-7.5t}) \text{ A} \quad (t \geqslant 0)$$

3.6.2 电路如图 3.6.9 所示，试求 $t \geqslant 0$ 时的电流 i_L 和电压 u_L。开关闭合前电感未储能。

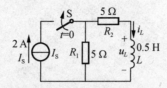

图 3.6.9　练习与思考 3.6.2 的图

【分析】 同 3.6.1。

【解】 因开关 S 闭合前电感 L 未储能，则

$$i_L(0_-) = 0$$

由换路定则得

$$i_L(0_+) = i_L(0_-) = 0$$

当 $t \to \infty$ 时 $i_L(\infty) = \dfrac{R_1}{R_1 + R_2} I_S = \dfrac{5}{5+5} \times 2 \text{ A} = 1 \text{ A}$

$\tau = \dfrac{L}{R} = \dfrac{L}{R_1 + R_2} = \dfrac{0.5}{5+5} \text{ s} = 0.05 \text{ s}$

由三要素法，$t \geqslant 0$ 时

$$i_L(t) = i_L(\infty) + [i_L(0_+) - i_L(\infty)]e^{-\frac{t}{\tau}} = (1 - e^{-\frac{t}{0.05}}) \text{ A} = (1 - e^{-20t}) \text{ A}$$
$$u_L(t) = L\dfrac{di_L(t)}{dt} = 0.5 \times 20 e^{-20t} \text{ V} = 10 e^{-20t} \text{ V}$$

3.6.3 电路如图 3.6.10 所示，试求 $t \geqslant 0$ 时的电流 i_L 和电压 u_L。换路前电路已处于稳态。

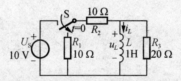

图 3.6.10　练习与思考 3.6.3 的图

【分析】 根据换路定则及三要素法进行求解。

【解】 因换路前电路已处于稳态，则

$$i_L(0_-) = \dfrac{U_S}{R_2} = \dfrac{10}{10} \text{ A} = 1 \text{ A}$$

由换路定则

$$i_L(0_+) = i_L(0_-) = 1 \text{ A}$$

$$i_L(\infty) = 0, \tau = \dfrac{L}{R} = \dfrac{L}{(R_1 + R_2) // R_3} = \dfrac{1}{\frac{(10+10) \times 20}{10+10+20}} \text{ s} = 0.1 \text{ s}$$

根据三要素法，$t \geqslant 0$ 时

$$i_L(t) = i_L(\infty) + [i_L(0_+) - i_L(\infty)]e^{-\frac{t}{\tau}}$$
$$= e^{-\frac{t}{0.1}} \text{ A} = e^{-10t} \text{ A}$$
$$u_L(t) = L\dfrac{di_L(t)}{dt} = 1 \times \dfrac{d(e^{-10t})}{dt} \text{ V} = -10 e^{-10t} \text{ V}$$

3.6.4 有一台直流电动机,它的励磁线圈的电阻为 50 Ω,当加上额定励磁电压经过 0.1 s 后,励磁电流增长到稳态值的 63.2%。试求线圈的电感。

【分析】 可根据时间常数与线圈的电感之间的公式关系求解。

【解】 励磁电流 i_L 的变化关系为 RL 电路的零状态响应,即
$$i_L(t)=i(\infty)(1-e^{-\frac{t}{\tau}})(t\geqslant 0)$$
由题知 $t=0.1$ s 时,$i_L(0.1)=63.2\% i_L(\infty)$,则由上式可得
$$63.2\% i_L(\infty)=i_L(\infty)(1-e^{-\frac{0.1}{\tau}})$$
$$1-e^{-\frac{0.1}{\tau}}=0.632$$
$$e^{-\frac{0.1}{\tau}}=0.368$$
$$\tau=0.1 \text{ s}$$
$$\frac{L}{R}=0.1$$
$$\frac{L}{50}=0.1$$
$$L=5 \text{ H}$$

3.6.5 一个线圈的电感 $L=0.1$ H,通有直流 $I=5$ A,现将此线圈短路,经过 $t=0.01$ s 后,线圈中电流减小到初始值的 36.8%。试求线圈的电阻 R。

【分析】 同 3.6.4。

【解】 此线圈中的电流变化关系为 RL 电路的零输入响应,即
$$i_L(t)=i_L(0_+)e^{-\frac{t}{\tau}} (t\geqslant 0)$$
当 $t=0.01$ s 时,$i_L(0.01)=36.8\% i_L(0_+)$,则由上式可得
$$36.8\% i_L(0_+)=i_L(0_+)e^{-\frac{0.1}{\tau}}$$
$$e^{-\frac{0.1}{\tau}}=36.8\%$$
$$\tau=0.01 \text{ s}$$
$$\frac{L}{R}=0.01 \text{ s}$$
$$\frac{0.1}{R}=0.01 \text{ s}$$
$$R=10 \text{ Ω}$$

3.3 习题全解

A 选择题

3.1.1 在直流稳态时,电感元件上(   )。

(1) 有电流,有电压   (2) 有电流,无电压   (3) 无电流,有电压

【分析】 直流稳态时,电感元件电阻为 0,相当于短路,其电压为 0,但有电流流过,电流大小由电感以外电路决定。

【解】 选择(2)

3.1.2 在直流稳态时,电容元件上(   )。

(1) 有电压,有电流   (2) 有电压,无电流   (3) 无电压,有电流

【分析】 直流稳态时,电容元件电阻为 ∞,相当于开路,其电流为 0,但两端可以有电压,电压大小由电容以外电路决定。

第3章 电路的暂态分析

【解】 选择(2)

3.2.1 在图3.01中,开关S闭合前电路已处于稳态,试问闭合开关S的瞬间,$u_L(0_+)$为( )。
(1) 0 V　　　　　(2) 100 V　　　　　(3) 63.2 V
【分析】 S闭合前电路已处于稳态。$u_L(0_+)=u_L(0_-)=100\times 1=100$ V。
【解】 选择(2)

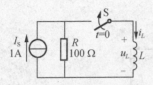
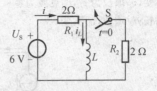

图3.01 习题3.2.1的图　　　　图3.02 习题3.22的图

3.2.2 在图3.02中,开关S闭合前电路已处于稳态,试问闭合开关瞬间,初始值$i_L(0_+)$和$i(0_+)$分别为( )。
(1) 0 A,1.5 A　　　　(2) 3 A,3 A　　　　(3) 3 A,1.5 A
【分析】 开关S闭合前电路已处于稳态,则由换路定则可求得。
【解】 选择(2)

3.2.3 在图3.03中,开关S闭合前电路已处于稳态,试问闭合开关瞬间,电流初始值$i(0_+)$为( )。
(1) 1 A　　　　　(2) 0.8 A　　　　　(3) 0 A

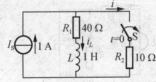
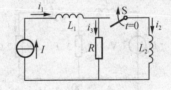

图3.03 习题3.2.3的图　　　　图3.04 习题3.2.3的图

【分析】 开关S闭合前电路已处于稳态,则由换路定则可求得。
【解】 选择(3)

3.2.4 在图3.04中,开关S闭合前电容元件和电感元件均未储能,试问闭合开关瞬间发生跃变的是( )。
(1) i和i_1　　　　(2) i和i_3　　　　(3) i_2和u_C
【分析】 同3.2.3。
【解】 选择(2)

3.3.1 在电路的暂态过程中,电路的时间常数τ愈大,则电流和电压的增长或衰减就( )。
(1) 愈快　　　　(2) 愈慢　　　　(3) 无影响
【分析】 本题考查暂态过程中时间常数和电流电压的关系。
【解】 选择(2)

3.3.2 电路的暂态过程从$t=0$大致经过( )时间,就可认为到达稳定状态了。
(1) τ　　　　(2) $(3-5)\tau$　　　　(3) 10τ
【分析】 电路暂态过程从$t=0$开始经$(3-5)\tau$后可认为基本结束。
【解】 选择(2)

3.6.1 RL串联电路的时间常数τ为( )。
(1) RL　　　　(2) $\dfrac{L}{R}$　　　　(3) $\dfrac{R}{L}$

【分析】 RL 串联电路的时间常数 $\tau = \dfrac{L}{R}$。

【解】 选择(2)

3.6.2 在图 3.05 所示电路中,在开关 S 闭合前电路已处于稳态。当开关闭合后,( )。

(1) i_1, i_2, i_3 均不变

(2) i_1 不变,i_2 增长为 i_1,i_3 衰减为零

(3) i_1 增长,i_2 增长,i_3 不变

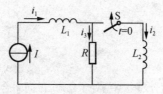

图 3.05 习题 3.6.2 的图

【分析】 开关 S 闭合前电路已处于稳态,由换路定则可求解。

【解】 选择(2)

B 基本题

3.2.5 图 3.06 所示各电路在换路前都处于稳态,试求换路后电流 i 的初始值 $i(0_+)$ 和稳态值 $i(\infty)$。

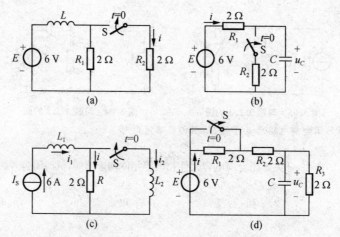

图 3.06 习题 3.2.5 的图

【分析】 对于电容换路前为开路;对于电感,换路前为短路,由此可求出换路前的电压和电流值,换路后,初始值不变,稳态时电感短路,电容开路,由此得到重组的电路,可求出稳态值。

【解】 图 3.06(a)所示电路中

$$i_L(0_+) = i_L(0_-) = \dfrac{E}{R_1} = \dfrac{6}{2} \text{ A} = 3 \text{ A}$$

$$i(0_+) = \dfrac{R_1}{R_1 + R_2} i_L(0_+) = \dfrac{2}{2+2} \times 3 \text{ A} = 1.5 \text{ A}$$

$$i(\infty) = \dfrac{E}{R_1} = \dfrac{6}{2} \text{ A} = 3 \text{ A}$$

图 3.06(b)所示电路中

$$u_C(0_+) = u_C(0_-) = 6 \text{ V}$$

$$i(0_+)=\frac{E-u_C(0_+)}{R_1}=\frac{6-6}{2}\text{ A}=0$$

$$i(\infty)=\frac{E}{R_1+R_2}=\frac{6}{2+2}\text{ A}=1.5\text{ A}$$

图 3.06(c)所示电路中
$$i_1(0_+)=i_1(0_-)=I_s=6\text{ A}$$
$$i_2(0_+)=i_2(0_-)=0$$
$$i(0_+)=i_1(0_+)-i_2(0_+)=(6-0)\text{ A}=6\text{ A}$$
$$i(\infty)=0$$

图 3.06(d)所示电路中
$$u_C(0_+)=u_C(0_-)=\frac{R_3}{R_1+R_3}E=\frac{2}{2+2}\times 6\text{ V}=3\text{ V}$$
$$i(0_+)=\frac{E-u_C(0_+)}{R_1+R_2}=\frac{6-3}{2+2}\text{ A}=\frac{3}{4}\text{ A}=0.75\text{ A}$$
$$i(\infty)=\frac{E}{R_1+R_2+R_3}=\frac{6}{2+2+2}\text{ A}=1\text{ A}$$

3.3.3 在图 3.07 所示电路中,$u_C(0_-)=0$。试求:(1) $t \geqslant 0$ 时的 u_C 和 i;(2) u_C 到达 5 V 所需时间。

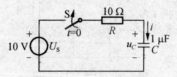

图 3.07 习题 3.3.3 的图

【分析】 RC 电路响应和零状态响应。

【解】 (1) 由换路定则得
$$u_C(0_+)=u_C(0_-)=0$$
$$u_C(\infty)=U_S=10\text{ V}$$
$$\tau=RC=10\times 1\times 10^{-6}\text{ s}=10^{-5}\text{ s}$$

由三要素法
$$u_C(t)=u_C(\infty)+[u_C(0_+)-u_C(\infty)]\text{e}^{-\frac{t}{\tau}}$$
$$=[10+(0-10)\text{e}^{-\frac{t}{10^{-5}}}]\text{ V}$$
$$=(10-10\text{e}^{-10^5 t})\text{ V}$$
$$i=C\frac{\text{d}u_C}{\text{d}t}=1\times 10^{-6}\times(-10)\times(-10^5)\text{e}^{-10^5 t}\text{ A}=\text{e}^{-10^5 t}\text{ A}$$

(2) 设 u_C 到达 5 V 所需的时间为 t',则
$$5=10-10\text{e}^{-10^5 t'}$$
$$t'=\frac{\ln 0.5}{-10^5}=6.93\times 10^{-6}=6.93\text{ μs}$$

即 u_C 由 0 到达 5 V 所需时间为 6.93 μs。

3.3.4 在图 3.08 中,$U=20$ V,$R_1=12$ kΩ,$R_2=6$ kΩ,$C_1=10$ μF,$C_2=20$ μF。电容元件原先均未储能。当开关闭合后,试求两串联电容元件两端电压 u_C。

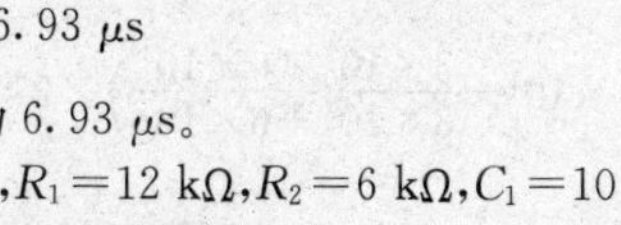

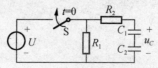

图 3.08 习题 3.3.4 的图

【分析】 由"电容元件原先未储能"为零状态响应;由串联电容的等效电容求法进而求出时间常数。

【解】 C_1 与 C_2 串联后的等效电容

$$C = \frac{C_1 C_2}{C_1 + C_2} = \frac{10 \times 20}{10 + 20} \mu F = 6.67 \ \mu F$$

(1) 确定初始值

$u_C(0_+) = u_C(0_-) = 0$(电容原先未储能)

(2) 确定终了值 $u_C(\infty) = U$

(3) 确定时间常数 $\tau = R_2 C = \left(6 \times 10^2 \times \frac{20}{3} \times 10^{-6}\right)$ s $= 0.04$ s

(4) 由三要素法确定

$$u_C = u_C(\infty) + [u_C(0_+) - u_C(\infty)] e^{-\frac{t}{\tau}}$$
$$= u_C(\infty)(1 - e^{-\frac{t}{\tau}}) = U(1 - e^{-\frac{t}{0.04}}) = 20(1 - e^{-25t}) \text{ V}(t \geq 0)$$

3.3.5 在图 3.09 中,$I = 10$ mA,$R_1 = 3$ kΩ,$R_2 = 3$ kΩ,$R_3 = 6$ kΩ,$C = 2$ μF。在开关 S 闭合前电路已处于稳态。求在 $t \geq 0$ 时,u_C 和 i_1,并作出它们随时间的变化曲线。

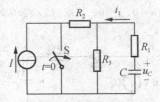

图 3.09 习题 3.3.5 的图

【分析】 本题熟悉相关公式及等效电阻的求法、换路定则及 RC 电路的零输入响应公式。

【解】 (1) 求初始值

由 $t = 0_-$ 时的电路得

$u_C(0_-) = I R_3 = 10 \times 6$ V $= 60$ V

由换路定则

$u_C(0_+) = u_C(0_-) = 60$ V

由 $t = 0_+$ 时的电路

$$i_1(0_+) = \frac{u_C(0_+)}{(R_2 // R_3) + R_1} = \frac{60}{\frac{3 \times 6}{3 + 6} + 3} \text{ A} = 12 \times 10^{-3} \text{ A} = 12 \text{ mA}$$

(2) 求终了值(稳态值)

由电路

$u_C(\infty) = 0$

$i_1(\infty) = 0$

(3) 求时间常数 τ

$$\tau = [R_1 + (R_3 // R_2)] C = \left(3 \times 10^3 + \frac{3 \times 10^3 \times 6 \times 10^3}{3 \times 10^3 + 6 \times 10^3}\right) \times 2 \times 10^{-6} \text{ s} = 10 \times 10^{-3} \text{ s} = 10 \text{ ms}$$

(4) 由三要素法

$$u_C = u_C(\infty) + [u_C(0_+) - u_C(\infty)] e^{-\frac{t}{\tau}}$$
$$= u_C(0_+) e^{-\frac{t}{\tau}} = 60 e^{-100t} \text{ V}$$

$$i_1 = i_1(\infty) + [i_1(0_+) - i_1(\infty)] e^{-\frac{t}{\tau}}$$
$$= i_1(0_+) e^{-\frac{t}{\tau}} = 12 e^{-100t} \text{ mA}$$

(5) 画 u_C、i_1 随时间变化的曲线,如图解 3.03 所示。

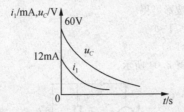

图解 3.03　习题 3.3.5 的图

3.3.6 电路如图 3.10 所示，在开关 S 闭合前电路已处于稳态，求开关闭合后的电压 u_C。

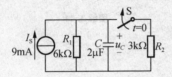

图 3.10　习题 3.3.6 的图

【分析】　开关闭合前电路已有储能，故此为一全响应问题可分别求出暂态分量与稳态分量，代入全响应定义式即可求得。

【解】　由换路定则

$$u_C(0_+) = u_C(0_-) = I_S \cdot R_1$$
$$= 9 \times 10^{-3} \times 6 \times 10^3 \text{ V}$$
$$= 54 \text{ V}$$

$$u_C(\infty) = I_S(R_1 // R_2)$$
$$= 9 \times 10^{-3} \times \frac{6 \times 3}{6+3} \times 10^3 \text{ V}$$
$$= 18 \text{ V}$$

$$\tau = (R_1 // R_2)C = \frac{6 \times 3}{6+3} \times 10^3 \times 2 \times 10^{-6} \text{ s} = 0.004 \text{ s} = 4 \text{ ms}$$

根据三要素法，

$$u_C = u_C(\infty) + [u_C(0_+) - u_C(\infty)]e^{-\frac{t}{\tau}}$$
$$= (18 + 36e^{250t}) \text{ V}$$

3.3.7 有一线性无源二端网络 N[图 3.11(a)]，其中储能元件未储有能量，当输入电流 i[其波形如图 3.11(b)所示]后，其两端电压 u 的波形如图 3.11(c)所示。(1) 写出 u 的指数表达式；(2) 画出该网络的电路，并确定元件的参数值。

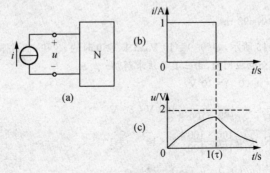

图 3.11　习题 3.3.7 的图

【分析】　无源二端网络分析。

【解】 (1) 根据题设及已知波形可得

$$u = \begin{cases} 2(1-e^{-t}) \text{ V} & (0 \leq t \leq 1 \text{ s}) \\ 1.264e^{-(t-1)} \text{ V} & (t \geq 1 \text{ s}) \end{cases}$$

(2) 该网络的等效电路如图解 3.04 所示。

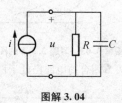

图解 3.04

由于 $u(\infty) = 2$ V $(0 \leq t \leq 1$ 时)
$R \times 1 = 2$ $R = 2$ Ω
$\tau = RC$
$1 = 2C$ $C = 0.5$ F

3.4.1 电路如图 3.12 所示,$u_C(0_-) = U_0 = 40$ V,试问闭合开关 S 后需多长时间 u_C 才能增长到 80 V?

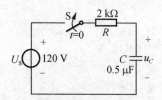

图 3.12 习题 3.4.1 的图

【分析】 RC 电路的全响应问题。一阶电路暂态分析三要素法。

【解】 $\tau = RC = 2 \times 10^3 \times 0.5 \times 10^{-6}$ s $= 10^{-3}$ s
由换路定则
$u_C(0_+) = u_C(0_-) = U_0 = 40$ V
$u_C(t) = u_C(\infty) + [u_C(0_+) - u_C(\infty)]e^{-\frac{t}{\tau}}$
$\quad = [120 + (40-120)e^{-\frac{t}{10^{-3}}}]$ V
$\quad = (120 - 80e^{-1000t})$ V $(t \geq 0)$

设开关 S 闭合后经过 t' 长时间 u_C 增长到 80 V,则有
$80 = 120 - 80e^{-1000t}$
$t' = \dfrac{\ln 0.5}{-1000}$ s $= 0.693$ ms

3.4.2 电路如图 3.13 所示,$u_C(0_-) = 10$ V,试求 $t \geq 0$ 时的 u_C 和 u_0,并画出它们的变化曲线。

【分析】 RC 电路的全响应问题,由三要素法求解。

【解】 $u_C(0_+) = u_C(0_-) = 10$ V
$u_C(\infty) = \dfrac{R_1}{R_1+R_2}U_S = \dfrac{100}{100+100} \times 100$ V $= 50$ V
$\tau = RC = (R_1 // R_2)C = \dfrac{100 \times 100}{100+100} \times 2 \times 10^{-6}$ s $= 10^{-4}$ s
$u_C(t) = u_C(\infty) + [u_C(0_+) - u_C(\infty)]e^{-\frac{t}{\tau}}$
$\quad = [50 + (10-50)e^{-\frac{1}{10^{-4}}t}]$ V

$$= (50-40\mathrm{e}^{-10^4 t})\text{ V}(t \geqslant 0)$$

$$u_0(t) = U_\mathrm{S} - u_C(t) = [100-(50-4\mathrm{e}^{-10^4 t})]\text{ V} = (50+40\mathrm{e}^{-10^4 t})\text{ V}(t \geqslant 0)$$

u_C 和 u_0 的变化曲线如图解 3.05 所示。

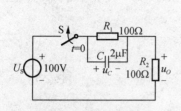
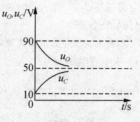

图 3.13　习题 3.4.2 的图　　　　　图解 3.05

3.4.3 在图 3.14(a)所示的电路中，u 为一阶跃电压，如图 3.14(b)所示，试求 i_3 和 u_C。设 $u_C(0_-) = 1$ V。

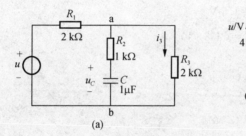

图 3.14　习题 3.4.3 的图

【**分析**】　RC 电路分析阶跃电压，可以用三要素法求解。

【**解**】　通过三要素法求解。电压 u 在 $t=0$ 的阶跃变化即为电路的换路。

(1) 先求 u_C

$$u_C(0_+) = u_C(0_-) = 1\text{ V}$$

$$u_C(\infty) = \frac{R_3}{R_1+R_2}u = \frac{2}{2+2} \times 4\text{ V} = 2\text{ V}$$

$$\tau = RC = (R_2+R_1 /\!/ R_3)C = \left(1+\frac{2\times 2}{2+2}\right) \times 10^3 \times 1 \times 10^{-6}\text{ s} = 2 \times 10^{-3}\text{ s}$$

由三要素法可得

$$u_C = u_C(\infty) + [u_C(0_+) - u_C(\infty)]\mathrm{e}^{-\frac{t}{\tau}}$$

$$= [2+(1-2)\mathrm{e}^{-\frac{t}{2\times 10^{-3}}}]\text{ V} = (2-\mathrm{e}^{-500t})\text{ V}$$

(2) 再求 i_3

$$i_3(0_+) = \frac{u_{ab}(0_+)}{R_3}$$

$$u_{ab}(0_+) = \frac{\frac{u}{R_1}+\frac{u_C(0_+)}{R_2}}{\frac{1}{R_1}+\frac{1}{R_2}+\frac{1}{R_3}} = \frac{3}{2}\text{ V}$$

$$i_3(0_+) = \frac{u_{ab}(0_+)}{R_3} = \frac{3}{4}\text{ mA}$$

$$i_3(\infty) = \frac{u}{R_1+R_3} = \frac{4}{2+2}\text{ mA} = 1\text{ mA}$$

故由三要素法得

$$i_3 = i_3(\infty) + [i_3(0_+) - i_3(\infty)]e^{-\frac{t}{\tau}}$$
$$= [1 + (0.75-1)e^{-500t}] \text{ mA} = (1 - 0.25 e^{-500t}) \text{ mA}$$

3.4.4 电路如图 3.15 所示，求 $t \geqslant 0$ 时(1) 电容电压 u_C，(2) B 点电位 v_B 和 A 点电位 v_A 的变化规律。换路前电路处于稳态。

【分析】 RC 电路分析，基尔霍夫电压定律的应用。

【解】 (1) 求电容电压 u_C

$$u_C(0_+) = u_C(0_-) = \frac{0 - V_{S_2}}{R_2 + R_3} \cdot R_2$$
$$= \frac{0 - (-6)}{5 + 25} \times 5 \text{ V} = 1 \text{ V}$$

$$u_C(\infty) = \frac{V_{S_1} - V_{S_2}}{R_1 + R_2 + R_3} \cdot R_2$$
$$= \frac{6 - (-6)}{10 + 5 + 25} \times 5 \text{ V} = 1.5 \text{ V}$$

$$\tau = RC = [(R_1 + R_3) // R_2]C = 0.438 \times 10^{-6} \text{ s}$$

由三要素法

$$u_C = u_C(\infty) + [u_C(0_+) - u_C(\infty)]e^{-\frac{t}{\tau}}$$
$$= [1.5 + (1-1.5)e^{-\frac{t}{0.438 \times 10^{-6}}}] \text{ V}$$
$$= (1.5 - 0.5e^{-2.3 \times 10^6 t}) \text{ V} (t \geqslant 0)$$

(2) 求 B 点电位 v_B

$$v_B = V_{S_1} - i_1 R_1$$

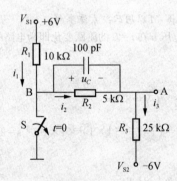

图 3.15 习题 3.4.4 的图

由图 3.15 知

$$i_1 = i_3 = \frac{V_{S_1} - u_C - V_{S_2}}{R_1 + R_3}$$

$$v_B = V_{S_1} - \frac{V_{S_1} - u_C - V_{S_2}}{R_1 + R_3} R_1$$

代入并整理得

$$v_B = (3 - 0.14e^{-2.3 \times 10^4 t}) \text{ V} (t \geqslant 0)$$

$$v_A = i_3 R_3 + V_{S_2}$$

代入并整理得

$$v_A = (1.5 + 0.36e^{-2.3 \times 10^4 t}) \text{ V}$$

(利用基尔霍夫电流定律)

$$i_1 = i_3 = \frac{u_C}{R_2} + C\frac{du_C}{dt}$$

3.4.5 电路如图 3.16 所示，换路前已处于稳态，试求换路后($t \geqslant 0$)的 u_C。

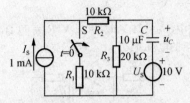

图 3.16 习题 3.4.5 的图

【分析】 RC 电路的全响应。求出电容电压换路后的初始值及稳态值，代入全响应定义式即可。

【解】 (1) 确定初始值

$$u_C(0_+) = u_C(0_-) = I_S \cdot R_3 - U_S$$
$$= (1 \times 10^{-3} \times 20 \times 10^3 - 10) \text{ V} = 10 \text{ V}$$

(2) 确定终了值

$$u_C(\infty) = \left(\frac{R_1}{R_1 + R_2 + R_3} I_S\right) R_3 - U_S$$
$$= \left(\frac{10}{10 + 10 + 20} \times 1 \times 10^{-3} \times 20 \times 10^3 - 10\right) \text{ V}$$
$$= -5 \text{ V}$$

时间常数 τ

$$\tau = [(R_1 + R_2) // R_3]C = \frac{(10+10) \times 20}{(10+10) + 20} \times 10 \times 10^{-6} \text{ s} = 0.1 \text{ s}$$

$$u_C = u_C(\infty) + [u_C(0_+) - u_C(\infty)]e^{-\frac{t}{\tau}}$$
$$= \{-5 + [10 - (-5)]e^{-\frac{t}{0.1}}\} \text{ V} = (-5 + 15e^{-10t}) \text{ V}$$

3.4.6 有一 RC 电路[图 3.17(a)]，其输入电压如图 3.17(b)所示。设脉冲宽度 $T = RC$。试求负脉冲的幅度 U_- 等于多大才能在 $t = 2T$ 时使 $u_C = 0$。设 $u_C(0) = 0$。

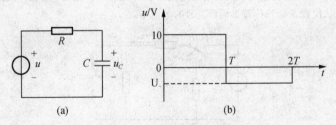

图 3.17 习题 3.4.6 的图

【分析】 RC 电路分析。

【解】 此题的暂态过程分为充电与放电两个阶段。

在充电阶段，即 $0 \leqslant t \leqslant T$ 期间，u_C 的初始值 $u_C(0_+) = 0$，稳态值 $u_C(\infty) = 10$ V，时间常数 $\tau = RC$。由三要素法可求得

$$u_C(t) = u_C(\infty) + [u_C(0_+) - u_C(\infty)]e^{-\frac{t}{\tau}}$$
$$= u_C(\infty)[1 - e^{-\frac{t}{RC}}] = 10(1 - e^{-\frac{t}{RC}}) \text{ V}$$

当 $t = T = RC = \tau$ 时

$$u_C(T) = 10(1 - e^{-1}) \text{ V} = 6.32 \text{ V}$$

在放电阶段,由题意 $t=2T$ 时,$u_C(2T)=0$,则

$$0=U_-+[u_C(T)-U_-]e^{-1}$$

$$U_-(1-e^{-1})=-u_C(T)e^{-1}$$

$$U_-=\frac{-u_C(T)e^{-1}}{1-e^{-1}}=-\frac{6.32e^{-1}}{1-e^{-1}}\text{ V}=-3.68\text{ V}$$

3.6.3 在图 3.18 所示电路中,$U_1=24$ V,$U_2=20$ V,$R_1=60$ Ω,$R_2=120$ Ω,$R_3=40$ Ω,$L=4$ H。换路前电路已处于稳态,试求换后的电流 i_L。

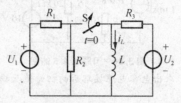

图 3.18 习题 3.6.3 的图

【分析】 RC 电路响应问题,一阶电路暂态分析三要素法。

【解】 S闭合前电路已处于稳态,则由换路定则得

$$i_L(0_+)=i_L(0_-)=\frac{U_2}{R_3}=\frac{20}{40}\text{ A}=0.5\text{ A}$$

$$i_L(\infty)=\frac{U_1}{R_1}+\frac{U_2}{R_3}=\left(\frac{24}{60}+\frac{20}{40}\right)\text{ A}=0.9\text{ A}$$

$$\tau=L/R=\frac{L}{(R_1/\!/R_2/\!/R_3)}=\frac{4}{\frac{1}{\frac{1}{60}+\frac{1}{120}+\frac{1}{40}}}\text{ s}=0.2\text{ s}$$

根据三要素法

$$i_L(t)=i_L(\infty)+[i_L(0_+)-i_L(\infty)]e^{-\frac{t}{\tau}}$$
$$=[0.9+(0.5-0.9)e^{-5t}]\text{ A}$$
$$=(0.9-0.4e^{-5t})\text{ A}$$

3.6.4 在图 3.19 所示的电路中,$U=15$ V,$R_1=R_2=R_3=30$ Ω,$L=2$ H。换路前电路已处于稳态,试求当开关S从位置1合到位置2后$(t\geqslant 0)$的电流 i_1,i_2,i_3。

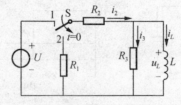

图 3.19 习题 3.6.4 的图

【分析】 本题需要解决的是 RL 电路的零输入响应问题。

【解】 由换路定则可知

$$i_L(0_+)=i_1(0_-)=\frac{U}{R_2}=\frac{15}{30}\text{ A}=0.5\text{ A}$$

$$i_L(\infty)=0$$

$$\tau=\frac{L}{(R_1+R_2)/\!/R_3}=\frac{2}{\frac{(30+30)\times 30}{30+30+30}}=\frac{2}{20}\text{ s}=0.1\text{ s}$$

则当 $t\geqslant 0$ 时

$$i_L(t)=i_L(\infty)+[i_L(0_+)-i_L(\infty)]e^{-\frac{t}{\tau}}=0.5e^{-10t}\ \text{A}$$

$$u_L(t)=L\frac{di_L(t)}{dt}=2\times0.5\times(-10)\times e^{-10t}\ \text{V}=-10e^{-10t}\ \text{V}$$

$$i_3(t)=\frac{u_L(t)}{R_3}=\frac{-10e^{-10t}}{30}\ \text{A}=-\frac{1}{3}e^{-10t}\ \text{A}=-0.333e^{-10t}\ \text{A}$$

$$i_2(t)=-\frac{u_L(t)}{R_1+R_2}=-\frac{-10e^{-10t}}{30+30}\ \text{A}=\frac{1}{6}e^{-10t}\ \text{A}=0.167e^{-10t}\ \text{A}$$

3.6.5 在图 3.20 中，RL 为电磁铁线圈，R' 为泄放电阻，R_1 为限流电阻。当电磁铁未吸合时，时间继电器的触点 KT 是闭合的，R_1 被短接，使电源电压全部加在电磁圈上以增大吸力。当电磁铁吸合后，触点 KT 断开，将电阻 R_1 接入电路以减小线圈中的电流。试求触点 KT 断开后线圈中的电流 i_L 的变化规律。设 $U=200\ \text{V},L=25\ \text{H},R=50\ \Omega,R_1=50\ \Omega,R'=500\ \Omega$。

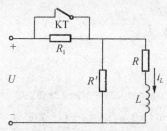

图 3.20 习题 3.6.5 的图

【分析】 RL 电路分析，求出电流在 KT 断开后的初始值及稳态值，代入全响应定义式即可。

【解】 当电磁铁吸合后，触点 KT 断开，电路发生换路，由换路定则可确定 i_L 初始值

$$i_L(0_+)=i_L(0_-)=\frac{U}{R}=\frac{200}{50}\ \text{A}=4\ \text{A}$$

电路稳定后 i_L 的稳态值

$$i_L(\infty)=\frac{U}{R_1+R'//R}\cdot\frac{R'}{R'+R}=1.9\ \text{A}$$

$$\tau=\frac{L}{R}=\frac{L}{R+R_1//R'}=0.26\ \text{s}$$

由三要素法得

$$i_L=i_L(\infty)+[i_L(0_+)-i_L(\infty)]e^{-\frac{t}{\tau}}$$

$$=[1.9+(4-1.9)e^{-\frac{t}{0.26}}]\ \text{A}$$

$$=(1.9+2.1e^{-3.85t})\ \text{A}$$

3.6.6 电路如图 3.21 所示，试用三要素法求 $t\geqslant0$ 时的 i_1,i_2 及 i_L。换路前电路处于稳态。

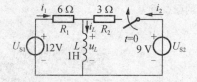

图 3.21 习题 3.6.6 的图

【分析】 RL 电路分析，瞬态中，可将电感看作电流源来计算。

【解】 (1) 求初始值($t=0$)

由换路定则

$$i_L(0_+)=i_L(0_-)=\frac{U_{S1}}{R_1}=\frac{12}{6}\ \text{A}=2\ \text{A}$$

由基尔霍夫电流定律和电压定律

$i_1(0_+)+i_2(0_+)=i_L(0_+)$

$R_1 i_1(0_+)-R_2 i_2(0_+)=U_{S1}-U_{S2}$

$i_1(0_+)=i_2(0_+)=1$ A

(2) 求稳态值($t=\infty$)

稳态时 L 相当于短路,故

$i_1(\infty)=\dfrac{U_{S1}}{R_1}=\dfrac{12}{6}$ A$=2$ A

$i_2(\infty)=\dfrac{U_{S2}}{R_2}=\dfrac{9}{3}$ A$=3$ A

$i_L(\infty)=i_1(\infty)+i_2(\infty)=(2+3)$ A$=5$ A

(3) 求电路暂态过程的时间常数

$\tau=\dfrac{L}{R}=\dfrac{L}{R_1//R_2}=\dfrac{1}{\frac{6\times 3}{6+3}}$ s$=\dfrac{1}{2}$ s

(4) 根据三要素法

$i_L(t)=i_L(\infty)+[i_L(0_+)-i_L(\infty)]e^{-\frac{t}{\tau}}=[5+(2-5)e^{-2t}]==(5-3e^{-2t})$ A

$i_1(t)=i_1(\infty)+[i_1(0_+)-i_1(\infty)]e^{-\frac{t}{\tau}}=[2+(1-2)e^{-2t}]$ A$=(2-e^{-2t})$ A

$i_2(t)=i_2(\infty)+[i_2(0_+)-i_2(\infty)]e^{-\frac{t}{\tau}}=[3+(1-3)e^{-2t}]$ A$=(3-2e^{-2t})$ A

3.6.7 当具有电阻 $R=1$ Ω 及电感 $L=0.2$ H 的电磁继电器线圈(图 3.22)中的电流 $i=30$ A 时,继电器即动作而将电源切断。设负载电阻和线路电阻分别为 $R_L=20$ Ω 和 $R_l=1$ Ω,直流电源电压 $U=220$ V,试问当负载被短路后,需要经过多少时间继电器才能将电源切断?

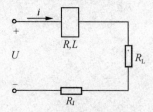

图 3.22 习题 3.6.7 的图

【分析】 RL 电路分析。

【解】 负载 R_L 被短路瞬间 $t=0$。电感 L 中的电流可由换路定则确定,即

$i_L(0_+)=i_L(0_-)=\dfrac{U}{R+R_L+R_l}=\dfrac{220}{1+20+1}$ A$=10$ A

R_L 被短路后电感 L 中电流的稳态值为

$i_L(\infty)=\dfrac{U}{R+R_l}=\dfrac{220}{1+1}$ A$=110$ A

$\tau=\dfrac{L}{R}=\dfrac{L}{R+R_l}=\dfrac{0.2}{1+1}=0.1$ s

负载 R_L 被短路后电路电流 i 的变化规律为

$i=i_L=i_L(\infty)+[i_L(0_+)-i_L(\infty)]e^{-\frac{t}{\tau}}$

$=[110+(10-110)e^{-10t}]$ A$=(110-100e^{-10t})$ A

当 $i=30$ A 时

$30=110-100e^{-10t}$,即 $e^{-10t}=\dfrac{110-30}{100}=0.8$

$$t=-\frac{1}{10}\ln 0.8 = 0.022\ 3\ \text{s} = 22.3\ \text{ms}$$

C 拓宽题

3.3.8 图 3.23 所示电路为一测子弹速度的设备示意图。如已知 $U=100$ V,$R=6$ kΩ,$C=0.1$ μF,$l=3$ m。设测速时电路已处于稳态,子弹先将开关 S_1 打开,经一段路程飞至 S_2—S_3 连锁开关,将 S_2 打开,S_3 同时闭合,使电容器 C 和电荷测定计 G 连上,若此时测出的电容和电荷 Q 为 3.45 μC,试求子弹速度。

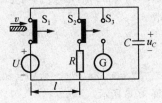

图 3.23 习题 3.3.8 的图

【分析】 *RC* 电路的零输入响应。

【解】 (1) 子弹击发打开 S_1 时,换路开始,由换路定则

$$u_C(0_+) = u_C(0_-) = 100\ \text{V},\ u_C(\infty) = 0$$

$$\tau = RC = 6\times 10^3 \times 0.1 \times 10^{-6}\ \text{s} = 6 \times 10^{-4}\ \text{s}$$

$$u_C(t) = u_C(0_+)\mathrm{e}^{-\frac{t}{\tau}} = 100\mathrm{e}^{-\frac{t}{6\times 10^{-4}}}\ \text{V}$$

(2) 子弹经时间 t,穿越 l 打开 S_2 时

$$u_C(t_1) = \frac{Q(t_1)}{C}$$

$$100\mathrm{e}^{-\frac{t_1}{6\times 10^{-4}}} = \frac{3.45 \times 10^{-6}}{0.1 \times 10^{-6}}$$

$$t_1 = 0.638\ 5\ \text{ms}$$

故所测子弹速度

$$v = \frac{l}{t_1} = \frac{3}{0.638\ 5\times 10^{-3}}\ \text{m/s} = 4\ 698.5\ \text{m/s}$$

3.4.7 在图 3.24 中,开关 S 先合在位置 1,电路处于稳态。$t=0$ 时,将开关从位置 1 合到位置 2,试求 $t=\tau$ 时 u_C 之值。在 $t=\tau$ 时,又将开关合到位置 1,试求 $t=2\times 10^{-2}$ s 时 u_C 之值。此时再将开关合到 2,作出 u_C 的变化曲线。充电电路和放电电路的时间常数是否相等?

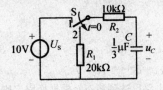

图 3.24 习题 3.4.7 的图

【分析】 *RC* 电路分析。

【解】 开关 S 由 1 合到 2,C 放电

$$u_C(0_+) = u_C(0_-) = 10\ \text{V}$$

$$u_C(\infty) = 0$$

$$u_C(t) = u_C(0_+)\mathrm{e}^{-\frac{t}{\tau}} = 10\mathrm{e}^{-100t}\ \text{V}(t\geqslant 0)$$

当 $t = \tau_{放} = 0.01$ s 时

$$u_C(\tau_{放}) = u_C(0.01) = 10e^{-1} \text{ V} = 3.68 \text{ V}$$

开关 S 又由 2 合到 1，C 充电

$$u_C(\tau_{0.01+}) = 3.68 \text{ V}$$
$$u_C(\infty) = 10 \text{ V}$$
$$u_C(t-0.01) = u_C(\infty) + [u_C(\tau_{0.01+}) - u_C(\infty)]e^{-\frac{t-0.01}{\tau_{充}}}$$
$$= [10 + (3.68-10)e^{-300(t-0.01)}] \text{ V}$$
$$= [10 - 6.32e^{-300(t-0.01)}] \text{ V} (t \geq 0.01)$$
$$u_C(0.02) = (10 - 6.32e^{-300(t-0.01)}) \text{ V} = (10 - 6.32 e^{-3}) \text{ V} = 9.68 \text{ V}$$

开关 S 再次由 1 合到 2，C 再放电

$$u_C(0.02_+) = 9.68 \text{ V}$$
$$u_C(\infty) = 0$$
$$u_C(t-0.02) = u_C(0.02_+) e^{-\frac{t-0.02}{\tau_{放}}} = 9.68 e^{-100(t-0.02)} \text{ V} (t \geq 0.02)$$

u_C 在各时间段的变化曲线如图解 3.06 所示。

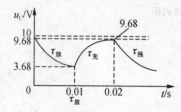

图解 3.06

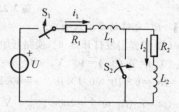

图 3.25 习题 3.6.8 的图

3.6.8 在图 3.25 中，$R_1 = 2 \text{ Ω}, R_2 = 1 \text{ Ω}, L_1 = 0.01 \text{ H}, L_2 = 0.02 \text{ H}, U = 6 \text{ V}$。(1) 试求 S_1 闭合后电路中电流 i_1 和 i_2 的变化规律；(2) 当 S_1 闭合后电路到达稳定状态时再闭合 S_2，试求 i_1 和 i_2 的变化规律。

【分析】 RL 电路分析。

【解】 (1) 开关 S_1 闭合时由换路定则可得初始值

$$i_1(0_+) = i_1(0_-) = 0$$
$$i_2(0_+) = i_2(0_-) = 0$$

电路稳定后，电感 L_1、L_2 相当于短路，则稳态值

$$i_1(\infty) = i_2(\infty) = \frac{U}{R_1+R_2} = \frac{6}{2+1} \text{ A} = 2 \text{ A}$$

$$\tau_1 = \frac{L}{R} = \frac{L_1+L_2}{R_1+R_2} = \frac{0.01+0.02}{2+1} \text{ s} = 0.01 \text{ s}$$

$$i_1(t) = i_2(t)$$
$$= i_1(\infty) + [i_1(0_+) - i_1(\infty)]e^{-\frac{t}{\tau_1}}$$
$$= (2 - 2e^{-\frac{t}{0.01}}) \text{ A} = 2(1 - e^{-100t}) \text{ A}$$

(2) 开关 S_2 闭合时(S_1 闭合后电路已达到稳态)，根据换路定则，电感 L_1、L_2 的电流在这一瞬间应保持原有的稳态值，即

$$i_1(0_+) = i_1(0_-) = 2 \text{ A}$$
$$i_2(0_+) = i_2(0_-) = 2 \text{ A}$$

当 S_2 闭合后电路达到新的稳态时，电感 L_1、L_2 相当于短路，且 L_2 与 R_2 的串联支路被 S_2 短接，因此

$$i_1(\infty) = \frac{U}{R_1} = \frac{6}{2} \text{ A} = 3 \text{ A}$$

$i_2(\infty)=0$

L_1 所在回路的时间常数

$$\tau_1=\frac{L_1}{R_1}=\frac{0.01}{2}\text{ s}=0.005\text{ s}$$

L_2 所在回路的时间常数

$$\tau_2=\frac{L_2}{R_2}=\frac{0.02}{1}\text{ s}=0.02\text{ s}$$

由三要素法可知

$$i_1(t)=i_1(\infty)+[i_1(0_+)-i_1(\infty)]e^{-\frac{t}{\tau_1}}$$
$$=[3+(2-3)e^{-200t}]\text{ A}=(3-e^{-200t})\text{ A}$$
$$i_2(t)=i_2(\infty)+[i_2(0_+)-i_2(\infty)]e^{-\frac{t}{\tau_2}}$$
$$=i_2(0_+)e^{-\frac{t}{\tau_2}}=2e^{-50t}\text{ A}$$

3.6.9 电路如图 3.26 所示，在换路前已处于稳态。当将开关从位置 1 合到位置 2 后，试求 i_L 和 i 并作出它们的变化曲线。

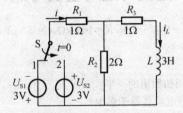

图 3.26 习题 3.6.9 的图

【分析】 RL 电路全响应。

【解】 开关从位置 1 合到位置 2 之前电路已处于稳态

$$i_L(0_+)=i_L(0_-)=-\frac{U_{S1}}{R_1+R_2//R_3}\cdot\frac{R_2}{R_2+R_3}=-1.2\text{ A}$$

由 $t=0$ 时的电路，根据基尔霍夫电压定律可列出左侧回路的电压方程

$$U_{S2}=i(0_+)R_1+[i(0_+)-i_L(0_-)]R_2$$
$$3=i(0_+)\times 1+[i(0_+)-(-1.2)]\times 2$$
$$i(0_+)=0.2\text{ A}$$

稳态值

$$i_L(\infty)=\frac{U_{S1}}{R_1+R_2//R_3}\cdot\frac{R_2}{R_2+R_3}=\frac{9}{5}\times\frac{2}{2+1}\text{ A}=1.2\text{ A}$$

$$i(\infty)=\frac{U_{S2}}{R_1+R_2//R_3}=\frac{9}{5}\text{ A}=1.8\text{ A}$$

时间常数 τ

$$\tau=\frac{L}{R}=\frac{L}{(R_1//R_2)+R_3}=\frac{3}{\frac{1\times 2}{1+2}+1}\text{ s}=\frac{9}{5}\text{ s}$$

三要素法

$$i_L(t)=i_L(\infty)+[i_L(0_+)-i_L(\infty)]e^{-\frac{t}{\tau}}$$
$$=[1.2+(-1.2-1.2)e^{-\frac{5}{9}t}]\text{ A}=(1.2-2.4e^{-\frac{5}{9}t})\text{ A}$$
$$i(t)=i(\infty)+[i(0_+)-i(\infty)]e^{-\frac{t}{\tau}}$$
$$=[1.8+(0.2-1.8)e^{-\frac{5}{9}t}]\text{ A}=(1.8-1.6e^{-\frac{5}{9}t})\text{ A}$$

画 i_L、i 的变化曲线，如图解 3.07 所示。

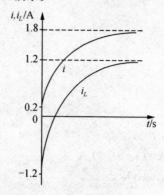

图解 3.07

3.4 经典习题与全真考题详解

题 1 在题 1 图电路中，$u_C(0)=0$，$U=9$ V，$R=100$ kΩ，$C=50$ μF，$t=0$ 时将开关 S 闭合。试求：
(1) 电路中电流的初始值；
(2) 电路的时间常数 τ；
(3) 经过多少时间，电流减少到初始值的一半？
(4) 经过 3τ 和 5τ 时，电路中的电流各等于多少？

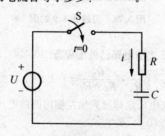

题 1 图

【分析】 RC 电路全响应分析。

【解】 (1) 初始值 $i(0_+)=\dfrac{U-u_C(0_+)}{R}=\dfrac{9-0}{100\times 10^3}$ A$=90$ μA

(2) $\tau=RC=100\times 10^3 \times 50\times 10^{-6}$ s$=5$ s

(3) 零输入响应 $i(t)=i(0_+)e^{-t/\tau}=9\times 10^{-5}e^{-t/5}$ A

设 $t=t_1$ 时，$i=\dfrac{1}{2}i(0_+)$

所以

$$\dfrac{9}{2}\times 10^{-5}=9\times 10^{-5}e^{-t/\tau}$$

$$e^{-t/\tau}=0.5,\ -\dfrac{t_1}{5}=\ln 0.5=-0.693$$

$$t_1=5\times 0.693 \text{ s}=3.465 \text{ s}$$

(4)

$$i(3\tau)=9\times 10^{-5}\times e^{-3\tau/\tau}=9\times 10^{-5}\times e^{-3}\text{ A}=4.48\ \mu\text{A}$$

$$i(5\tau)=9\times 10^{-5}\times e^{-5}\text{ A}=0.6\ \mu\text{A}$$

题2 电路如题2图所示,开关S闭合前电路已进入稳定状态。$t=0$ 时,将开关闭合,试求换路后 $i_L(t)$ 和 $u_L(t)$。

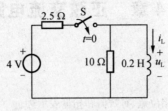

题2图

【分析】 RL 电路全响应分析。

【解】 $i_L(0_+) = i_L(0_-) = 0$

$i_L(\infty) = \dfrac{4}{2.5}$ A $= 1.6$ A

$\tau = \dfrac{L}{2.5//10} = \dfrac{0.2}{2}$ s $= 0.1$ s

$i_L(t) = 1.6 + (0-1.6)e^{-t/\tau} = 1.6(1-e^{-10t})$ A

$u_L(t) = L\dfrac{di_L(t)}{dt} = -0.2 \times (-10) \cdot 1.6 e^{-10t}$ V $= 3.2 e^{-10t}$ V

也可用三要素法公式,

$u_L(0_+) = 4 \times \dfrac{10}{2.5+10}$ V $= 3.2$ V

$u_L(\infty) = 0$

所以

$u_L(t) = u_L(0_+) e^{-t/\tau} = 3.2 e^{-t/0.1}$ V $= 3.2 e^{-10t}$ V

第4章 正弦交流电路

1. 了解正弦交流电的三要素、相位差、有效值和相量表示法。
2. 掌握 R,L,C 单一参数元件的交流电路中电压与电流的关系。
3. 理解电路基本定律的相量形式、阻抗的计算和相量图。
4. 理解瞬时功率的概念,掌握有功功率、功率因素的概念和计算,了解无功功率和视在功率的概念。
5. 了解正弦交流电路串联谐振和并联谐振的条件及特征,了解提高功率因素的意义和方法。

1. 正弦量的三要素、正弦量的相量表示法。
2. 阻抗的概念和计算。
3. 电路基本定律的相量形式。

1. 功率的计算。
2. 谐振的条件及特征。

4.1 知识点归纳

电工测量	正弦电压与电流	1. 频率与周期 2. 三要素
	正弦量的相量表示	
	单一参数的交流线路	电阻:交流电路的电压与电流的关系,有功功率 电感:交流电路的电压与电流的关系,无功功率 电容:交流电路的电压与电流的关系,无功功率
	电阻、电感、电容元件串联的交流电路	1. 阻抗,阻抗三角形 2. 功率,功率三角形
	阻抗的串联与并联	阻抗的串联和并联可根据基尔霍夫定律的相量形式以及相量图法得到
	复杂正弦交流电路的分析与计算	分析方法与直流电阻电路的分析方法一样,不同之处是电压和电流以相量表示,电阻电感电容元件以阻抗来表示
	交流电路的频率特性	1. 滤波电路 2. 谐振电路 串联谐振、并联谐振的现象和特征
	功率因素的提高	1. 功率因素提高的原因和意义 2. 提高功率因素的方法
	非正弦周期电压和电流	展开为傅里叶级数

4.2 练习与思考题全解

4.1.1 在某电路中,$i=100\sin\left(6\,280t-\dfrac{\pi}{4}\right)$ mA,(1) 试指出它的频率、周期、角频率、幅值、有效值及初相位各为多少;(2) 画出波形图;(3) 如果 i 的参考方向选得相反,写出它的三角函数式,画出波形图,并问(1)中各项有无改变?

【分析】 根据正弦量的定义求解。

【解】 (1) 角频率 $\omega=6\,280$ rad/s,$\omega=2\pi f$ 则有

频率 $f=\dfrac{\omega}{2\pi}\approx1\,000$ Hz

周期 $T=\dfrac{1}{f}=1$ ms

幅值 $I_m=100$ mA

有效值 $I=\dfrac{I_m}{\sqrt{2}}\approx70.7$ mA

初相位 $\psi=-\dfrac{\pi}{4}$ rad 或 $-45°$

(2) 波形如图解 4.01 实线所示。

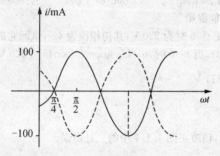

图解 4.01

(3) 若参考方向相反,则 $i=100\sin\left(6\,280t+\pi-\dfrac{\pi}{4}\right)=100\sin\left(6\,280t+\dfrac{3}{4}\pi\right)$ mA

波形如图解 4.1.1 虚线所示。

初相位为 $\psi_1=\pi-\dfrac{\pi}{4}=\dfrac{3}{4}\pi$ rad 或 $135°$。

4.1.2 设 $i=100\sin\left(\omega t-\dfrac{\pi}{4}\right)$ mA,试求在下列情况下电流的瞬时值:(1) $f=1\,000$ Hz,$t=0.375$ ms;(2) $\omega t=1.25\pi$ rad;(3) $\omega t=90°$;(4) $t=\dfrac{7}{8}T$。

【分析】 根据正弦量的定义求解。

【解】 (1) $\omega=2\pi f\approx 6\,280$ rad/s

$i=100\sin\left(2\,000\pi t-\dfrac{\pi}{4}\right)$ mA $=100\sin\left(2\,000\pi\times0.375\times10^{-3}-\dfrac{\pi}{4}\right)=1\,000$ mA

(2) $i=100\sin(1.25\pi-0.25\pi)=0$

(3) $i=100\sin(90°-45°)\approx70.7$ mA

(4) $i=100\sin\left(\dfrac{2\pi}{T}\times\dfrac{7}{8}T-\dfrac{\pi}{4}\right)=-100$ mA

4.1.3 已知 $i_1=15\sin(314t+45°)$ A,$i_2=10\sin(314t-30°)$ A,(1) 试问 i_1 与 i_2 的相位差等于多少?

(2) 画 i_1 和 i_2 的波形图；(3) 在相位上比较 i_1 和 i_2，谁超前，谁滞后。

【分析】 相位差即初相位之差。

【解】 (1) $\psi = \psi_1 - \psi_2 = 45° - (-30°) = 75°$

(2) 波形图如图解 4.02 所示。

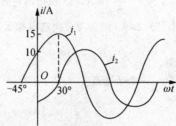

图解 4.02

(3) 相位上 i_1 超前于 i_2 75°，或 i_2 滞后于 i_1 75°。

4.1.4 $i_1 = 15\sin(100\pi t + 45°)\text{A}$，$i_2 = 10\sin(200\pi t - 30°)\text{A}$，两者相位差为 75°，对不对？

【分析】 相位比较只能在同频的波形上。

【解】 两正弦量频率不同，不能比较。

4.1.5 根据本书规定的符号，写成 $I = 15\sin(314t + 45°)\text{A}$，$i = I\sin(\omega t + \psi)$，对不对？

【解】 根据教材规定，$i = I_m\sin(\omega t + \psi) = \sqrt{2}I\sin(\omega t + \psi)$，$I$ 是有效值，I_m 为幅值，不能混用。

4.1.6 已知某正弦电压在 $t = 0$ 时为 220 V，其初相位为 45°，试问它的有效值等于多少？

【解】 令 $u = U_m\sin(\omega t + \psi)$，当 $t = 0$ 时，$u = U_m\sin\psi = U_m\sin 45° = 220\text{ V}$

则 $U_m = \dfrac{u}{\sin 45°} = \dfrac{220}{\sin 45°} \approx 311\text{ V}$

有效值为 $U = \dfrac{U_m}{\sqrt{2}} = 220\text{ V}$

4.1.7 设 $i = 10\sin\omega t\text{ mA}$，请改正图 4.1.7 中的三处错误。

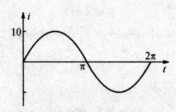

图 4.1.7 练习与思考 4.1.7 的图

【解】 (1) 时间 t 轴和电流 i 轴没有单位。

(2) 时间 t 轴不能用 π 或 2π 表示相位，应改为 T，如图解 4.03 所示。

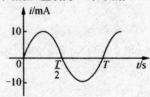

图解 4.03

4.2.1 已知复数 $A = -8 + \text{j}6$ 和 $B = 3 + \text{j}4$，试求 $A+B$，$A-B$，AB 和 A/B。

【分析】 复数的加减法运算用"直角坐标型"计算，乘除法运算用"指数型"计算。

【解】 $A+B=-8+j6+3+j4=-5+j10$

$A-B=-8+j6-3-j4=-11+j2$

$AB=10e^{j43.1°}\times 5e^{j53.1°}=50e^{j96.2°}=-48-j13.95$

$A/B=\dfrac{10e^{j43.1°}}{5e^{j53.1°}}=2e^{j90°}=j2$

4.2.2 已知用量 $\dot{I}_1=(2\sqrt{3}+j2)\text{A}$，$\dot{I}_2=(-2\sqrt{3}+j2)\text{A}$，$\dot{I}_3=(-2\sqrt{3}-j2)\text{A}$ 和 $\dot{I}_4=(2\sqrt{3}-j2)\text{A}$，试把它们化为极坐标式，并写出正弦量 i_1,i_2,i_3 和 i_4。

【解】 $\dot{I}_1=2\sqrt{3}+j2=4\underline{/30°}\text{ A}$

$i_1=4\sqrt{2}\sin(\omega t+30°)\text{ A}$

$\dot{I}_2=-2\sqrt{3}+j2=4\underline{/150°}\text{ A}$

$i_2=4\sqrt{2}\sin(\omega t+150°)\text{ A}$

$\dot{I}_3=-2\sqrt{3}-j2=4\underline{/-150°}\text{ A}$

$i_3=4\sqrt{2}\sin(\omega t-150°)\text{ A}$

$\dot{I}_4=2\sqrt{3}-j2=4\underline{/-30°}\text{ A}$

$i_4=4\sqrt{2}\sin(\omega t-30°)\text{ A}$

4.2.3 将 4.2.2 题中各正弦电流用相量图和正弦波形表示。

【解】 相量图如图解 4.04(a)所示。波形图如图解 4.04(b)所示。

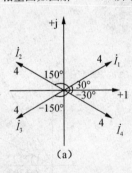
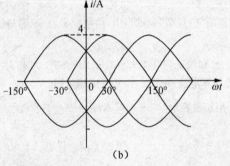

图解 4.04

4.2.4 写出下列正弦电压的相量式，画出相量图，并求其和：

(1) $u=10\sin\omega t\text{ V}$;

(2) $u=20\sin\left(\omega t+\dfrac{\pi}{2}\right)\text{V}$;

(3) $u=10\sin\left(\omega t-\dfrac{\pi}{2}\right)\text{V}$;

(4) $u=10\sqrt{2}\sin\left(\omega t-\dfrac{3\pi}{4}\right)\text{V}$。

【解】 (1) $u=10\sin\omega t\text{ V}$，$\dot{U}_1=\dfrac{10}{\sqrt{2}}\underline{/0°}\text{ V}=5\sqrt{2}\text{ V}$

(2) $u=20\sin\left(\omega t+\dfrac{\pi}{2}\right)\text{V}$，$\dot{U}_2=\dfrac{20}{\sqrt{2}}\underline{/90°}=10\sqrt{2}\underline{/90°}\text{ V}$

(3) $u=10\sin\left(\omega t-\dfrac{\pi}{2}\right)\text{V}$，$\dot{U}_3=\dfrac{10}{\sqrt{2}}\underline{/-90°}=5\sqrt{2}\underline{/-90°}\text{ V}$

(4) $u=10\sqrt{2}\sin\left(\omega t-\dfrac{3\pi}{4}\right)$ V, $\dot{U}_4=10\,\underline{/-\dfrac{3\pi}{4}}=10\,\underline{/-135°}$ V。

利用相量图法求和,如图解 4.05 所示。

$\dot{U}_1+\dot{U}_2+\dot{U}_3+\dot{U}_4=0$。

4.2.5 指出下列各式的错误:

(1) $i=5\sin(\omega t-30°)=5e^{-j30°}$ A;

(2) $U=100e^{j45°}=100\sqrt{2}\sin(\omega t+45°)$ V;

(3) $i=10\sin\omega t$;

(4) $\dot{I}=10\,\underline{/30°}$ A;

(5) $\dot{I}=20e^{j20°}$ A。

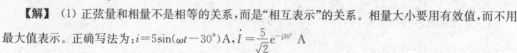

图解 4.05

【解】 (1) 正弦量和相量不是相等的关系,而是"相互表示"的关系。相量大小要用有效值,而不用最大值表示。正确写法为: $i=5\sin(\omega t-30°)$ A, $\dot{I}=\dfrac{5}{\sqrt{2}}e^{-j30°}$ A

(2) 有效值不等于相量。相量不等于正弦量。正确写法为:

$\dot{U}=100e^{j45°}$ V, $u=100\sqrt{2}\sin(\omega t+45°)$ V

(3) 该题缺单位。正确写法为:

$i=10\sin\omega t$ A

(4) 有效值不等于相量。正确写法为:

$\dot{I}=10\,\underline{/30°}$ A

(5) 相量的"指数型"表示当中,指数少了 j。正确写法为:

$\dot{I}=20e^{j20°}$ A

4.2.6 已知两正弦电流 $i_1=8\sin(\omega t+60°)$ A 和 $i_2=6\sin(\omega t-30°)$ A,试用复数计算电流 $i=i_1+i_2$,并画出相量图。

【解】 用相量表示 $\dot{I}_1=\dfrac{8}{\sqrt{2}}\,\underline{/60°}$ A, $\dot{I}_2=\dfrac{6}{\sqrt{2}}\,\underline{/-30°}$ A,

$\dot{I}=\dot{I}_1+\dot{I}_2=\dfrac{8}{\sqrt{2}}\,\underline{/60°}+\dfrac{6}{\sqrt{2}}\,\underline{/-30°}=2\sqrt{2}+j2\sqrt{6}+\dfrac{3}{2}\sqrt{6}-j\dfrac{3\sqrt{2}}{2}\approx 6.5+j2.78=7.07\,\underline{/23.1°}$ A

∴ $i=7.07\sqrt{2}\sin(\omega t+23.1°)=10\sin(\omega t+23.1°)$ A

相量图如图解 4.06 所示。

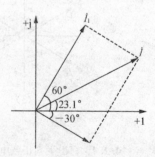

图解 4.06

4.3.1 在图 4.3.2(a)所示的电感元件的正弦交流电路中,$L=100$ mH,$f=50$ Hz,(1) 已知 $i=7\sqrt{2}\sin\omega t$ A,求电压 u;(2) 已知 $\dot{U}=127\,\underline{/-30°}$ V,求 $\dot{I}$,并画出相量图。

【分析】 根据电感元件的伏安关系及其相量形式求解。

【解】 (1) $u=L\dfrac{di}{dt}=\omega LI_m\sin(\omega t+90°)=2\pi f L I_m\sin(\omega t+90°)=2\pi\times 50\times 100\times 10^{-3}\times 7\sqrt{2}\sin(\omega t+90°)=220\sqrt{2}\sin(\omega t+90°)$ V

(2) $\dot{U}=j\omega L\dot{I}$

$\dot{I}=\dfrac{\dot{U}}{j\omega L}=\dfrac{127\,\underline{/-30°}}{j2\pi fL}=\dfrac{127\,\underline{/-30°}}{j2\pi\times 50\times 100\times 10^{-3}}\approx 4.04\,\underline{/-120°}$ A。

相量图如图解 4.07 所示。

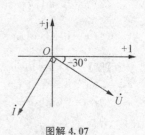

图解 4.07

第 4 章　正弦交流电路

4.3.2 在图 4.3.4(a)所示的电容元件的正弦交流电路中，$C=4\ \mu F$，$f=50\ Hz$，(1) 已知 $u=220\sqrt{2}\sin\omega t$ V，求电流 i；(2) 已知 $\dot{I}=0.1\underline{/-60°}$ A，求 $\dot{U}$，并画出相量图。

【分析】根据电容元件的伏安关系及其相量形式求解。

【解】(1) $i=C\dfrac{du}{dt}=\omega C U_m\sin(\omega t+90°)=2\pi f C U_m\sin(\omega t+90°)=2\pi\times 50\times 4\times 10^{-6}\times 220\sqrt{2}\sin(\omega t+90°)\approx 0.276\sqrt{2}\sin(\omega t+90°)$ A

(2) $\dot{I}=0.1\underline{/-60°}$ A 时，$\dot{U}=-j\dfrac{1}{\omega C}\dot{I}=79.6\underline{/-150°}$ V。

相量图如图解 4.08 所示。

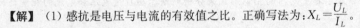

图解 4.08

4.3.3 指出下列各式哪些是对的，哪些是错的。

$\dfrac{u}{i}=X_L$，$\dfrac{U}{I}=j\omega L$，$\dfrac{\dot{U}}{\dot{I}}=X_L$，$\dot{I}=-j\dfrac{\dot{U}}{\omega L}$，

$u=L\dfrac{di}{dt}$，$\dfrac{U}{I}=X_C$，$\dfrac{U}{I}=\omega C$，$\dot{U}=-\dfrac{\dot{I}}{j\omega C}$

【解】(1) 感抗是电压与电流的有效值之比。正确写法为：$X_L=\dfrac{U_L}{I_L}$。

(2) 阻抗是电压与电流的相量之比。正确写法为：$\dfrac{\dot{U}}{\dot{I}}=j\omega L$ 或 $\dfrac{U}{I}=\omega L$。

(3) $\dfrac{\dot{U}}{\dot{I}}=jX_L$。

(4) 正确。

(5) 正确。

(6) 正确。

(7) $\dfrac{U}{I}=\dfrac{1}{\omega C}$。

(8) $\dot{U}=-jX_C\dot{I}=\dfrac{\dot{I}}{j\omega C}$。

4.3.4 在图 4.3.6 所示电路中，设 $i=2\sin 6\ 280t$ mA，试分析电流在 R 和 C 两个支路之间的分配，并估算电容器两端电压的有效值。

【解】∵ $X_C=\dfrac{1}{\omega C}=\dfrac{1}{6\ 280\times 50\times 10^{-6}}\approx 3.18\ \Omega\ll R$，

∴ 电阻支路电流可忽略不计。$\dot{I}\approx\dot{I}_C$。$U_C=I_C X_C\approx\dfrac{2}{\sqrt{2}}\times 3.18\times 10^{-3}\approx 4.5$ mV。

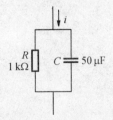

图 4.3.6　练习与思考 4.3.4 的图

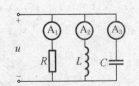

图 4.3.7　练习与思考 4.3.5 的图

4.3.5 在图 4.3.7 所示电路中，当电源频率升高或降低时，各个电流表的读数有何变动？

【解】 $\dot{I}_1 = \dfrac{\dot{U}}{R}$,电流与频率无关。

$\dot{I}_2 = \dfrac{\dot{U}}{jX_L}$,当频率增大,电流减小,读数变小。反之,频率减小,读数变大。

$\dot{I}_3 = \dfrac{\dot{U}}{jX_C} = j\omega C \dot{U}$,当频率增大,电流增大,读数变大。反之,频率增大,读数变大。

4.4.1 用下列各式表示 RC 串联电路中的电压和电流,哪些式子是错的?哪些是对的?

$i = \dfrac{u}{|Z|},\ I = \dfrac{U}{R+X_C},\ \dot{I} = \dfrac{\dot{U}}{R-j\omega C},\ I = \dfrac{U}{|Z|},$

$u = u_R + u_C,\ U = U_R + U_C,\ \dot{U} = \dot{U}_R + \dot{U}_C,\ u = Ri + \dfrac{1}{C}\int i \mathrm{d}t$

$U_R = \dfrac{R}{\sqrt{R^2 + X_C^2}} U,\ \dot{U}_C = -\dfrac{j\dfrac{1}{\omega C}}{R + \dfrac{1}{j\omega C}} \dot{U}$

【分析】 根据欧姆定律和基尔霍夫定律的相量形式来分析判断。阻抗是电压和电流的相量之比。

【解】 (1) 错。

(2) 错。

(3) 错。容抗应为 $\dfrac{1}{\omega C}$。

(4) 对。

(5) 对。

(6) 错。有效值不满足 KVL。

(7) 对。

(8) 对。

(9) 对。

(10) 对。

4.4.2 RL 串联电路的阻抗 $Z=(4+j3)\Omega$,试问该电路的电阻和感抗各为多少?并求电路的功率因数和电压与电流间的相位差。

【分析】 $Z = R + jX_L = 4 + j3 = 5\angle 36.9°\ \Omega$

【解】 电阻为 $4\ \Omega$,感抗为 $3\ \Omega$。

功率因数是阻抗角的余弦,

∴ $Q = \cos 36.9° = 0.8$

阻抗角即电压与电流的相位差,所以电压超前电流 $36.9°$。

4.4.3 计算下列各题,并说明电路的性质:

(1) $\dot{U} = 10\angle 30°$ V,$Z = (5+j5)\ \Omega$,$\dot{I} = ?$ $P = ?$

(2) $\dot{U} = 30\angle 15°$ V,$\dot{I} = -3\angle -165°$ A,$R = ?$ $X = ?$ $P = ?$

(3) $\dot{U} = -100\angle 30°$ V,$\dot{I} = 5e^{-j60°}$ A,$R = ?$,$X = ?$ $P = ?$

【解】 (1) $\dot{I} = \dfrac{\dot{U}}{Z} = \dfrac{10\angle 30°}{5+j5} = \sqrt{2}\angle -15°$

$P = UI\cos\varphi = 10 \times \sqrt{2} \times \dfrac{5}{\sqrt{5^2 + 5^2}} = 10$ W

$R = 5\ \Omega$,$X_L = 5\ \Omega$,电路呈感性。

(2) $Z = \dfrac{\dot{U}}{\dot{I}} = \dfrac{30\underline{/15°}}{-3\underline{/-165°}} = 10\underline{/0°} = 10\ \Omega, P = I^2 R = 90\ \text{W}$

即 $R = 10\ \Omega, X = 0$，电路呈纯阻性。

(3) $Z = \dfrac{\dot{U}}{\dot{I}} = \dfrac{-100\underline{/30°}}{5\underline{/-60°}} = 20\underline{/-90°} = -\text{j}20\ \Omega, P = 0$ 或 $P = UI\cos(-90°) = 0$

$R = 0, X = X_C = 20\ \Omega$，电路呈容性。

4.4.4 有一 RLC 串联的交流电路，已知 $R = X_L = X_C = 10\ \Omega, I = 1\ \text{A}$，试求其两端的电压 U。

【解】 $Z = R + \text{j}X = R + \text{j}(X_L - X_C) = 10 + \text{j}(10-10) = 10\ \Omega$，阻抗为纯电阻。
$U = IR = 1 \times 10 = 10\ \text{V}$

4.4.5 RLC 串联交流电路的功率因数 $\cos\varphi$ 是否一定小于 1？

【解】 $Z = R + \text{j}(X_C - X_L)$

$\cos\varphi = \dfrac{R}{|Z|} = \dfrac{R}{\sqrt{R^2 + (X_L - X_C)^2}} \leqslant 1$

串联 RLC 电路的功率因数小于等于 1。

4.4.6 在例 4.4.1 中，$U_C > U$，即部分电压大于电源电压，为什么？在 RLC 串联电路中，是否还可能出现 $U_L > U$？$U_R > U$？

【解】 RLC 串联电路的电流 $I = 4.4\ \text{A}$，
总阻抗的模 $|Z| = 50\ \Omega <$ 容抗 $X_C = 80\ \Omega$。
所总电压 $U = I|Z| < U_C = IX_C$，合理。
若 $X_L > |Z|$，那么 $U_L > U$ 也合理。
但 $R \leqslant |Z|$，所以 $U_R > U$ 不合理。

4.4.7 有一 RC 串联电路，已知 $R = 4\ \Omega, X_C = 3\ \Omega$，电源电压 $\dot{U} = 100\underline{/0°}\ \text{V}$，试求电流 $\dot{I}$。

【解】 $\dot{I} = \dfrac{\dot{U}}{R - \text{j}X_C} = \dfrac{100\underline{/0°}}{4 - \text{j}3} = \dfrac{100\underline{/0°}}{5\underline{/-36.9°}} = 20\underline{/36.9°}\ \text{A}$。

4.5.1 有图 4.5.6 所示的四个电路，每个电路图下的电压、电流和电路阻抗模的答案对不对？

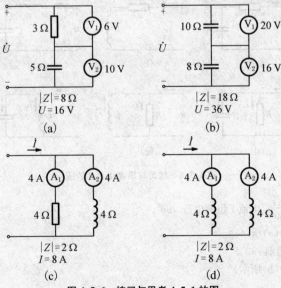

图 4.5.6 练习与思考 4.5.1 的图

【解】 (a) $|Z|=\sqrt{3^2+5^2}\approx 5.83\ \Omega\neq 8\ \Omega$

$U=\sqrt{V_1^2+V_2^2}=\sqrt{6^2+16^2}\approx 11.66\ \text{V}\neq 16\ \text{V}$ } 错误

(b) $|Z|=X_{C_1}+X_{C_2}=10+8=18\ \Omega$,

$U=U_{C_1}+U_{C_2}=U_1+U_2=20+16=36\ \text{V}$ } 正确

(c) $I=\sqrt{4^2+4^2}=4\sqrt{2}\neq 8\ \text{A}$,

$Z=\dfrac{U}{I}=\dfrac{4\times 4}{4\sqrt{2}}=2\sqrt{2}\neq 2\ \Omega$。 } 错误

(d) $I=4+4=8\ \text{A}$,

$Z=\dfrac{\text{j}4\times \text{j}4}{\text{j}4+\text{j}4}=\text{j}2\ \Omega, |Z|=2\ \Omega$。 } 正确

4.5.2 计算图 4.5.7 所示两电路的阻抗 Z_{ab}。

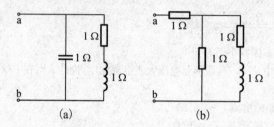

图 4.5.7 练习与思考 4.5.2 的图

【解】 (a) $Z_{ab}=(1+\text{j}1)//\dfrac{1}{\text{j}1}=1-\text{j}=\sqrt{2}\underline{/-45°}\ \Omega$

(b) $Z_{ab}=1+\dfrac{1+(1+\text{j}1)}{1+(1+\text{j}1)}=1.6+\text{j}0.2\approx 1.67\underline{/7.13°}\ \Omega$

4.5.3 电路如图 4.5.8 所示,试求各电路的阻抗,画出相量图,并问电流 i 较电压 u 滞后还是超前?

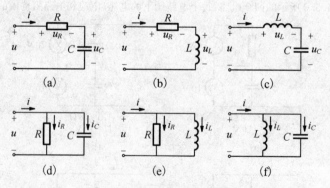

图 4.5.8 练习与思考 4.5.3 的图

【解】 (a) $Z=R-\text{j}\dfrac{1}{\omega C}$,电流 i 超前电压 $u\,90°$。

相量图如图解 4.09(a)所示。

(b) $Z=R+\text{j}\omega L$, u 超前 $i\,90°$。

相量图如图解 4.09(b)所示。

(c) $Z = j\left(\omega L - \dfrac{1}{\omega C}\right)$, u 和 i 相位差为 $90°$,

若 $\omega L > \dfrac{1}{\omega C}$, 则 i 滞后于 u; 若 $\omega L < \dfrac{1}{\omega C}$, 则 i 超前 u,

若 $\omega L = \dfrac{1}{\omega C}$, 发生串联谐振。

相量图如图解 4.09(c) 所示。

(d) $Z = R // \dfrac{1}{j\omega C} = \dfrac{R\left(\dfrac{1}{j\omega C}\right)}{R + \dfrac{1}{j\omega C}} = \dfrac{R}{1 + jR\omega C}$

i 超前于 u, 相量图如图解 4.09(d) 所示。

(e) $Z = R // j\omega L = \dfrac{Rj\omega L}{R + j\omega L}$

i 滞后 u, 相量图如图解 4.09(e) 所示。

(f) $Z = j\omega L // \dfrac{1}{j\omega C} = \dfrac{j\omega L\left(-j\dfrac{1}{\omega C}\right)}{j\omega L - j\dfrac{1}{\omega C}} = -j\dfrac{\omega L}{\omega^2 LC - 1}$

i 与 u 相位差为 $90°$。若 $\omega L > \dfrac{1}{\omega C}$, i 超前于 u; 若 $\omega L < \dfrac{1}{\omega C}$ 时, u 超前 i。相量图如图解 4.09(f) 所示。

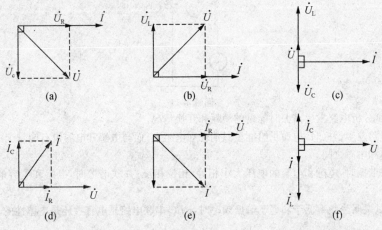

图解 4.09

4.5.4 在图 4.5.9 所示的电路中, $X_L = X_C = R$, 并已知电流表 A_1 的读数为 3 A, 试问 A_2 和 A_3 的读数为多少?

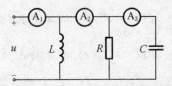

图 4.5.9 练习与思考 4.5.4 的图

【分析】 RLC 并联电路, 元件的电压相同, 可利用相量图辅助求解。

【解】 利用相量图法, 如图解 4.10 所示。

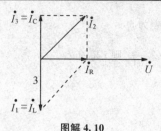

图解 4.10

$$\dot{I}_2 = \dot{I}_R + \dot{I}_C, \dot{I}_1 = \dot{I}_L + \dot{I}_2$$

$$\dot{I}_2 = 3\sqrt{2}\underline{/45°} \text{ A}$$

$$I = 3\sqrt{2} \text{ A}$$

4.7.1 图 4.7.9(a)中,L 与 C 似乎是并联的,为什么说是串联谐振电路?

【解】 天线电路等效电路如图解 4.11 所示,天线接收到的电信号在线圈 L 上产生的感应电动势为 e,R、L 和 C 是串联的。

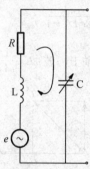

图解 4.11

4.7.2 试分析电路发生谐振时能量的消耗和互换情况。

【解】 电路发生谐振时,电源供给能量只消耗在电阻上,而与电感和电容没有能量交换。能量的交换是存在电容和电感之间。

发生串联谐振时,电感和电容的电压大小相等,相位相反;并联谐振时,电感和电容的电流大小相等,相位相反。

4.7.3 试说明当频率低于和高于谐振频率时,RLC 串联电路是电容性还是电感性。

【解】 串联谐振时,$Z = R + j\omega L + \dfrac{1}{j\omega C} = R + j\left(\omega L - \dfrac{1}{\omega C}\right)$

谐振频率 $f_0 = \dfrac{1}{2\pi\sqrt{LC}}$,

当 $f > f_0$,即 $\omega > \dfrac{1}{\sqrt{LC}}$,$\omega^2 > \dfrac{1}{LC}$,$\omega^2 LC > 1$,$I_m(Z) < 0$,电路呈容性。

当 $f < f_0$,即 $\omega < \dfrac{1}{\sqrt{LC}}$,$\omega^2 < \dfrac{1}{LC}$,$\omega^2 LC < 1$,$I_m(Z) > 0$,电路呈感性。

4.7.4 在图 4.7.12 中设线圈的电阻 R 趋于零,试分析发生并联谐振时的情况($|Z_0|, \dot{I}, \dot{I}_C, \dot{I}$)。

【解】 $|Z| = \dfrac{L}{RC}$,$\omega_0 = \dfrac{1}{\sqrt{LC}}$。

$$I_L = \dfrac{U}{\sqrt{R^2 + (\omega_0 L)^2}} \approx \dfrac{U}{\omega_0 L}$$

$$I_C = \frac{U}{\frac{1}{\omega_0 C}},$$

$I_L \approx I_C$,当 $R \to 0$ 阻抗 $Z_0 \to \infty$,$\dot{I} \to 0$。

若 $R \neq 0$,则 i 的作用先消耗在 R 上,不用于补充谐振能量。

4.8.1 提高功率因数时,如将电容器并联在电源端(输电线始端),是否能取得预期效果?

【解】 将电容器并联在输电线始端,只是减小了电源的无功功率,但输电线的电流没有变化,因此不能取得最佳效果。

4.8.2 功率因数提高后,线路电流减小了,瓦时计的走字速度会慢些(省电)吗?

【解】 瓦时计是计量负载所消耗的电能。消耗的电能与有功功率 $P = UI\cos\varphi$ 成正比,虽然 $\cos\varphi$ 提高了,总电流 I 下降,但 $I\cos\varphi$ 乘积没有变化,即有功功率不变,所以瓦时计转速和以前一样,不会减慢。

4.8.3 能否用超前电流来提高功率因数?

【解】 要实现超前功率因数,需并联大量电容器,不经济。若并联的电容器过大,所取电流大于负载电路电流的无功分量,总电流相应增大,反而降低了总的功率因数。

4.9.1 举出非正弦周期电压或电流的实际例子。

【解】 非正弦周期电压或电流如图解 4.12 所示。

(1) 矩形波电压　　　　(2) 锯齿波电压　　　　(3) 三角波电压

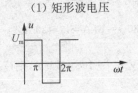 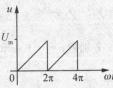 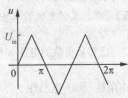

(4) 窄脉冲电压　　　　(5) 半波整流电压　　　　(6) 全波整流电压

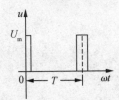 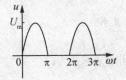 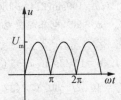

图解 4.12

4.9.2 设 $u_{BE} = (0.6 + 0.02\sin\omega t)$V,$u_{CE} = [6 + 3\sin(\omega t - \pi)]$V,试分别用波形图表示,并说明其中两个交流分量的大小和相位关系。

【解】 (1) u_{BE} 和 u_{CE} 的波形图如图解 4.13(a)(b)所示。

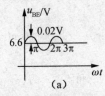 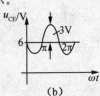

(a)　　　　　　　　(b)

图解 4.13

(2) 交流分量大小关系为:$\dfrac{u_{cem}}{u_{bem}} = \dfrac{3}{0.02} = 150$

相位关系:由波形图可见,两波形相位相反。

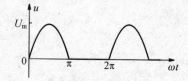

图 4.9.3 半波整流电压

4.9.3 计算图 4.9.3 所示半波整流电压的平均值和有效值。

【解】 平均值为 $U_0 = \frac{1}{2\pi}\int_0^\pi u\,\mathrm{d}(\omega t) = \frac{1}{2\pi}\int_0^\pi U_m\sin(\omega t)\,\mathrm{d}(\omega t) = \frac{U_m}{\pi}\text{V}$

有效值为 $U = \sqrt{\frac{1}{2\pi}\int_0^\pi u^2\,\mathrm{d}(\omega t)} = \sqrt{\frac{1}{2\pi}\int_0^\pi U_m^2\sin^2(\omega t)\,\mathrm{d}(\omega t)} = \frac{U_m}{2}\text{V}$

4.3 习题全解

A 选择题

4.1.1 有一正弦电流,其初相位 $\psi=30°$,初始值 $i_0=10$ A,则该电流的幅值 I_m 为(　　)。

(1) $10\sqrt{2}$ A　(2) 20 A　(3) 10 A

【分析】 根据正弦电流的表达式和条件,$t=0$,$\psi=30°$,$i=I_m\sin(30°)=10$ A $\Rightarrow I_m=20$ A。

【解】 (2)

4.1.2 已知某负载的电压 u 和电流 i 分别为 $u=-100\sin314t$ V 和 $i=10\cos314t$ A,则该负载为(　　)的。

(1) 电阻性　(2) 电感性　(3) 电容性

【分析】 负载的电压和电流不是一样的表示形式,需先转换 i 表达式为 $i=10\cos(314t)=10\sin(314t+90°)$,$u=100\sin(314t+180°)$

$\psi=\psi_u-\psi_i=90°$,电压超前电流 $90°$,呈感性

【解】 (2)

4.2.1 $u=10\sqrt{2}\sin(\omega t-30°)$ V 的相量表示式为(　　)。

(1) $\dot{U}=10\sqrt{2}\underline{/-30°}$ V　(2) $\dot{U}=10\underline{/-30°}$ V　(3) $\dot{U}=10e^{j(\omega t-30°)}$ V

【解】 (2)

4.2.2 $i=i_1+i_2+i_3=4\sqrt{2}\sin\omega t$ A$+8\sqrt{2}\sin(\omega t+90°)$ A$+4\sqrt{2}\sin(\omega t-90°)$ A,则总电流 i 的相量表示式为(　　)。

(1) $\dot{I}=4\sqrt{2}\underline{/45°}$ A　(2) $\dot{I}=4\sqrt{2}\underline{/-45°}$ A　(3) $\dot{I}=4\underline{/45°}$ A

【分析】 $\dot{I}_1=4\underline{/0°}$ A,$\dot{I}_2=8\underline{/90°}$ A,$\dot{I}_3=4\underline{/-90°}$ A

$\dot{I}=\dot{I}_1+\dot{I}_2+\dot{I}_3=4\cos0°+j4\sin0°+8\cos90°+j8\sin90°+4\cos(-90°)+j4\sin(-90°)=4\underline{/45°}$ A

【解】 (3)

4.2.3 $\dot{U}=(\underline{/30°}+\underline{/-30°}+2\sqrt{3}\underline{/180°})$ V,则总电压 $\dot{U}$ 的三角函数式为(　　)。

(1) $u=\sqrt{3}\sin(\omega t+\pi)$ V　(2) $u=-\sqrt{6}\sin\omega t$ V　(3) $u=\sqrt{3}\sqrt{2}\sin\omega t$ V

【分析】 $\dot{U}=(\underline{/30°}+\underline{/-30°}+2\sqrt{3}\underline{/180°})=\cos30°+j\sin30°+\cos(-30°)+j\sin(-30°)+2\sqrt{3}\cos180°$
$+j2\sqrt{3}\sin180°=-\sqrt{3}$。$u=-\sqrt{3}\sqrt{2}\sin\omega t$ V

【解】 (2)

第 4 章 正弦交流电路

4.3.1 在电感元件的交流电路中,已知 $u=\sqrt{2}U\sin\omega t$,则(   )。

(1) $\dot{I}=\dfrac{\dot{U}}{j\omega L}$ (2) $\dot{I}=j\dfrac{\dot{U}}{\omega L}$ (3) $\dot{I}=j\omega L\dot{U}$

【分析】 电感元件伏安关系相量形式为 $\dot{U}=j\omega L\dot{I}$
【解】 (1)

4.3.2 在电容元件的交流电路中,已知 $u=\sqrt{2}U\sin\omega t$,则(   )。

(1) $\dot{I}=\dfrac{\dot{U}}{j\omega C}$ (2) $\dot{I}=j\dfrac{\dot{U}}{\omega C}$ (3) $\dot{I}=j\omega C\dot{U}$

【分析】 电容元件伏安法关系相量形式为 $\dot{U}=\dfrac{1}{j\omega C}\dot{I}$
【解】 (3)

4.3.3 有一电感元件,$X_L=5\ \Omega$,其上电压 $u=10\sin(\omega t+60°)$ V,则通过的电流 i 的相量为(   )。

(1) $\dot{I}=50\underline{/60°}$ A   (2) $\dot{I}=2\sqrt{2}\underline{/150°}$ A   (3) $\dot{I}=\sqrt{2}\underline{/-30°}$ A

【分析】 电感电压 $\dot{U}=\dfrac{10}{\sqrt{2}}\underline{/60°}$ V,$\dot{I}=\dfrac{\dot{U}}{jX_L}=\sqrt{2}\underline{/-30°}$ A
【解】 (3)

4.4.1 在 RLC 串联电路中,阻抗模(   )。

(1) $|Z|=\dfrac{u}{i}$ (2) $|Z|=\dfrac{U}{I}$ (3) $|Z|=\dfrac{\dot{U}}{\dot{I}}$

【分析】 阻抗模为电压与电流的有效值之比。
【解】 (2)

4.4.2 在 RC 串联电路中,电流的表达式为(   )。

(1) $\dot{I}=\dfrac{\dot{U}}{R+jX_C}$ (2) $\dot{I}=\dfrac{\dot{U}}{R-j\omega C}$ (3) $I=\dfrac{U}{\sqrt{R^2+X_C^2}}$

【分析】 (1)、(2) 式中,阻抗的表达式有误,应为 $Z=R-jX_C$ 或 $Z=R+\dfrac{1}{j\omega C}$
【解】 (3)

4.4.3 在 RLC 串联电路中,已知 $R=3\ \Omega$,$X_L=8\ \Omega$,$X_C=4\ \Omega$,则电路的功率因数 $\cos\varphi$ 等于(   )。

(1) 0.8   (2) 0.6   (3) $\dfrac{3}{4}$

【分析】 功率因数角为阻抗角,$Z=3+j(8-4)=3+j4=5\underline{/53°}$,$\cos 53°\approx 0.6$。
【解】 (2)

4.4.4 在 RLC 串联电路中,已知 $R=X_L=X_C=5\ \Omega$,$\dot{I}=1\underline{/0°}$ A,则电路的端电压 $\dot{U}$ 等于(   )。

(1) $5\underline{/0°}$ V   (2) $1\underline{/0°}\times(5+j10)$ V   (3) $15\underline{/0°}$ V

【分析】 RLC 串联电路总阻抗 $Z=R+j(X_L-X_C)=5\ \Omega$,$\dot{U}=Z\dot{I}=R\dot{I}=5\underline{/0°}$ V
【解】 (1)

4.4.5 在 RLC 串联电路中,调节电容值时,(   )。
(1) 电容调大,电路的电容性增强
(2) 电容调小,电路的电感性增强
(3) 电容调小,电路的电容性增强

【分析】 RLC串联电路总阻抗 $Z=R+\mathrm{j}\left(\omega L-\dfrac{1}{\omega C}\right)$,电容调小时,容抗增大。

【解】 (3)

4.5.1 在图4.01中,$I=(\quad)$,$Z=(\quad)$。

(1) 7 A (2) 1 A (3) j(3−4)Ω (4) $12\underline{/90°}$ Ω

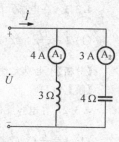

图4.01 习题4.5.1的图

【分析】 并联支路电流关系用相量图法求解,如图解4.14所示。
总电流 $I=1$ A,
$Z=\mathrm{j}\omega L\,//\,\dfrac{1}{\mathrm{j}\omega C}=\mathrm{j}4\,//\,\mathrm{j}3=12\underline{/90°}$ Ω

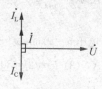

图解4.14

【解】 (2),(4)

4.5.2 在图4.02中,$u=20\sin(\omega t+90°)$V,则 i 等于( )。

(1) $4\sin(\omega t+90°)$A (2) $4\sin\omega t$ A (3) $4\sqrt{2}\sin(\omega t+90°)$A

【分析】 电压相量为 $\dot U=10\sqrt{2}\underline{/90°}$ V,各支路电流分别为

$\dot I_R=\dfrac{\dot U}{R}=2\sqrt{2}\underline{/90°}$,

$\dot I_L=\dfrac{10\sqrt{2}\underline{/90°}}{4\underline{/90°}}$ A $=2.5\sqrt{2}\underline{/0°}$ A

$\dot I_C=\dfrac{10\sqrt{2}\underline{/90°}}{\dfrac{1}{4}\underline{/-90°}}=40\sqrt{2}\underline{/180°}$ A

$\dot I=\dot I_R+\dot I_L+\dot I_C=2\sqrt{2}\underline{/90°}$ A

$I=4\sin(\omega t+90°)$A

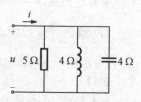

图4.02 习题4.5.2的图

【解】 (1)

4.5.3 图4.03所示电路的等效阻抗 Z_{ab} 为( )。

(1) 1 Ω (2) $\dfrac{1}{\sqrt{2}}\underline{/45°}$ Ω (3) $\dfrac{\sqrt{2}}{2}\underline{/-45°}$ Ω

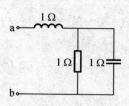

图4.03 习题4.5.3的图

【分析】 阻抗为 $Z=[1//(-j1)]+j1=\frac{1}{\sqrt{2}}\underline{/45°}$ Ω

【解】 (2)

4.7.1 在 RLC 串联谐振电路中,增大电阻 R,将使(   )。
(1) 谐振频率降低
(2) 电流谐振曲线变尖锐
(3) 电流谐振曲线变平坦

【分析】 串联谐振电路谐振频率为 $f=\frac{1}{2\pi\sqrt{LC}}$,与 R 无关。

品质因数 $Q=\frac{\omega_0 L}{R}$。若 R 增大,则 Q 减小,曲线变平坦。

【解】 (3)

4.7.2 在 RL 与 C 并联的谐振电路中,增大电阻 R,将使(   )。
(1) 谐振频率升高
(2) 阻抗谐振曲线变尖锐
(3) 阻抗谐振曲线变平坦

【解】 (3)

B 基本题

4.2.4 某实验中,在双踪示波器的屏幕上显示出两个同频率正弦电压 u_1 和 u_2 的波形,如图 4.04 所示。
(1) 求电压 u_1 和 u_2 的周期和频率;
(2) 若时间起点($t=0$)选在图示位置,试写出 u_1 和 u_2 的三角函数式,并用相量式表示。

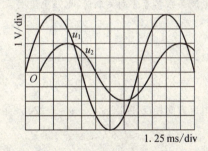

图 4.04 习题 4.2.4 的图

【分析】 根据周期、频率的定义及正弦量的相量表示法求解。

【解】 (1) 由图 4.04 可知,$T_1=1.25\times 8=10$ ms,$T_2=1.25\times 8=10$ ms。

$T_1=T_2=10$ ms$=10^{-2}$ s

$f_1=f_2=\frac{1}{10^{-2}}=100$ Hz

(2) $\omega_1=2\pi f_1=200\pi$ rad/s,$\psi_1=\frac{\pi}{4}$,$U_{1m}=4$ V

所以 $u_1=U_{1m}\sin(\omega_1 t+\psi_1)=4\sin\left(200\pi t+\frac{\pi}{4}\right)$ V

$\omega_2=2\pi f_2=200\pi$ rad/s,$\psi_2=0$,$U_{2m}=2$ V

所以 $u_2=U_{2m}\sin(\omega_2 t+\psi_2)=2\sin(200\pi t)$ V

4.2.5 已知正弦量 $\dot{U}=220e^{j30°}$ V 和 $\dot{I}=(-4-j3)$ A,试分别用三角函数式、正弦波形及相量图表示它们。如 $\dot{I}=(4-j3)$ A,则又如何？

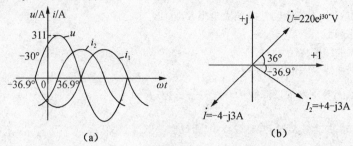

图解 4.15

【解】 $u=220\sqrt{2}\sin(\omega t+30°)$ V

$i=5\sqrt{2}\sin(\omega t-143.1°)$ A

$i_2=5\sqrt{2}\sin(\omega t-36.9°)$ A

正弦波形图如图解 4.15(a)所示,相量图如图解 4.15(b)所示。

4.3.4 已知通过线圈的电流 $i=10\sqrt{2}\sin314t$ A,线圈的电感 $L=70$ mH(电阻忽略不计),设电源电压 u、电流 i 及感应电动势 e_L 的参考方向如图 4.05 所示,试分别计算在 $t=\dfrac{T}{6}$,$t=\dfrac{T}{4}$ 和 $t=\dfrac{T}{2}$ 瞬间的电流、电压及电动势的大小,并在电路图上标出它们在该瞬间的实际方向,同时用正弦波形表示出三者之间的关系。

图 4.05 习题 4.3.4 的图

【分析】 电感元件的电压电流关系参考方向关联时,电压电流关系为 $u=L\dfrac{di}{dt}$。

【解】 已知 $i=10\sqrt{2}\sin314t$ A,

$u=L\dfrac{di}{dt}=\omega L I_m\sin(314t+90°)=314\times70\times10^{-3}\times10\sqrt{2}\sin(314t+90°)=220\sqrt{2}\sin(314t+90°)$ V

感应电动势的参考方向与电压方向相反,所以 $e_L=-u=-220\sqrt{2}\sin(314t-90°)$ V

当 $t=\dfrac{T}{6}$ 时,$i=5\sqrt{6}\approx12.2$ A,$u=110\sqrt{2}\approx156$ V,$e_L=-156$ V。

当 $t=\dfrac{T}{4}$ 时,$i=10\sqrt{2}\approx14.1$ A,$u=0$,$e_L=0$。

当 $t=\dfrac{T}{2}$ 时,$i=0$,$u=-220\sqrt{2}\approx-311$ V,$e_L=311$ V。

三个时刻的电流、电压、电动势的实际方向如图解 4.16(a)、(b)、(c)所示,波形图如图解 4.16(d)所示。

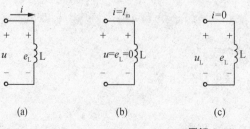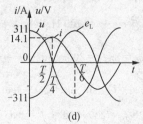

图解 4.16

第4章 正弦交流电路

4.3.5 在电容为 64 μF 的电容器两端加一正弦电压 $u=220\sqrt{2}\sin 314t$ V，设电压和电流的参考方向如图 4.06 所示，试计算在 $t=\dfrac{T}{6}$，$t=\dfrac{T}{4}$ 和 $t=\dfrac{T}{2}$ 瞬间的电流和电压的大小。

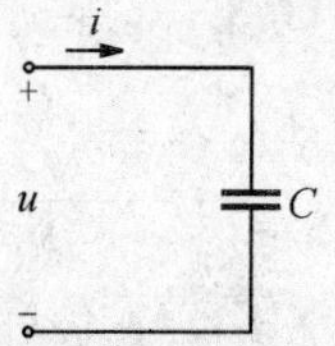

图 4.06 习题 4.3.5 的图

【分析】 电容元件的伏安关系为 $i=C\dfrac{\mathrm{d}u}{\mathrm{d}t}$。

【解】 已知 $u=220\sqrt{2}\sin 314t$ V，

$$i=C\dfrac{\mathrm{d}u}{\mathrm{d}t}=\omega C U_\mathrm{m}\sin(314t+90°)=314\times 64\times 10^{-6}\times 220\sqrt{2}\sin(314t+90°)$$

$$\approx 4.146\sqrt{2}\sin(314t+90°)\ \mathrm{A}$$

当 $t=\dfrac{T}{6}$ 时，$u=110\sqrt{6}\approx 269$ V，$i=2.208\sqrt{2}\approx 3.12$ A

当 $t=\dfrac{T}{4}$ 时，$u=220\sqrt{2}\approx 311$ V，$i=0$

当 $t=\dfrac{T}{2}$ 时，$u=0$，$i\approx -4.416\sqrt{2}\approx -6.244$。

4.4.6 有一由 R,L,C 元件串联的交流电路，已知 $R=10\ \Omega$，$L=\dfrac{1}{31.4}$ H，$C=\dfrac{10^6}{3140}\ \mu$F。在电容元件的两端并联一短路开关 S。(1) 当电源电压为 220 V 的直流电压时，试分别计算在短路开关闭合和断开两种情况下电路中的电流 I 及各元件上的电压 U_R,U_L,U_C。(2) 当电源电压为正弦电压 $u=220\sqrt{2}\sin 314t$ V 时，试分别计算在上述两种情况下电流及各电压的有效值。

【分析】 利用元件的伏安关系及相量图法进行求解。

【解】 (1) 直流电压作用时，电感相当于短路。

当开关闭合时，$I=\dfrac{U}{R}=\dfrac{220}{10}=22$ A，

$U_R=U=220$ V，$U_L=U_C=0$。

当开关断开时，电容相当于开路，$I=0$，$U_R=0$，$U_L=0$，$U_C=U=220$ V

(2) 当电源电压为 $u=220\sqrt{2}\sin 314t$ V 时，

当开关闭合时，$Z=R+\mathrm{j}X_L$

$$I=\dfrac{U}{\sqrt{R^2+X_L^2}}=\dfrac{220}{\sqrt{10^2+\left(314\times\dfrac{1}{31.4}\right)^2}}=11\sqrt{2}\ \mathrm{A}$$

$U_R=IR=11\sqrt{2}\times 10=110\sqrt{2}$ V

$U_L=IX_L=11\sqrt{2}\times 314\times\dfrac{1}{31.4}=110\sqrt{2}$ V

$U_C=0$。

当开关断开时，$Z=R+\mathrm{j}(X_L-X_C)=10+\mathrm{j}\left(314\times\dfrac{1}{31.4}-\dfrac{1}{314\times\dfrac{10^6}{3140}\times 10^{-6}}\right)=10+\mathrm{j}(10-10)=10\ \Omega$，电路呈纯阻性。

$I=\dfrac{U}{|Z|}=\dfrac{220}{10}=22$ A

$U_R=IR=22\times 10=220$ V，$U_L=IX_L=22\times 10=220$ V $=U_C$。

4.4.7 有一 CJ0—10 A 交流接触器，其线圈数据为 380 V 30 mA 50 Hz，线圈电阻 1.6 kΩ，试求线圈电感。

【分析】 接触器线圈等效为电阻和电感串联。

【解】 $|Z|=|R+\mathrm{j}X_L|=\dfrac{U_N}{I_N}=\dfrac{380}{30\times10^{-3}}\approx12.7\text{ k}\Omega$

所以 $X_L=\sqrt{|Z|^2-R^2}$，而 $X_L=2\pi fL$，

$L=\dfrac{1}{2\pi f}\sqrt{|Z|^2-R^2}=\dfrac{10^3}{2\pi\times50}\sqrt{12.7^2-1.6^2}\approx40\text{ H}$。

4.4.8 一个线圈接在 $U=120\text{ V}$ 的直流电源上，$I=20\text{ A}$；若接在 $f=50\text{ Hz}$，$U=220\text{ V}$ 的交流电源上，则 $I=28.2\text{ A}$。试求线圈的电阻 R 和电感 L。

【解】 线圈接在直线电源上，电感 L 相当于短路

$R=\dfrac{U}{I}=\dfrac{120}{20}=6\text{ }\Omega$。

在交流电源接上时，线圈阻抗为 $|Z|=\sqrt{R^2+X_L^2}=\dfrac{U}{I}=\dfrac{200}{28.2}\approx7.8\text{ A}$。

所以电感 $L=\dfrac{1}{2\pi f}\sqrt{|Z|^2-R^2}=\dfrac{1}{2\pi\times50}\sqrt{7.8^2-6^2}\approx15.9\text{ mA}$

4.4.9 有一 JZ7 型中间继电器，其线圈数据为 380 V 50 Hz，线圈电阻 2 kΩ，线圈电感 43.3 H，试求线圈电流及功率因数。

【解】 线圈阻抗为 $Z=R+\mathrm{j}\omega L=2\times10^3+\mathrm{j}2\pi\times50\times43.3\approx13.75\times10^3\underline{/81.6°}\text{ }\Omega$

线圈电流有效值为 $I=\dfrac{U}{|Z|}=\dfrac{380}{13.75\times10^3}\approx27.6\text{ mA}$

功率因数 $\cos\varphi=\cos81.6°\approx0.15$

4.4.10 日光灯管与镇流器串联接到交流电压上，可看作 R,L 串联电路。如已知某灯管的等效电阻 $R_1=280\text{ }\Omega$，镇流器的电阻和电感分别为 $R_2=20\text{ }\Omega$ 和 $L=1.65\text{ H}$，电源电压 $U=220\text{ V}$，试求电路中的电流和灯管两端与镇流器上的电压。这两个电压加起来是否等于 220 V？电源频率为 50 Hz。

【解】 电路总阻抗 $Z=R_1+R_2+\mathrm{j}\omega L=280+20+\mathrm{j}2\pi\times50\times1.65\approx599\underline{/59.9°}\text{ }\Omega$

电流为 $I=\dfrac{U}{|Z|}=\dfrac{220}{599}\approx0.37\text{ A}$

灯管上电压为 $U_R=IR_1=0.37\times280\approx103\text{ V}$，$Z_2=R_2+\mathrm{j}\omega L=20+\mathrm{j}518=518\underline{/87.8°}\text{ }\Omega$

镇流器电压为 $U_{rL}=I|Z_2|=0.37\times518\approx191\text{ V}$

$U_R+U_{rL}=103+191=294>220\text{ V}=U$。

4.4.11 在图 4.07 所示电路中，已知 $u=100\sqrt{2}\sin314t\text{ V}$，$i=5\sqrt{2}\sin314t\text{ A}$，$R=10\text{ }\Omega$，$L=0.032\text{ H}$。试求无源网络内等效串联电路的元件参数值，并求整个电路的功率因数、有功功率和无功功率。

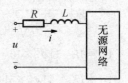

图 4.07 习题 4.4.11 的图

【分析】 电压 u 与电流 i 同相，电路呈阻性，有功功率 $P=UI\cos\varphi$，无功功率为 $Q=UI\sin\varphi$。

【解】 设无源网络阻抗为 Z_1，总阻抗为 Z。u,i 同相，则

$Z=Z_1+R+\mathrm{j}X_L=\dfrac{100\underline{/0°}}{5\underline{/0°}}=20\text{ }\Omega\Rightarrow Z'=10-\mathrm{j}10.048\text{ }\Omega=R'-\mathrm{j}\dfrac{1}{\omega C}$

$R'=10\text{ }\Omega$，$\dfrac{1}{\omega C}=\dfrac{1}{314C}=10.048\Rightarrow C=318.5\text{ }\mu\text{F}$

因为 $\varphi=0$，所以 $\cos\varphi=1$。

$P=UI\cos\varphi=100\times5\times1=500\text{ W}$，$Q=0$。

因此 $R'=10\text{ }\Omega$，$C=318.5\text{ }\mu\text{F}$ 是网络内元件参数值。

$P=500\text{ W}$，$Q=0$。

4.4.12 有一 RC 串联电路，电源电压为 u，电阻和电容上的电压分别为 u_R 和 u_C，已知电路阻抗模为 2 000 Ω，频率为 1 000 Hz，并设 u 与 u_C 之间的相位差为 30°，试求 R 和 C，并说明在相位上 u_C 比 u 超

第4章 正弦交流电路

前还是滞后。

【分析】 RC 串联电路可利用相量图法求解。电压三角形和阻抗三角形相似。

【解】 RC 串联,画出相量图如图解 4.17 所示。

由三角形可知 $R=\dfrac{1}{2}|Z|=\dfrac{2\,000}{2}=1\,000\,\Omega$,

容抗 $X_C=1\,000\sqrt{3}\,\Omega$,

u_C 滞后 $u\,30°$。

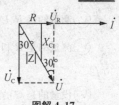

图解 4.17

4.1.13 图 4.08 所示是一移相电路。如果 $C=0.01\,\mu\text{F}$,输入电压 $u_1=\sqrt{2}\sin 6\,280t\,\text{V}$,今欲使输出电压 u_2 的相位上前移 $60°$,问应配多大的电阻 R?此时输出电压的有效值 U_2 等于多少?

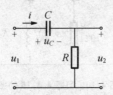

图 4.08 习题 4.4.13 的图

【分析】 利用相量图辅助分析求解。

【解】 相量图如图解 4.18 所示,

$$\dfrac{U_C}{U_R}=\dfrac{IX_C}{IR}=\dfrac{X_C}{R}=\tan 60°$$

图解 4.18

所以 $R=\dfrac{1}{\omega C\tan 60°}=\dfrac{1}{\sqrt{3}\times 6\,280\times 0.01\times 10^{-6}}\approx 9.2\,\text{k}\Omega$

$\dot{U}_2=\dfrac{R}{R-\text{j}X_C}\dot{U}_1=\dfrac{9.2\times 10^3}{9.2\times 10^3-\text{j}\dfrac{1}{6\,280\times 0.01\times 10^{-6}}}\times 1\underline{/0°}=0.5\underline{/60°}\,\text{V}$

输出电压的有效值 U_2 为 0.5 V。

4.4.14 在图 4.09 所示 R、X_L、X_C 串联电路中,各电压表的读数为多少?

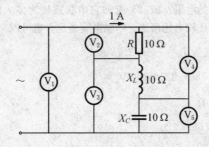

图 4.09 习题 4.4.14 的图

【分析】 电压表读数为有效值。

【解】 设 $\dot{I}=1\underline{/0°}\,\text{A}$

V_2 测量的是 R 的电压,$U_2=R\cdot I=10\times 1=10\,\text{V}$,$\text{V}_2$ 读数为 10 V。

V_3 测量的是 L 和 C 的电压,$\dot{U}_3=\text{j}(X_L-X_C)\dot{I}=0\,\text{V}$,$\text{V}_3$ 读数为 0。

⑪ 测量的是 R、L 和 C 的电压,$\dot{U}_1 = \dot{U}_2 + \dot{U}_3 = 10$ V,⑪ 读数为 0。

⑭ 测量的是 R 和 L 串联的电压,$\dot{U}_4 = (R + jX_L)\dot{I} = (10 + j10) \times 1\underline{/0°} = 10\sqrt{2}\underline{/45°}$ V,⑭ 读数为 $10\sqrt{2}$。

⑮ 没量的是 C 的电压,$\dot{U}_5 = -jX_C\dot{I} = -j10 \times 1\underline{/0°} = 10\underline{/-90°}$ V,⑮ 读数为 10 V。

4.4.15 在图 4.10 所示 R、X_L、X_C 并联电路中,各电流表的读数为多少?

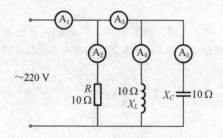

图 4.10 习题 4.4.15 的图

【解】 设电压为 $220\underline{/0°}$ V,

Ⓐ₂ 测量的是 R 的电流,$\dot{I}_2 = \dfrac{\dot{U}}{R} = \dfrac{220\underline{/0°}}{10} = 22\underline{/0°}$ A,Ⓐ₂ 读数为 22 A。

Ⓐ₄ 测量的是 L 的电流,$\dot{I}_4 = \dfrac{\dot{U}}{jX_C} = \dfrac{220\underline{/0°}}{10\underline{/90°}} = 22\underline{/-90°}$,Ⓐ₄ 读数为 22 A。

Ⓐ₅ 测量的是 C 的电流,$\dot{I}_5 = \dfrac{\dot{U}}{jX_C} = \dfrac{220\underline{/0°}}{10\underline{/-90°}} = 22\underline{/90°}$,Ⓐ₅ 的读数为 22 A。

Ⓐ₃ 测量的是 L 和 C 并联的电流,$\dot{I}_3 = \dot{I}_4 + \dot{I}_5 = 0$,Ⓐ₃ 读数为 0。

Ⓐ₁ 测量的是 R,L 和 C 并联的总电流,$\dot{I}_1 = \dot{I}_2 + \dot{I}_4 + \dot{I}_5 = 22\underline{/0°}$ A,Ⓐ₁ 读数为 22 A。

4.4.16 有一 220 V/600 W 的电炉,不得不用在 380 V 的电源上。欲使电炉的电压保持在 220 V 的额定值,(1) 应和它串联多大的电阻?或(2) 应和它串联感抗为多大的电感线圈(其电阻可忽略不计)?(3) 从效率和功率因数上比较上述两法。串联电容器是否也可以?电源频率为 50 Hz。

【解】 (1) 电炉的额定电流为 $I_N = \dfrac{600}{220} \approx 2.73$ A

欲串联的电阻电压为 $U_R = 380 - 220 = 160$ V

所以 $R = \dfrac{U_R}{I} = \dfrac{160}{2.73} \approx 58.6$ Ω

(2) 电炉的电阻值为 $R_L = \dfrac{U_N}{I_N} = \dfrac{220}{2.73} \approx 80.7$ Ω

串联电感线圈要保持额定电流 I_N 不变,总阻抗为 $|Z| = \dfrac{U}{I_N} = \dfrac{380}{2.73} \approx 139.3$ Ω

则线圈感抗为 $X_L = \sqrt{|Z|^2 - R_L^2} = \sqrt{(139.3)^2 - (80.7)^2} \approx 114$ Ω

(3) 若串联电阻,$\cos\varphi = 1$ 不变,效率 $\eta = \dfrac{P_N}{I_N^2 R + P_N} = \dfrac{600}{(2.73)^2 \times 58.7 + 600} \approx 0.58$

若串联电感线圈,效率 $\eta = 1$ 不变,$\cos\varphi = \dfrac{R_L}{|Z|} = \dfrac{80.7}{139.3} \approx 0.58$ 后者更节约电能。

也可以串联电容,提供无功功率从而提高 $\cos\varphi$ 的值。

4.5.4 在图 4.11 所示的各电路图中,除 A_0 和 V_0 外,其余电流表和电压表的读数在图上都已标出(都是正弦量的有效值),试求电流表 A_0 或电压表 V_0 的读数。

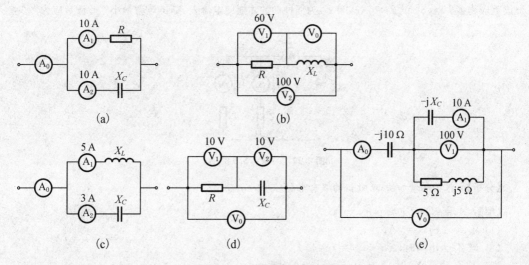

图 4.11 习题 4.5.4 的图

【分析】 利用相量图法分析求解。

【解】 (a)图是 R、C 并联,相量图如图解 4.19(a)所示。A_0 读数为 $10\sqrt{2}$ A。
(b)图是 R、L 并联,相量图如图解 4.19(b)所示。U_0 读数为 80 V。
(c)图是 L、C 并联,相量图如图解 4.19(c)所示。A_0 读数为 2 A。
(d)图是 R、C 并联,相量图如图解 4.19(d)所示。U_0 读数为 $10\sqrt{2}$ V。

(e)图是 L 和 C 并联,再和 C 串联,相量图如图解 4.19(e)所示。选择 $\dot{U}_1$ 为参考相量。

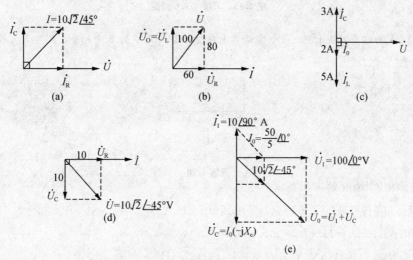

图解 4.19

由相量图可知 $\dot{I}_0 = \dfrac{50}{5} \underline{/0°}$,所以 A_0 读数为 10 A。$\dot{U}_0 = \dot{U}_C + \dot{U}_1 = 100\underline{/0°} + 10\underline{/0°} \times (-j10) = 100\sqrt{2}\underline{/-45°}$ V,所以 U_0 读数为 $100\sqrt{2}$ V。

4.5.5 在图 4.12 中,电流表 A_1 和 A_2 的读数分别为 $I_1=3$ A,$I_2=4$ A。(1) 设 $Z_1=R$,$Z_2=-jX_C$,则电流表 A_0 的读数应为多少？(2) 设 $Z_1=R$,问 Z_2 为何种参数才能使电流表 A_0 的读数最大？此读数应为多少？(3) 设 $Z_1=jX_L$,问 Z_2 为何种参数才能使电流表 A_0 的读数最小？此读数应为多少？

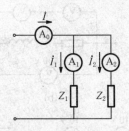

图 4.12　习题 4.5.5 的图

【分析】 根据相量加法,有效值的概念求解。

【解】 $A_0=|\dot{I}_1+\dot{I}_2|$

(1) $A_0=|3+j4|=5$ A。

(2) 当 Z_2 为电阻时,$A_0=3+4=7$ A 最大。

(3) 当 Z_2 为 $-jX_C$ 时,$A_0=|-j3+j4|=1$ A 最小。

4.5.6 在图 4.13 中,$I_1=10$ A,$I_2=10\sqrt{2}$ A,$U=200$ V,$R=5$ Ω,$R_2=X_L$,试求 I,X_C,X_L 及 R_2。

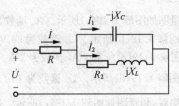

图 4.13　习题 4.5.6 的图

【分析】 利用相量图法求解。设电容两端电压 $\dot{U}_2=U_2\underline{/0°}$ V 为参考相量。$R_2=X_L$,所以 $\dot{I}_2$ 滞后 $\dot{U}_2$ 45°,$\dot{I}_1$ 超前 $\dot{U}_2$ 90°。

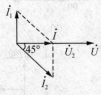

图解 4.20

【解】 画相量图如图解 4.20 所示。

由图及已知条件可得 $\dot{I}=\dot{I}_1+\dot{I}_2=10\underline{/0°}$ A,所以 $I=10$ A。

又因为 $\dot{U}=\dot{U}_1+\dot{U}_2=\dot{I}R+\dot{U}_2=10\times 5+U_2=200$ V

所以 $U_2=200-50=150$ V,$X_C=\dfrac{U_2}{I_1}=\dfrac{150}{10}=15$ Ω

$R_2=X_L$,

∴ $R_2+jX_L=R_2(1+j)$

$|R_2+jX_L|=\sqrt{2}R_2=\dfrac{U_2}{I_2}=\dfrac{150}{10\sqrt{2}}=\dfrac{15}{2}\sqrt{2}$ Ω

∴ $R_2 = X_L = 7.5\ \Omega$

4.5.7 在图 4.14 中，$I_1 = I_2 = 10$ A，$U = 100$ V，u 与 i 同相，试求 I, R, X_C 及 X_L。

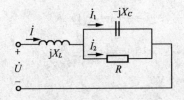

图 4.14　习题 4.5.7 的图

【分析】利用相量图法求解。R、C 并联支路选择并联电压 $\dot{U}_2 = U_2 \angle 0°$ V 为参考相量。

【解】画相量图如图解 4.21 所示。

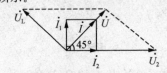

图解 4.21

由图可知 $\dot{I} = \dot{I}_1 + \dot{I}_2 = 10 + j10 = 10\sqrt{2}\angle 45°$ A。

$I = 10\sqrt{2}$ A

$\dot{U}_L$ 超前 $\dot{I}$ 90°，而且 $\dot{U} = \dot{U}_L + \dot{U}_2$，$\dot{U}$ 与 $\dot{I}$ 同相，由图可知 $U_2 = \sqrt{2}U = 100\sqrt{2}$ V，$U_L = U = 100$ V

所以 $R = \dfrac{U_L}{I_L} = \dfrac{100\sqrt{2}}{10} = 10\sqrt{2}\ \Omega$，

$X_C = \dfrac{U_2}{I_1} = \dfrac{100\sqrt{2}}{10} = 10\sqrt{2}\ \Omega$

$X_L = \dfrac{U_L}{I} = \dfrac{100}{10\sqrt{2}} = 5\sqrt{2}\ \Omega$

4.5.8 计算图 4.15(a) 中的电流 $\dot{I}$ 和各阻抗元件上的电压 $\dot{U}_1$ 与 $\dot{U}_2$，并作相量图；计算图 4.15(b) 中各支路电流 $\dot{I}_1$ 与 $\dot{I}_2$ 和电压 $\dot{U}$，并作相量图。

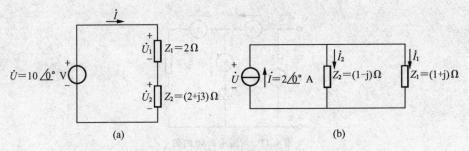

图 4.15　习题 4.5.8 的图

【解】(a) $\dot{I} = \dfrac{\dot{U}}{Z_1 + Z_2} = \dfrac{10\angle 0°}{2 + 2 + j3} = 2\angle -37°$ A

$\dot{U}_1 = \dot{I}Z_1 = 2\angle -37° \times 2 = 4\angle -37°$ V

$\dot{U}_2 = \dot{I}Z_2 = 2\underline{/-37°} \times \sqrt{13}\underline{/56.3°} \approx 7.21\underline{/19.3°}$ V

相量图如图解 4.22(a)所示。

(b) $\dot{I}_2 = \dfrac{Z_1}{Z_1+Z_2}\dot{I} = \dfrac{1+j}{1+j+1-j} \times 2\underline{/0°} = 1+j = \sqrt{2}\underline{/45°}$ A

$\dot{I}_1 = \dfrac{Z_2}{Z_1+Z_2}\dot{I} = \dfrac{1-j}{1+j+1-j} \times 2\underline{/0°} = 1+j = \sqrt{2}\underline{/-45°}$ A

$\dot{U} = \dot{I}_1 Z_1 = \sqrt{2}\underline{/-45°} \times \sqrt{2}\underline{/45°} = 2$ V

相量图如图解 4.22(b)所示。

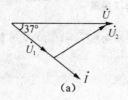 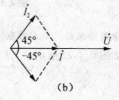

图解 4.22

4.5.9 在图 4.16 中，已知 $U=220$ V，$R_1=10\ \Omega$，$X_1=10\sqrt{3}\ \Omega$，$R_2=20\ \Omega$，试求各个电流和平均功率。

【分析】 由阻抗定义求各支路电流，再利用功率公式求功率。

【解】 设 $\dot{U} = 220\underline{/0°}$ V，$\dot{I}_1 = \dfrac{\dot{U}}{R_1+jX_1} = \dfrac{220\underline{/0°}}{10+j10\sqrt{3}} = \dfrac{220\underline{/0°}}{20\underline{/60°}} = 11\underline{/-60°}$ A

$\dot{I}_2 = \dfrac{\dot{U}}{R_2} = \dfrac{220\underline{/0°}}{20} = 11\underline{/0°}$ A

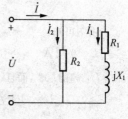

图 4.16 习题 4.5.9 的图

$\dot{I} = \dot{I}_1 + \dot{I}_2 = 11\underline{/-60°} + 11\underline{/0°} = \dfrac{11}{2} - j\dfrac{11\sqrt{3}}{2} + 11 = 11\sqrt{3}\underline{/-30°}$ A

功率为 $P = I_1^2 R_1 + I_2^2 R_2 = UI\cos 30° = 3\,630$ W

4.5.10 在图 4.17 中，已知 $u=220\sqrt{2}\sin 314t$ V，$i_1=22\sin(314t-45°)$ A，$i_2=11\sqrt{2}\sin(314t+90°)$ A，试求各仪表读数及电路参数 R，L 和 C。

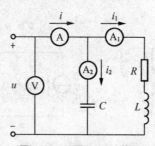

图 4.17 习题 4.5.10 的图

【分析】 仪表读数为有效值。

【解】 V 的读数为 220 V。A_1 的读数为 $11\sqrt{2}$ A，A_2 的读数为 11 A。

$\dot{I} = \dot{I}_1 + \dot{I}_2 = 11\sqrt{2}\underline{/-45°} + 11\underline{/90°} = 11\underline{/0°}$，所以 A 的读数为 11 A。

$R+j\omega L = \dfrac{\dot{U}}{\dot{I}_1} = \dfrac{220\underline{/0°}}{11\sqrt{2}\underline{/-45°}} = 10\sqrt{2}\underline{/45°}\ \Omega = 10+j10\ \Omega$

$$\therefore R = 10\ \Omega, L = \frac{10}{314} \approx 31.8\ \text{mH}$$

$$X_C = \frac{U}{I_2} = \frac{220}{11} = 20\ \Omega, C = \frac{1}{\omega X_C} = \frac{1}{314 \times 20} \approx 159\ \mu\text{F}$$

4.5.11 求图 4.18 所示电路的阻抗 Z_{ab}。

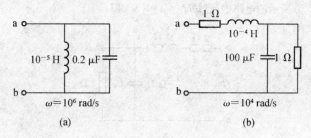

图 4.18 习题 4.5.11 的图

【分析】 由阻抗的串并联方法求解。

【解】 (a) $Z_{ab} = j\omega L \mathbin{/\mkern-5mu/} \left(\dfrac{1}{j\omega C}\right) = \dfrac{j\omega L \left(-j\dfrac{1}{\omega C}\right)}{j\omega L - j\dfrac{1}{\omega C}} = \dfrac{j10^6 \times 10^{-3} \times \left(-j\dfrac{1}{10^6 \times 0.2 \times 10^{-6}}\right)}{j10^6 \times 10^{-5} - j\dfrac{1}{10^6 \times 0.2 \times 10^{-6}}} = -j10\ \Omega$

(b) $Z_{ab} = R + j\omega L + R \mathbin{/\mkern-5mu/} \left(\dfrac{1}{j\omega C}\right) = R + j\omega L + \dfrac{R\left(-j\dfrac{1}{\omega C}\right)}{R - j\dfrac{1}{\omega C}} = 1 + j10^4 \times 10^{-4} + \dfrac{1 \times \left(-j\dfrac{1}{10^4 \times 100 \times 10^{-6}}\right)}{1 - j\dfrac{1}{10^4 \times 100 \times 10^{-6}}} = 1 + j + 0.5 - j0.3 \approx 1.58\ \underline{/18.4°}\ \Omega$

4.5.12 求图 4.19 两图中的电流 $\dot{I}$。

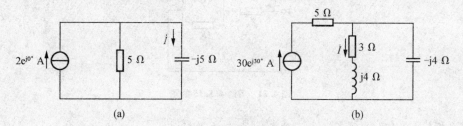

图 4.19 习题 4.5.12 的图

【分析】 利用分流公式求解。

【解】 (a) $\dot{I} = \dfrac{5}{5 - j5} \times 2e^{j0°} = \sqrt{2}\, e^{j45°}\ \text{A}$

(b) $\dot{I} = \dfrac{-j4}{3 + j4 - j4} \times 30e^{j30°} = 40e^{-j60°}\ \text{A}$

4.5.13 计算上题中理想电流源两端的电压。

【分析】 由欧姆定律,基尔霍夫定律求解。

【解】 设电源电压参考方向为上"+"下"-"。

(a)图 $\dot{U}=\dot{I}\cdot(-j5)=\sqrt{2}\underline{/45°}\times 5\underline{/-90°}=5\sqrt{2}\underline{/-45°}$ V

(b)图 $\dot{U}=\dot{I}_S R_1+\dot{I} Z_{RL}=30\underline{/30°}\times 5+40\underline{/-60°}\times(3+j4)=150\times\frac{\sqrt{3}}{2}+j150\times\frac{1}{2}+40\underline{/-60°}\times 5\underline{/53°}$
$\approx 328+j51\approx 332\underline{/8.83°}$ V

4.5.14 在图 4.20 所示的电路中，已知 $\dot{U}_C=1\underline{/0°}$ V，求 $\dot{U}$。

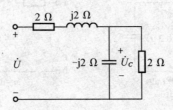

图 4.20 习题 4.5.14 的图

【分析】 已知 $\dot{U}_C$，可求出 RC 并联支路总电流，进而求出 RL 串联支路电压。

【解】 $\dot{I}_C=\dfrac{\dot{U}_C}{-j2}=j0.5$ A，$\dot{I}_R=\dfrac{\dot{U}_C}{2}=0.5$ A。

∴ $\dot{I}=\dot{I}_C+\dot{I}_R=0.5+j0.5=0.5\sqrt{2}\underline{/45°}$ A。

$\dot{U}_{RL}=\dot{I}\times(2+j2)=0.5\sqrt{2}\underline{/45°}\times 2\sqrt{2}\underline{/45°}=2j$ V

$\dot{U}=\dot{U}_{RL}+\dot{U}_C=1+2j=\sqrt{5}\underline{/63.4°}$ V

4.5.15 在图 4.21 所示的电路中，已知 $U_{ab}=U_{bc}$，$R=10$ Ω，$X_C=\dfrac{1}{\omega C}=10$ Ω，$Z_{ab}=R+jX_L$。试求 $\dot{U}$ 和 $\dot{I}$ 同相时 Z_{ab} 等于多少？

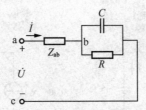

图 4.21 习题 4.5.15 的图

【分析】 $\dot{U}$ 和 $\dot{I}$ 同相，则 $Z_{ab}+Z_{bc}$ 应为实数，Z_{ab} 与 Z_{bc} 共轭。

【解】 $Z_{bc}=R//\dfrac{1}{j\omega C}=\dfrac{R(-jX_C)}{R-jX_C}=\dfrac{10(-j10)}{10-j10}=5\sqrt{2}\underline{/-45°}=5-j5$ Ω

已知 $U_{ab}=U_{bc}$，则 $|Z_{ab}|=|Z_{bc}|=5\sqrt{2}$ Ω。

要使 $\dot{U}$ 和 $\dot{I}$ 同相，Z_{ab} 与 Z_{bc} 应为共轭复数，$R=5$ Ω，$X_L=5$ Ω

因此 $Z_{ab}=(5+j5)$ Ω。

4.5.16 某教学楼装有 220 V/40 W 日光灯 100 支和 220 V/40 W 白炽灯 20 个。日光灯的功率因数为 0.5。日光灯管和镇流器串联接到交流电源上可看作 RL 串联电路。(1) 试求电源向电路提供的电流 $\dot{I}$，并画出电压和各个电流的相量图，设电源电压 $\dot{U}=220\underline{/0°}$ V；(2) 若全部照明灯点亮 4 h，共耗电多少 kW·h？

第4章 正弦交流电路

【分析】 由功率因数求出日光灯的阻抗,再求电流 i。

【解】 (1) $R_白 = \dfrac{R}{20} = \dfrac{\frac{(220)^2}{40}}{20} = 60.5\ \Omega$

$Z_日 = \dfrac{1}{100}|Z|\underline{/\arccos 0.5} = \dfrac{1}{100} \times \dfrac{(220)^2}{40} \times \underline{/60°} = 12.1\ \underline{/60°}\ \Omega$

$\dot{I} = \dfrac{\dot{U}}{R_白 + Z_日} = 38.3\ \underline{/-55.3°}\ \text{A}$

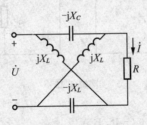

图解 4.23

相量图如图解 4.23 所示。

4.5.17 设有 R,L 和 C 元件若干个,每一元件均为 $10\ \Omega$。每次选两个元件串联或并联,问如何选择元件和连接方式才能得到:(1) $20\ \Omega$,(2) $10\sqrt{2}\ \Omega$,(3) $\dfrac{10}{\sqrt{2}}\ \Omega$,(4) $5\ \Omega$,(5) $0\ \Omega$,(6) ∞ 的阻抗模?

【分析】 阻抗的串、并联运算可通过相量运算法求解。

【解】 (1) 任意两个同类元件串联,均可得总阻抗为 $20\ \Omega$,如两个 R 串联,或两个 L 串联,或两个 C 串联。

(2) 一个 R 和一个 L 串联,或一个 R 与一个 C 串联,均可得 $10\sqrt{2}\ \Omega$ 的阻抗。

(3) 一个 R 与一个 L 并联,或一个 R 与一个 C 并联,均可得 $\dfrac{10}{\sqrt{2}}\ \Omega$ 阻抗。

(4) 两个同类元件并联,可得 $5\ \Omega$ 阻抗。

(5) 一个 L 和一个 C 串联可得 $0\ \Omega$ 阻抗。

(6) 一个 L 和一个 C 并联可得 $\infty\ \Omega$ 阻抗。

4.6.1 在图 4.22 所示电路中,已知 $\dot{U} = 100\ \underline{/0°}\ \text{V}, X_C = 500\ \Omega, X_L = 1\,000\ \Omega, R = 2\,000\ \Omega$,求电流 $\dot{I}$。

图 4.22 习题 4.6.1 的图

【分析】 利用等效电源定理,求出除 R 以外支路的网络的等效电路。

【解】 将 R 支路开路,得到图解 4.24 所示电路。求开路电压 $\dot{U}_{aboc}$,用分压公式求出 a、b 两点电位 $\dot{U}_a$ 和 $\dot{U}_b$(以电源"−"端为参考点)。

由分压公式

$\dot{U}_a = \dfrac{\dot{U}}{-\mathrm{j}X_C + \mathrm{j}X_L}\mathrm{j}X_L = \dfrac{\mathrm{j}1\,000}{-\mathrm{j}500 + \mathrm{j}1\,000} \times 100\ \underline{/0°} = 200\ \underline{/0°}\ \text{V}$

$\dot{U}_b = \dfrac{\dot{U}}{-\mathrm{j}X_C + \mathrm{j}X_L} \cdot (-\mathrm{j}X_C) = \dfrac{-\mathrm{j}500}{-\mathrm{j}500 + \mathrm{j}1\,000} \times 100\ \underline{/0°} = 100\ \underline{/180°}\ \text{V}$

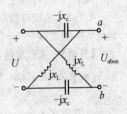

图解 4.24

则 $\dot{U}_{\text{aboc}} = \dot{U}_a - \dot{U}_b = 200 \underline{/0°} - 100 \underline{/180°} = 300 \underline{/0°}$ V

等效阻抗 $Z_{ab} = 2 \times \dfrac{jX_L(-jX_C)}{jX_L - jX_C} = 2 \times \dfrac{j1\,000 \times (-j500)}{j1\,000 - j500} = -j2\,000\ \Omega$

于是 $\dot{I} = \dfrac{\dot{U}_{\text{aboc}}}{Z_{ab} + R} = \dfrac{300\underline{/0°}}{2\,000 - j2\,000} \approx 106\underline{/45°}$ mA

4.6.2 分别用结点电压法和叠加定理计算例 4.6.1 中的电流 I_3。

【解】(1) 结点法求解。选择 b 点为参考点，

$$\left(\dfrac{1}{Z_1} + \dfrac{1}{Z_2} + \dfrac{1}{Z_3}\right)\dot{U}_a = \dfrac{\dot{U}_1}{Z_1} + \dfrac{\dot{U}_2}{Z_2}$$

代入数据, $\dot{U}_a = \dfrac{\dfrac{230\underline{/0°}}{0.1+j0.5} + \dfrac{227\underline{/0°}}{0.1+j0.5}}{\dfrac{1}{0.1+j0.5} + \dfrac{1}{0.1+j0.5} + \dfrac{1}{5+j5}} = 222\underline{/-1.1°}$ V

$\dot{I}_3 = \dfrac{\dot{U}_a}{Z_3} = \dfrac{222\underline{/-1.1°}}{5+j5} = 31.4\underline{/-46.1°}$ A

(2) 用叠加定律求解，由 U_1 单独作用时，如图解 4.25(a)所示，

$$\dot{I}'_3 = \dfrac{\dot{U}_1}{Z_1 + Z_2//Z_3} \cdot \dfrac{Z_2}{Z_2 + Z_3} = \dfrac{\dot{U}_1 Z_2}{Z_1 Z_2 + Z_1 Z_3 + Z_2 Z_3}$$

$$= \dfrac{230\underline{/0°} \times (0.1+j0.5)}{(0.1+j0.5)(0.1+j0.5) + (0.1+j0.5)(5+j5) + (0.1+j5)(5+j5)}$$

$$= \dfrac{230\underline{/0°}}{10.1+j10.5} = \dfrac{230\underline{/0°}}{14.57\underline{/46.1°}} = 15.8\underline{/-46.1°}\ \text{A}$$

仅由 $\dot{U}_2$ 作用时，如图解 4.25(b)所示。

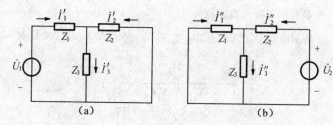

图解 4.25

$$\dot{I}''_3 = \dfrac{\dot{U}_2}{Z_2 + \dfrac{Z_1 Z_3}{Z_1 + Z_3}} \cdot \dfrac{Z_1}{Z_1 + Z_3} = 15.6\underline{/-46.1°}\ \text{A}$$

由叠加定律得 $\dot{I}_3 = \dot{I}'_3 + \dot{I}''_3 = 15.8\underline{/-46.1°} + 15.6\underline{/-46.1°} = 31.4\underline{/-46.1°}$ A

4.7.3 某收音机输入电路的电感约为 0.3 mH，可变电容器的调节范围为 25～360 pF。试问能否满足收听中波段 535～1 605 kHz 的要求。

【分析】当电路谐振频率和电波频率相同时，能收听到信号。

【解】 $f_0 = \dfrac{1}{2\pi\sqrt{LC}}$

上限频率 $f_B = \dfrac{1}{2\pi\sqrt{0.3 \times 10^{-3} \times 25 \times 10^{-12}}} \approx 1\,838$ kHz $> 1\,605$ kHz。

下限频率 $f_L = \dfrac{1}{2\pi\sqrt{0.3\times 10^{-3}\times 360\times 10^{-12}}} \approx 484 \text{ kHz} < 535 \text{ kHz}$。

所以能听听中波段信号。

4.7.4 有一RLC串联电路,它在电源频率 f 为500 Hz时发生谐振。谐振时电流 I 为0.2 A,容抗 X_C 为314 Ω,并测得电容电压 U_C 为电源电压 U 的20倍。试求该电路的电阻 R 和电感 L。

【分析】 根据谐振的定义、品质因数概念求解。

【解】 $Q = \dfrac{U_C}{U} = \dfrac{\omega L}{R} = 20$

谐振时,$\omega L = \dfrac{1}{\omega C} = 314$,

$L = \dfrac{314}{2\pi f} = \dfrac{314}{2\pi\times 500} = 0.1 \text{ H}$

$R = \dfrac{\omega L}{Q} = \dfrac{314}{20} = 15.7 \text{ Ω}$

4.7.5 有一RLC串联电路,接于频率可调的电源上,电源电压保持在10 V,当频率增加时,电流从10 mA(500 Hz)增加到最大值60 mA(1 000 Hz)。试求:(1) 电阻 R、电感 L 和电容 C 的值;(2) 在谐振时电容器两端的电压 U_C;(3) 谐振时磁场中和电场中所储的最大能量。

【分析】 $f = 1\,000$ Hz时发生串联谐振。

【解】 (1) $R = \dfrac{U}{I_0} = \dfrac{10 \text{ V}}{60 \text{ mA}} \approx 167 \text{ Ω}$

当 $f_1 = 500$ Hz 时,

$|Z| = \sqrt{R^2 + \left(\omega_1 L - \dfrac{1}{\omega_1 C}\right)^2} = \dfrac{U}{I} = \dfrac{10}{10\times 10^{-3}} = 1\,000 \text{ Ω}$

$\omega_1 L - \dfrac{1}{\omega_1 C} = \sqrt{|Z|^2 - R^2} = \sqrt{1\,000^2 - 167^2} \approx 986 \text{ Ω}$。

又 $\omega_1 = 2\pi f_1 = 2\pi\times 500$ rad/s

所以有 $\begin{cases} 2\pi\times 500 L - \dfrac{1}{2\pi\times 500 C} = 986 \text{ Ω} \\ f_0 = 1\,000 \text{ Hz} = \dfrac{1}{2\pi\sqrt{LC}} \end{cases} \Rightarrow \begin{matrix} L = 0.105 \text{ H}, \\ C = 0.242 \text{ μF} \end{matrix}$

(2) $U_C = I_0 X_C = 60\times 10^{-3}\times \dfrac{1}{2\pi\times 1\,000\times 0.242\times 10^{-6}} \approx 39.5 \text{ V}$

(3) 电感最大储能应在谐振时,$I = I_{0m}$,

$W_L = \dfrac{1}{2}LI_{0m}^2 = \dfrac{1}{2}\times 0.105\times (6\times 10^{-3})^2 \text{ J} \approx 1.89\times 10^{-4} \text{ J}$

电容最大储能应在谐振时,$U = U_{0m}$,

$W_C = \dfrac{1}{2}CU_{0m}^2 = \dfrac{1}{2}\times 0.242\times 10^{-6}\times (39.5)^2 \text{ J} \approx 1.89\times 10^{-4} \text{ J}$

4.7.6 在图4.23所示的电路中,$R_1 = 5$ Ω。今调节电容 C 值使并联电路发生谐振,并此时测得:$I_1 = 10$ A, $I_2 = 6$ A, $U_Z = 113$ V,电路总功率 $P = 1\,140$ W。求阻抗 Z。

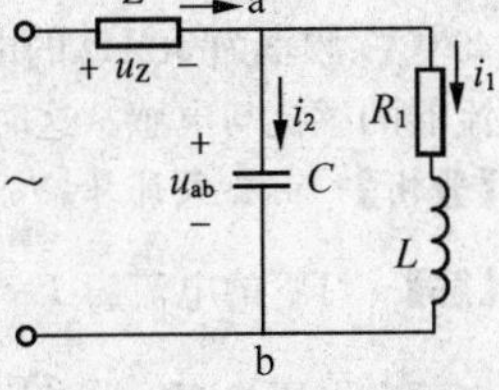

【分析】 并联谐振时,电流达到最小值。I 电流包括谐振电流和外电流。

图 4.23 习题 4.7.6 的图

【解】 由 KCL,$\dot{I} = \dot{I}_2 + \dot{I}_1$,

当谐振时,$\dot{I}_1$ 的无功分量 $I_L = I_2$,总电流 I 的有功分量 I_{R1}。因为 $\dot{I}$ 是有功分量,而 $\dot{I}_2$ 和 $\dot{I}_1$ 中的谐振电

流不作功,所以 $\dot{I}$ 和 $\dot{I_2}$ 应为正交,$I=\sqrt{I_1^2-I_2^2}=\sqrt{10^2-6^2}=8$ A

$|Z|=\dfrac{U_Z}{I}=\dfrac{113}{8}\approx 14.1$ Ω

有功功率 $P=I^2R+I_1^2R_1=8^2R+10^2\times 5=1\,140$ W

$R=(1\,140-500)\times\dfrac{1}{64}=10$ Ω

所以 $X=\pm\sqrt{|Z|^2-R^2}=\pm\sqrt{14.1^2-10^2}\approx\pm 10$ Ω

$Z=10\pm j10$ Ω

4.7.7 电路如图 4.24 所示,已知 $R=R_1=R_2=10$ Ω,$L=31.8$ mH,$C=318$ μF,$f=50$ Hz,$U=10$ V,试求并联支路端电压 U_{ab} 及电路的 P,Q,S 及 $\cos\varphi$。

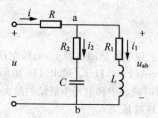

图 4.24 习题 4.7.7 的图

【分析】 先求出总阻抗,再利用功率的公式求解。

【解】 $Z_{ab}=\left(R_2+\dfrac{1}{j\omega C}\right)//(R_1+j\omega L)$

又∵ $X_L=2\pi fL=2\pi\times 50\times 31.8\times 10^{-3}\approx 10$ Ω,$X_C=10$ Ω。

∴ $Z_{ab}=\dfrac{(R_1+jX_L)(R_2-jX_C)}{R_1+jX_L+R_2-jX_C}=\dfrac{(10+j10)(10-j10)}{(10+j10)(10-j10)}=10\underline{/0°}$ Ω

总阻抗 $Z=R+Z_{ab}=20\underline{/0°}$ Ω

$\dot{I}=\dfrac{\dot{U}}{Z}=\dfrac{10\underline{/0°}}{20\underline{/0°}}=0.5\underline{/0°}$ A

$\dot{U}_{ab}=\dot{I}|Z_{ab}|=5\underline{/0°}$ V,

∴ $U_{ab}=5$ V,$\cos\varphi=\cos(\psi_u-\psi_i)=1$

$P=UI\cos\varphi=5$ W

$Q=UI\sin\varphi=0$

$S=UI=5$ VA

4.8.1 今有 40 W 的日光灯一支,使用时灯管与镇流器(可近似地把镇流器看作纯电感)串联在电压为 220 V、频率为 50 Hz 的电源上。已知灯管工作时属于纯电阻负载,灯管两端的电压等于 110 V,试求镇流器的感抗与电感。这时电路的功率因数等于多少?若将功率因数提高到 0.8,应并联多大电容?

【分析】 由公式计算。

【解】 灯管的电流为 $I=\dfrac{P}{U_R}=\dfrac{40}{110}\approx 0.36$ A

电感上电压为 $U_L=\sqrt{U^2-U_R^2}=\sqrt{220^2-110^2}\approx 190$ V

因此,感抗 $X_L=\dfrac{U_L}{I}=\dfrac{190}{0.36}\approx 528$ Ω

电感为 $L=\dfrac{X_L}{2\pi f}=\dfrac{528}{2\pi\times 50}=1.68$ H

功率因数 $\cos\varphi = \dfrac{P}{UI} = \dfrac{40}{220 \times 0.36} \approx 0.5$

并联电容提高功率因数,电容为 $C = \dfrac{P}{2\pi f U^2}(\tan\varphi_1 - \tan\varphi_2) = \dfrac{40}{2\pi \times 50 \times 220^2}[\tan(\arccos 0.5) - \tan(\arccos 0.8)] \approx 2.58\ \mu\text{F}$。

4.8.2 用图 4.25 所示的电路测得无源线性二端网络 N 的数据如下:$U = 220$ V,$I = 5$ A,$P = 500$ W。又知当与 N 并联一个适当数值的电容 C 后,电流 I 减小,而其他读数不变。试确定该网络的性质(电阻性、电感性或电容性)、等效参数及功率因数。$f = 50$ Hz。

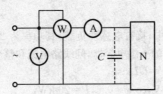

图 4.25 习题 4.8.2 的图

【分析】 由功率公式计算求解。

【解】 网络的性质应属感性。当感性负载并联电容后电路总电流减小,而有功功率及电压均不变。

网络的功率因数 $\cos\varphi = \dfrac{P}{UI} = \dfrac{500}{220 \times 5} \approx 0.45$

阻抗 $|Z| = \dfrac{U}{I} = \dfrac{220}{5} = 44\ \Omega$

电阻 $R = |Z|\cos\varphi = 44 \times 0.45 \approx 20\ \Omega$

等效感抗 $X_L = \sqrt{|Z|^2 - R^2} = \sqrt{44^2 - 20^2} \approx 39.2\ \Omega$

等效电感 $L = \dfrac{X_L}{2\pi f} = \dfrac{29.2}{2\pi \times 50} \approx 0.125$ H

4.8.3 在图 4.26 中,$U = 220$ V,$f = 50$ Hz,$R_1 = 10\ \Omega$,$X_1 = 10\sqrt{3}\ \Omega$,$R_2 = 5\ \Omega$,$X_2 = 5\sqrt{3}\ \Omega$。(1) 求电流表的读数 I 和电路功率因数 $\cos\varphi_1$;(2) 欲使电路的功率因数提高到 0.866,则需要并联多大电容?(3) 并联电容后电流表的读数为多少?

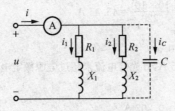

图 4.26 习题 4.8.3 的图

【分析】 先求各支路电流,再求和即是总电流。根据公式计算并联电容 C 的大小。

【解】 (1) 令 $\dot{U} = 220\underline{/0°}$ V,

$\dot{I}_1 = \dfrac{\dot{U}}{R_1 + jX_1} = \dfrac{220\underline{/0°}}{10 + j10\sqrt{3}} = 11\underline{/-60°} = (5.5 - j5.5\sqrt{3})$ A

$\dot{I}_2 = \dfrac{\dot{U}}{R_2 + jX_L} = \dfrac{220\underline{/0°}}{5 + j5\sqrt{3}} = 22\underline{/-60°} = (11 - j11\sqrt{3})$ A

$\dot{I} = \dot{I}_1 + \dot{I}_2 = (5.5 - j5.5\sqrt{3}) + (11 - j11\sqrt{3}) = 16.5 - j16.5\sqrt{3} = 33\underline{/-60°}$ A

所以电流表读数为 33 A,功率因数为 $\cos\varphi_1=\cos(-60°)=0.5$。

(2) 为提高功率因数,并联电容 C 为

$$C=\frac{P}{2\pi fU^2}[\tan(\arccos 0.5)-\tan(\arccos 0.866)]$$

∵ $P=UI\cos\varphi=220\times 33\cos 60°=3\,630$ W,

∴ $C=\frac{3\,630}{2\pi\times 50\times 220^2}\times(1.732-0.577)\approx 276\,\mu F$

(3) 并联 C 后功率因数提高,有功功率及电压不变,电流表读数为 $I=\frac{P}{U\cos\varphi}=\frac{3\,630}{220\times 0.866}\approx 19.1$ A

4.8.4 在 380 V 50 Hz 的电路中,接有电感性负载,其功率为 20 kW,功率因数为 0.6,试求电流。如果在负载两端并联电容值 374 μF 的一组电容器,问线路电流和整个电路的功率因数等于多大?

【分析】 由功率公式计求解。$P=UI\cos\varphi$。

【解】 (1) $P=UI\cos\varphi, U=380$ V, $\cos\varphi=0.6, P=20$ kW,

∴ $I=\frac{P}{U\cos\varphi}=\frac{20\times 10^3}{380\times 0.6}=87.7$ A

(2) 并联电容后电路如图解 4.26 所示。

$\varphi=\arccos 0.6=53.1°$。

$\dot{I}_1=\frac{\dot{U}}{R+jX_L}=87.7\underline{/53.1°}$ A

$\dot{I}_2=\frac{\dot{U}}{-jX_C}=j\omega C\dot{U}=j2\pi fC\dot{U}=j380\underline{/0°}\times 374\times 10^{-6}=44.6\underline{/90°}$ A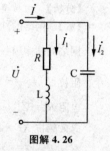

$\dot{I}=\dot{I}_1+\dot{I}_2=87.7\underline{/53.1°}+44.6\underline{/90°}=58.5\underline{/-25.9°}$ A

图解 4.26

而 $\cos\varphi'=\cos(-25.9°)=0.9$

所以电流为 58.5 A,功率因数为 0.9。

4.8.5 某照明电源的额定容量为 10 kV·A,额定电压为 220 V,频率为 50 Hz,今接有 40 W/220 V、功率因数为 0.5 的日光灯 120 支。(1) 试问日光灯的总电流是否超过电源的额定电流?(2) 若并联若干电容后将电路功率因数提高到 0.9,试问这时还可接入多少个 40 W/220 V 的白炽灯?

【解】 (1) 额定电流 $I_N=\frac{P}{U}=\frac{10\times 10^3}{220}=45.45$ A

电灯电流 $I_{灯}=\frac{P'}{U'\cos\varphi}=\frac{40}{220\times 0.5}=0.363$ A

$I_{总}=120\times I_{灯}=43.6$ A <45.45 A,日光灯电流未超过电源额定电流。

(2) 若 $\cos\varphi'=0.9$ 时,

$I_{灯}=\frac{P'}{U\cos\varphi'}=\frac{40}{220\times 0.9}=\frac{40}{198}=0.202$ A

$I_{总}=120\times I_{灯}=120\times 0.202=24.2$ A

$I=\frac{P}{U\cos\varphi'}=\frac{10^4}{220\times 0.9}=50.51$ A

并联电容为 $C=\frac{P}{\omega U^2}(\tan\varphi-\tan\varphi')=821\,\mu F$

$\dot{I}_C=j\omega C\dot{U}=56.715\underline{/96°}$ A

$\dot{I}=\dot{I}_{灯总}+\dot{I}_C=24.2\underline{/25.84°}+56.72\underline{/96°}\Rightarrow|\dot{I}|=24.84$ A

$n=\frac{|I|}{0.202}=\frac{24.84}{0.202}=123$ 个。

4.8.6 某交流电源的额定容量为 10 kV·A、额定电压为 220 V、频率为 50 Hz，接有电感性负载，其功率为 8 kW，功率因数为 0.6。试问：

(1) 负载电流是否超过电源的额定电流？
(2) 欲将电路的功率因数提高到 0.95，需并联多大电容？
(3) 功率因数提高后线路电流多大？
(4) 并联电容后电源还能提供多少有功功率？

【分析】 由功率公式计算求解。

【解】 (1) $I_N = \dfrac{S_N}{U_N} = \dfrac{10 \times 10^3}{220} = 45.45$ A

负载电流 $I_1 = \dfrac{P_1}{U_1 \cos\varphi_1} = \dfrac{8 \times 10^3}{220 \times 0.6} = 60.61$ A

负载电流超过电源额定电流。

(2) 并联电容 C 为

$$C = \dfrac{P}{\omega U^2}(\tan\varphi_1 - \tan\varphi) = \dfrac{8 \times 10^3}{2\pi \times 50 \times 220^2}(\tan(\arccos 0.6) - \tan(\arccos 0.95)) = 532 \ \mu F$$

(3) $I = \dfrac{P_1}{U\cos\varphi} = \dfrac{8 \times 10^3}{220 \times 0.95} = 38.28$ A

(4) 并联电容后有功功率 $P' = UI\cos\varphi = 220$ W。

4.9.1 有一电容元件，$C = 0.01 \ \mu F$，在其两端加一三角波形的周期电压[图 4.27(b)]，(1) 求电流 i；(2) 作出 i 的波形；(3) 计算 i 的平均值及有效值。

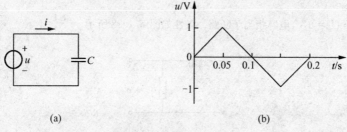

图 4.27 习题 4.9.1 的图

【分析】 根据电容元件伏安关系求解。$i = C\dfrac{du}{dt}$。

【解】 (1) 由题已知电容电压为

$$u = \begin{cases} 20t, & 0 \leq t \leq 0.05 \text{ s} \\ 2 - 20t, & 0.05 \text{ s} \leq t \leq 0.15 \text{ s} \\ -4 + 20t, & 0.15 \text{ s} \leq t \leq 0.2 \text{ s} \end{cases}$$

由 $i = C\dfrac{du}{dt}$ 求得 $i = \begin{cases} 0.2 \ \mu A, & 0 \leq t \leq 0.05 \text{ s} \\ -0.2 \ \mu A, & 0.05 \text{ s} \leq t \leq 0.15 \text{ s} \\ 0.2 \ \mu A, & 0.15 \text{ s} \leq t \leq 0.2 \text{ s} \end{cases}$

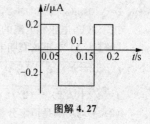

图解 4.27

(2) i 的波形如图解 4.27 所示。

(3) i 的平均值 $I_0 = 0$。有效值 $I = \sqrt{\dfrac{1}{T}\int_0^T i^2(t)dt} = 0.2 \ \mu A$

4.9.2 图 4.28 所示的是一滤波电路，要求四次谐波电流能传送至负载电阻 R，而基波电流不能到达负载。如果 $C = 1 \ \mu F$，$\omega = 1\,000$ rad/s，求 L_1 和 L_2。

【分析】 基波不能到达负载，则 L、C 对基波发生并联谐振。四次谐波能到达负载，则电路对四次谐波发生串联谐振。

【解】 L、C 并联电路对基波发生谐振，则 $\omega L_1 = \dfrac{1}{\omega C} \Rightarrow L_1 = \dfrac{1}{\omega^2 C} = \dfrac{1}{(10^3)^2 \times 10^{-6}} = 1$ H

电路对四次谐波发生谐振，则

$$\dfrac{j\omega_4 L_1 \cdot \dfrac{1}{j\omega_4 C}}{j\omega_4 L_1 + \dfrac{1}{j\omega_4 C}} + j\omega_4 L_2 = 0 \Rightarrow L_2 = \dfrac{L_1}{16\omega_4^2 L_1 C - 1} = 66.7 \text{ mH}$$

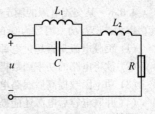

图 4.28 习题 4.9.2 的图

4.9.3 在图 4.29 中，已知输入电压 $u_1 = (6 + \sqrt{2}\sin 6\,280t)$V，若 $R \gg X_C$，试求：(1) 输出电压 u_2；(2) 电容器两端电压，并标出极性。

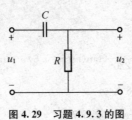

图 4.29 习题 4.9.3 的图

【解】 (1) 因为 $R \gg X_C$，所以电容电压很小，可以认为电阻电压近似输入电压，即 $u_1 = u_C + u_R \approx u_R = u_2 = iR$

$u_2 \approx \sqrt{2}\sin 6\,280t$ V

(2) 电容电压 $U_C = 6$ V，电容相当于断路。极性如图解 4.28 所示。

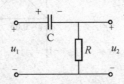

图解 4.28

4.9.4 某电路的电压和电流分别为

$u = (5 + 14.14\sin\omega t + 7.07\sin 3\omega t)$V；

$i = [10\sin(\omega t - 60°) + 2\sin(3\omega t - 135°)]$A

试求：(1) 电压和电流的有效值；(2) 平均功率。

【解】 (1) 非正弦周期电流的有效值等于恒定分量的平方与各次谐波没效值平方之和的平方根

$U = \sqrt{5^2 + (14.14/\sqrt{2})^2 + (7.07/\sqrt{2})^2} = 12.25$ V

$I = \sqrt{(10/\sqrt{2})^2 + (2/\sqrt{2})^2} = 7.2$ A

(2) 平均功率是恒定分量和各正弦谐波分量的平均功率之和。

$P = 5 \times 0 + \dfrac{14.14}{\sqrt{2}} \times \dfrac{10}{\sqrt{2}}\cos 60° + \dfrac{7.07}{\sqrt{2}} \times \dfrac{2}{\sqrt{2}}\cos 135° = 30.35$ W

C 拓宽题

4.4.17 图 4.30 所示是一移相电路。已知 $R = 100$ Ω，输入信号频率为 500 Hz。如要求输出电压 u_2 与输入电压 u_1 间的相位差为 $45°$，试求电容值。同习题 4.4.13 比较，u_2 与 u_1 在相位上(滞后和超前)有何不同？

【解】 $\dot{U}_2 = \dfrac{\dfrac{1}{j\omega C}}{\left(R + \dfrac{1}{j\omega C}\right)} \dot{U}_1 = \dfrac{1}{1+j\omega RC}\dot{U}_1$，$\dot{U}_2$ 和 $\dot{U}_1$ 相位差 $45°$，$\dot{U}_2$ 滞后 $\dot{U}_1$。

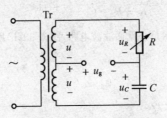

图 4.30 习题 4.4.17 的图

$1+j\omega RC = 1+j$，$\omega RC = 1$，$C = \dfrac{1}{\omega R} \approx 3.18\mu F$

4.4.18 图 4.31 所示的是桥式移相电路。当改变电阻 R 时，可改变控制电压 u_g 与电源电压 u 之间的相位差 θ，但电压 u_g 的有效值是不变的，试证明之。图中的 Tr 是一变压器。

图 4.31 习题 4.4.18 的图

【分析】 利用相量图法求解。

【解】 $\dot{U}_R + \dot{U}_C = 2\dot{U}$，$\dot{U}_R$ 与 $\dot{U}_C$ 相差 $90°$ 相位。

$|\dot{U}_R + \dot{U}_C| = \sqrt{U_R^2 + U_C^2} = |2\dot{U}| = 2U$

所以 $U_R^2 + U_C^2 = (2U)^2$ 满足相量图中，U_R 与 U_C 的公共点在以 $2U$ 为直径的圆上。

KVL：$\dot{U}_g = \dot{U}_R - \dot{U}$

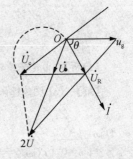

图解 4.29

由相量减法：如图解 4.29 所示，可得 $\dot{U}_g$。θ 为 $\dot{U}_g$ 相位，显然 $U_g = U$，但相位可以变化。

4.6.3 图 4.32 所示的是在电子仪器中常用的电容分压电路。试证明当满足 $R_1 C_1 = R_2 C_2$ 时

$$\dfrac{\dot{U}_2}{\dot{U}_1} = \dfrac{R_2}{R_1+R_2} = \dfrac{C_1}{C_1+C_2}$$

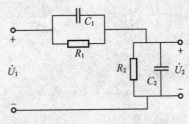

图 4.32 习题 4.6.3 的图

【分析】 利用分压公式，先求 $\dot{U}_2$ 与 $\dot{U}_1$ 之比，再代入已知条件证明。

【解】 $\dfrac{\dot{U}_2}{\dot{U}_1}=\dfrac{R_2 // \dfrac{1}{j\omega C_2}}{R_1 // \dfrac{1}{j\omega C_1}+R_2 // \dfrac{1}{j\omega C_2}}=\dfrac{\dfrac{R_2}{j\omega C_2 R_2+1}}{\dfrac{R_1}{j\omega C_1 R_1+1}+\dfrac{R_2}{j\omega C_2 R_2+1}}$

$=\dfrac{R_2(j\omega C_1 R_1+1)}{R_1(j\omega C_2 R_2+1)+R_2(j\omega C_1 R_1+1)}$

当 $R_1C_1=R_2C_2$ 时,代入上式,有 $\dfrac{\dot{U}_2}{\dot{U}_1}=\dfrac{R_2}{R_1+R_2}$,而 $\dfrac{R_1}{R_2}=\dfrac{C_2}{C_1}$,

所以有 $\dfrac{R_1+R_2}{R_2}=\dfrac{C_2+C_1}{C_1}$,即 $\dfrac{\dot{U}_2}{\dot{U}_1}=\dfrac{R_2}{R_1+R_2}=\dfrac{C_1}{C_1+C_2}$ 得证。

4.7.8 试证明图 4.33(a)所示是一低通滤波电路,图 4.33(b)所示是一高通滤波电路,其中截止频率 $\omega_0=\dfrac{R}{L}$。

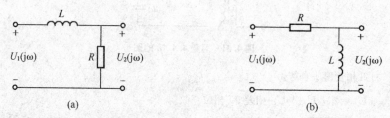

图 4.33 习题 4.7.8 的图

【分析】 由传递函数分析其频率响应。

【解】 (a) 图传递函数为 $T(j\omega)=\dfrac{U_2(j\omega)}{U_1(j\omega)}=\dfrac{R}{R+j\omega L}=\dfrac{1}{1+j\omega\dfrac{L}{R}}=\dfrac{1}{\sqrt{1+\left(\dfrac{\omega L}{R}\right)^2}}\underline{/-\arctan\left(\dfrac{\omega L}{R}\right)}=$

$|T(j\omega)|\underline{/\varphi(j\omega)}$

当 $\omega=0$,$|T(j\omega)|=1$,$\varphi(j\omega)=0$

当 $\omega\to\infty$,$|T(j\omega)|=0$,$\varphi(j\omega)=-90°$

当 $\omega=\omega_0=\dfrac{R}{L}$,$|(j\omega)|=\dfrac{1}{\sqrt{2}}$,$\varphi(j\omega)=-45°$。

由此可知,通频带为 $0\leqslant\omega\leqslant\omega_0$,该电路是低通滤波电路。

(b) 图的传递函数 $T(j\omega)=\dfrac{U_2(j\omega)}{U_1(j\omega)}=\dfrac{j\omega L}{R+j\omega L}=\dfrac{1}{1-j\dfrac{R}{\omega L}}=\dfrac{1}{\sqrt{1+\left(\dfrac{R}{\omega L}\right)^2}}\underline{/\arctan\dfrac{R}{\omega L}}=$

$|T(j\omega)|\underline{/\varphi(j\omega)}$

当 $\omega=0$,$|T(j\omega)|=0$,$\varphi=(j\omega)=90°$

当 $\omega\to\infty$,$|T(j\omega)|=1$,$\varphi(j\omega)=0$

当 $\omega=\omega_0=\dfrac{R}{L}$,$|T(j\omega)|=\dfrac{1}{\sqrt{2}}$,$\varphi(j\omega)=45°$。

由此可知通频带为 $\omega_0\leqslant\omega\leqslant\infty$,该电路是高通滤波电路。

4.7.9 交流放大电路的级间 RC 耦合电路如图 4.34 所示,设 $R=200\ \Omega$,$C=50\ \mu F$。(1)求该电路的通频带范围;(2) 画出其幅频特性;(3) 若减小电容值,对通频带有何影响?

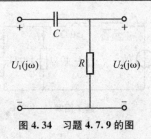

图 4.34 习题 4.7.9 的图

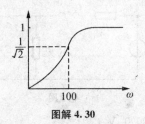

图解 4.30

【解】 (1) $\omega_0 = \dfrac{1}{RC} = 100$,高通滤波电路,通频带为 $\omega_0 \leqslant \omega \leqslant \infty$。

(2) 幅频特性如图解 4.30 所示。

(3) 若减小 C,$\omega_0 = \dfrac{1}{RC}$ 会增大,通频带减小。

4.9.5 有一电容元件,$C = 0.5$ F,今通入一三角形的周期电流 i [图 4.35(b)]。(1) 求电容元件两端电压 u_C;(2) 作出 u_C 的波形;(3) 计算 $t = 2.5$ s 时电容元件电场中储存的能量。设 $u_C(0) = 0$。

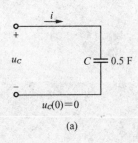

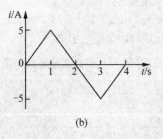

图 4.35 习题 4.9.5 的图

【分析】 电容伏安关系为 $U_C = \dfrac{1}{C}\int i\,dt$

【解】 (1) 电容电流为

$$i = \begin{cases} 5t, & 0 \leqslant t \leqslant 1 \text{ s} \\ 10 - 5t, & 1 \leqslant t \leqslant 3 \text{ s} \\ 5t - 20, & 3 \leqslant t \leqslant 4 \text{ s} \end{cases}$$

由 $u_C = \dfrac{1}{C}\int i\,dt$ 得 $u_C = \begin{cases} 5t^2, & 0 \leqslant t \leqslant 1 \text{ s} \\ -5t^2 + 20t - 10, & 1 \leqslant t \leqslant 3 \text{ s} \\ 5t^2 - 40t + 80, & 3 \leqslant t \leqslant 4 \text{ s} \end{cases}$

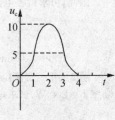

图解 4.31

(2) u_C 波形如图解 4.31 所示。

(3) $W = \dfrac{1}{2}Cu_C^2(t) = \dfrac{1}{2} \times 0.5 \times u^2(2.5) = \dfrac{1}{2} \times 0.5 \times (8.75)^2 = 19.1$ J

4.4 经典习题与全真考题详解

题1 电路如图 1 所示,$R_1 = 20\ \Omega$,$L = 0.5$ H,$R_2 = 40\ \Omega$,$C = 250$ pF,$u_S(t) = 100\sqrt{2}\sin 100t$ V,求各支路电流。

【解】 采用向量法求解正弦稳态电路。先画出相量模型如题 1 图所示。

$\omega L = 100 \times 0.5 = 50\ \Omega$

$\dfrac{1}{\omega C} = \dfrac{1}{100 \times 250 \times 10^{-40}} = 40\ \Omega$

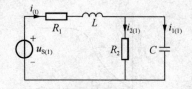
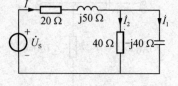

题 1 图　　　　　　　　　　　题 1 图解

设 $\dot{U}_S = 100 \underline{/0°}$ V

此时并联部分的等效阻抗为

$$Z_{eq} = \frac{40 \cdot (-j40)}{j40} = \frac{40 \times 40 \underline{/-90°}}{40\sqrt{2} \underline{/-45°}}$$

$$= 20\sqrt{2} \underline{/-45°} = 20 - j20 \ \Omega$$

事实上，当一个纯电阻元件与一个纯电抗元件并联，且阻抗值相等时，其并联等效阻抗的代数形式中的实部与虚部大小相等，其值为原电阻（或电抗）支路阻抗值的一半，且阻抗性质不变。

此时电路的总阻抗为：

$$Z = R_1 + j\omega L + Z_{eq} = 20 + j50 + 20 - j20$$

$$= 40 + j30 \ \Omega = 50 \underline{/36.9°} \ \Omega$$

由于 $\dot{U}_S = 100 \underline{/0°}$ V，可求得各支路电流相量如下：

$$\dot{I} = \frac{\dot{U}_S}{Z} = \frac{100 \underline{/0°}}{50 \underline{/36.9°}} = 2 \underline{/-36.9°} \ A$$

$$\dot{I}_1 = \frac{40}{40 - j40} \dot{I} = \frac{40}{40\sqrt{2} \underline{/-45°}} \times 2 \underline{/-36.9°} = \sqrt{2} \underline{/8.1°} \ A$$

$$\dot{I}_2 = \frac{-j40}{40 - j40} \dot{I} = \frac{40 \underline{/-90°}}{40\sqrt{2} \underline{/-45°}} \times 2 \underline{/-36.9°} = \sqrt{2} \underline{/-81.9°} \ A$$

因此，可求得各电流相量对应的正弦量表达式

$i_1(t) = 2\sin(100t + 8.1°)$ A

$i_2(t) = 2\sin(100t - 81.9°)$ A

$i(t) = 2\sqrt{2}\sin(100t - 36.9°)$ A

题 2　正弦交流电路如图 2(a)所示，已知 $I_R = 5$ A，$I_L = 3$ A，$I_C = 8$ A，$Z = 2 + j2 \ \Omega$，电路消耗的平均功率 $P = 200$ W，试求电源端电压有效值 U 及电路参数 R、L、C，$f = 50$ Hz

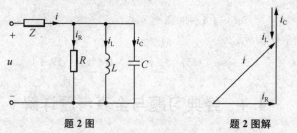

题 2 图　　　　　　　　　　　题 2 图解

【解】 由题 2 图所示电路可见，R、L、C 为并联电路，故电路的电流相量图如题 2 图解所示。

由相量图可得

$$I = \sqrt{I_R^2 + (I_C - I_L)^2} = 5\sqrt{2} \ A$$

当令 $\dot{I}_R = 5 \underline{/0°}$ A 时

$$\dot{I} = 5\sqrt{2} \underline{/45°} \ A$$

根据功率守恒原理,电路消耗的平均功率

$$P = I_R^2 \cdot R + I^2 \cdot \text{Re}[Z]$$

于是可解得

$$R = \frac{P - I^2 \text{Re}[Z]}{I_R^2} = \frac{200 - 50 \times 2}{25} = 4 \ \Omega$$

$$X_L = \frac{I_R}{I_L} R = \frac{20}{3} \ \Omega$$

即 $L = 21.2$ mH

$$X_C = \frac{I_R}{I_C} R = 2.5 \ \Omega$$

即 $C = 1\,274\ \mu\text{F}$,又

$$\dot{U} = \dot{I}Z + \dot{I}_R R = 5\sqrt{2}\underline{/45°} \times 2\sqrt{2}\underline{/45°} + 5\underline{/0°} \times 4$$

$$= 20 + \text{j}20 = 20\sqrt{20}\underline{/45°} \ \text{V}$$

则 $U = 20\sqrt{20}$ V。

题 3 如题 3 图所示,已知 Z_1 吸收功率 $P_1 = 200$ W,功率因数 $\cos\varphi_1 = 0.83$(容性);Z_2 吸收功率 $P_2 = 180$ W,功率因数 $\cos\varphi_2 = 0.5$(感性);Z_3 吸收功率 $P_3 = 200$ W,功率因数 $\cos\varphi_3 = 0.7$(感性),电源电压 $U = 200$ V,频率 $f = 50$ Hz。

求:(1) 电路总电流 I;

(2) 电路总功率因数 $\cos\varphi$;

(3) 欲使整个电路功率因数提高到 0.95,应并联多大的电容 C?

【解】 根据正弦交流电路的功率概念,有

$$Q_1 = P_1 \tan\varphi_1 = 200\tan(-\arccos 0.83) = -134.4 \ \text{Var}$$

$$Q_2 = P_2 \tan\varphi_2 = 180\tan(\arccos 0.5) = 311.8 \ \text{Var}$$

$$Q_3 = P_3 \tan\varphi_3 = 200\tan(\arccos 0.7) = 204 \ \text{Var}$$

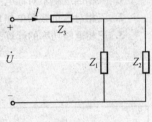

题 3 图

根据正弦功率的守恒关系,有

$$P = P_1 + P_2 + P_3 = 580 \ \text{W}$$

$$Q = Q_1 + Q_2 + Q_3 = 381.4 \ \text{Var}$$

$$S = \sqrt{P^2 + Q^2} = 694.2 \ \text{VA}$$

于是有:

(1) $I = \dfrac{S}{U} = 3.47$ A

(2) $\cos\varphi = \dfrac{P}{S} = 0.84$

(3) 原电路所对应的阻抗角为 $\varphi = \arccos 0.84 = 33.3°$。当电路功率因数提高到 $\cos\varphi_4 = 0.95$ 时,其对应的阻抗角 $\varphi_4 = \arccos 0.95 = 18.2°$。于是

$$C = \frac{P}{\omega U^2}(\tan\varphi - \tan\varphi_4)$$

$$= \frac{580}{314 \times 200^2}(\tan 33.3° - \tan 18.2°)$$

$$= 15.2 \ \mu\text{F}$$

第5章 三相电路

1. 掌握三相四线制电路中单相及三相负载的正确联接。
2. 了解中线的作用。
3. 掌握对称三相交流电路电压、电流和功率的计算。

1. 负载星形联结和三角形联结的三相电路的电压、电流及及功率的计算。
2. 中性线的作用。

1. 三相四线制不对称电路的分析。
2. 三相对称负载和单相负载的组合电路分析。
3. 三相电路功率的计算。

5.1 知识点归纳

三相电路	三相电压	1. 三相交流电的概念 2. 相电压和线电压的大小、相位的关系
	负载星形联结的三相电路	相电流等于线电流 1. 负载对称时的电压,电流和中性线 2. 负载不对称时的电压,电流和中性线 3. 负载不对称且中性线断线的情况
	负载三角形联结的三相电路	负载相电压等于电源线电压
	三相功率	1. 有功功率 2. 无功功率 3. 视在功率

5.2 练习与思考题全解

5.1.1 欲将发电机的三相绕组连成星形时,如果误将 U_2,V_2,W_1 连成一点(中性点),是否也可以产生对称三相电压?

【解】 不可以。因为此时的三个电压为

$u_2 = U_m \sin(\omega t)$

$v_2 = U_m \sin(\omega t - 120°)$

$w_1 = -U_m \sin(\omega t - 240° + 180°) = U_m \sin(\omega t - 60°)$。

三个电动势的大小相等,频率相同,但相位差不相等,所以 $u_2 + v_2 + w_2 \neq 0$,不是对称的三相电压。

第5章 三相电路

5.1.2 当发电机的三相绕组连成星形时,设线电压 $u_{12}=380\sqrt{2}\sin(\omega t-30°)$ V,试写出相电压 u_1 的三角函数式。

【分析】 线电压在相位上比相应的相电压超前30°,大小关系上,$U_L=\sqrt{3}U_P$。

【解】 $u_{12}=380\sqrt{2}\sin(\omega t-30°)$

∴ $\dot{U}_{12}=380\underline{/-30°} \Rightarrow \dot{U}_1=\frac{380}{\sqrt{3}}\underline{/-30°-30°}=\frac{380}{\sqrt{3}}\underline{/-60°}$

∴ $u_1=220\sqrt{2}\sin(\omega t-60°)$ V。

5.2.1 什么是三相负载、单相负载和单相负载的三相连接?三相交流电动机有三根电源线接到电源的 L_1,L_2,L_3 三端,称为三相负载,电灯有两根电源线,为什么不称为两相负载,而称单相负载?

【解】 必须使用三相电源的负载称为三相负载。只需单相电源的负载称单相负载。将单相负载适当分配后接到三相电源的三个相上,称为单相负载的三相连接。因为电灯的两根电源线间只需接入单相电源便能工作,故为单相负载。

5.2.2 在教材图5.2.1的电路中,为什么中性线中不接开关,也不接入熔断器?

【解】 在教材图5.2.1电路中,存在有电动机这样的三相对称负载,还有由灯泡组成的单相负载的三相连接电路,灯泡负载经常处于不对称工作状态。当负载不对称而又没有中性线时,负载的相电压就不对称。当某相电压过高,可能会烧坏灯泡。当某相电压过低,日光灯无法起辉,这是不允许的。因此三相四线制电路中中性线上一般不允许接开关或熔断器。

5.2.3 有220 V/100 W的电灯66个,应如何接入线电压为380 V的三相四线制电路?求负载在对称情况下的线电流。

【解】 可以将66个电灯分为3组,每组22个并联后接入三相电源的一个相的相线与中性线之间,相电压为220 V。负载对称时,线电流为 $I_l=\frac{22\times100}{220}=10$ A。

5.2.4 为什么电灯开关一定要接在相线(火线)上?

【解】 电源的中性点一般接地,而相线对地有电压。对于中性点不接地的三相电源,交流电经输电线与大地间分布电容构成的通路而流过人体,也会触电。因此,开关接在相线上,便于断开开关再对电灯进行维修或更换,否则属于带电操作,造成触电。

5.2.5 在教材图5.2.5中,三个电流都流向负载,又无中性线可流回电源,请解释之。

【解】 电源的相电压对称,负载对称,所以负载相电流也是对称的。

$\dot{I}_N=\dot{I}_1+\dot{I}_2+\dot{I}_3=0$,中性线电流等于零。中性线没有电流通过,所以中性线就不需要。

5.3 习题全解

A 选择题

5.2.1 对称三相负载是指( )。

(1) $|Z_1|=|Z_2|=|Z_3|$ (2) $\varphi_1=\varphi_2=\varphi_3$ (3) $Z_1=Z_2=Z_3$

【分析】 对称三相负载,指各相阻抗相等。

【解】 (3)

5.2.2 在图5.01所示的三相四线制照明电路中,各相负载电阻不等。如果中性线在"×"处断开,后果是( )。

(1) 各相电灯中电流均为零

(2) 各相电灯中电流不变

(3) 各相电灯上电压将重新分配,高于或低于额定值,因此有的不能正常发光,有的可能烧坏灯丝

【解】(3)

5.2.3 在图 5.01 中,若中性线未断开,测得 $I_1=2$ A,$I_2=4$ A,$I_3=4$ A,则中性线中电流为( )。

(1) 10 A (2) 6 A (3) 2 A

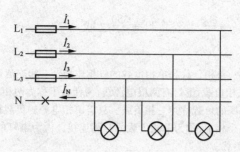

图 5.01 习题 5.2.2、5.2.3 和 5.2.4 的图

【解】(3)

5.2.4 在上题中,中性线未断开,L_1 相电灯均未点亮,并设 L_1 相相电压 $\dot{U}_1=220\underline{/0°}$ V,则中性线电流 $\dot{I}_N$ 为( )。

(1) 0 (2) $8\underline{/0°}$ A (3) $-4\underline{/0°}$ A

【解】(3)

5.3.1 在图 5.02 所示三相电路中,有两组三相对称负载,均为电阻性。若电压表读数为 380 V,则电流表读数为( )。

(1) 76 A (2) 22 A (3) 44 A

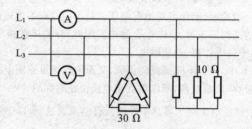

图 5.02 习题 5.3.1 的图

【解】(3)

5.4.1 对称三相电路的有功功率 $P=\sqrt{3}\,U_L I_L\cos\varphi$,其中 φ 角为( )。

(1) 线电压与线电流之间的相位差
(2) 相电压与相电流之间的相位差
(3) 线电压与相电压之间的相位差

【解】(2)

B 基本题

5.2.5 图 5.03 所示的是三相四线制电路,电源线电压 $U_L=380$ V。三个电阻性负载接成星形,其电阻为 $R_1=11\ \Omega$,$R_2=R_3=22\ \Omega$。(1) 试求负载相电压、相电流及中性线电流,并作出它们的相量图;(2) 如无中性线,求负载相电压及中性点电压;(3) 如无中性线,当 L_1 相短路时求各相电压和电流,并作出它们的相量图;(4) 如无中性线,当 L_3 相断路时求另外两相的电压和电流;(5) 在(3),(4)中如有中性线,则又如何?

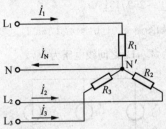

图 5.03 习题 5.2.5 的图

【分析】 负载为星形连接。有中性线时,各相电压对称;无中性线时,则要针对不同情况考虑。

【解】 (1) 有中性线时,各相对称。$U_N=0$,星形联结时,各相电压有效值为 $U_P=\dfrac{U_L}{\sqrt{3}}=\dfrac{380}{\sqrt{3}}=220\text{ V}$。

各相电流 $I_1=\dfrac{U_1}{R_1}=\dfrac{220}{11}=20\text{ A}$,

$I_2=\dfrac{U_2}{R_2}=\dfrac{220}{22}=10\text{ A}$,

$I_3=\dfrac{U_3}{R_3}=\dfrac{220}{22}=10\text{ A}$,

设 $\dot{U}_1=U_1\underline{/0°}\text{V}$,则 $\dot{U}_1=220\underline{/0°}\text{V}$,$\dot{U}_2=220\underline{/-120°}\text{V}$,$\dot{U}_3=220\underline{/120°}\text{V}$。

各相电流为 $\dot{I}_1=20\underline{/0°}\text{A}$,$\dot{I}_2=10\underline{/-120°}\text{A}$,$\dot{I}_3=10\underline{/120°}\text{A}$。

$\dot{I}_N=\dot{I}_1+\dot{I}_2+\dot{I}_3=20\underline{/0°}+10\underline{/-120°}+10\underline{/120°}=10\underline{/0°}\text{A}$。

相量图如图解 5.01(a) 所示。

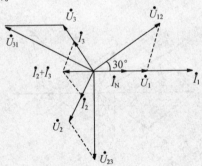

图解 5.01(a)

(2) 无中性线时,结点法求出 NN' 间的电压

$$U_{NN'}=\dfrac{\dfrac{\dot{U}_1}{R_1}+\dfrac{\dot{U}_2}{R_2}+\dfrac{\dot{U}_3}{R_3}}{\dfrac{1}{R_1}+\dfrac{1}{R_2}+\dfrac{1}{R_3}}=\dfrac{\dfrac{220\underline{/0°}}{11}+\dfrac{220\underline{/-120°}}{22}+\dfrac{220\underline{/120°}}{22}}{\dfrac{1}{11}+\dfrac{1}{22}+\dfrac{1}{22}}=55\underline{/0°}\text{V}$$

由 KVL 定理

$\dot{U}'_1=\dot{U}_1-\dot{U}_N=220\underline{/0°}-55\underline{/0°}=165\underline{/0°}\text{V}$

$\dot{U}'_2 = \dot{U}_2 - \dot{U}_N = 220\underline{/-120°} - 55\underline{/0°} = 252\underline{/-131°}$ V

$\dot{U}'_3 = \dot{U}_3 - \dot{U}_N = 220\underline{/120°} - 55\underline{/0°} = 252\underline{/131°}$ V

(3) 无中性线且 L_1 相短路时,如图解 5.01(b)所示,$\dot{U}_1$ 和 $\dot{I}_1$ 为参考相量无中性线,$\dot{U}'_1 = 0$

$\dot{U}'_2 = \dot{U}'_1 + \dot{U}'_{21} = 0 - \dot{U}'_{12} = -\dot{U}_{12}$ (L_1, L_2 之间线电压为 $\dot{U}_{12}$)

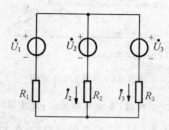

图解 5.01(b)

∵ 线电压 $\dot{U}_{12} = \dot{U}_1 - \dot{U}_2 = \sqrt{3}U_P\underline{/\varphi_1 + 30°}$

∴ $\dot{U}'_2 = \sqrt{3}U_P\underline{/\varphi_1 + 30°} = 380\underline{/-150°}$ V。

同理得 $\dot{U}'_3 = \dot{U}'_1 + \dot{U}'_{31} = \dot{U}'_{31} = \sqrt{3}U_P\underline{/\varphi_3 + 30°} = 380\underline{/150°}$ V

由欧姆定律 $\dot{I}_2 = \dfrac{\dot{U}'_2}{R_2} = \dfrac{380\underline{/-150°}}{22} = 17.3\underline{/-150°}$ A

$\dot{I}_3 = \dfrac{\dot{U}'_3}{R_3} = \dfrac{380\underline{/150°}}{22} = 17.3\underline{/150°}$ A

由 KCL 定律得 $\dot{I}_1 = -(\dot{I}_2 + \dot{I}_3) = -(17.3\underline{/-150°} + 17.3\underline{/150°}) = 30\underline{/0°}$ A

相量图如图解 5.01(c)所示。

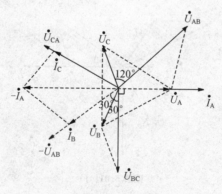

图解 5.01(c)

(4) 无中性线且 L_3 断路时,R_1 和 R_2 串接在线电压 $\dot{U}_{12}$ 上,同(3)分析得

$\dot{I}_1 = -\dot{I}_2 = \dfrac{\dot{U}_{12}}{R_1 + R_2} = \dfrac{380\underline{/30°}}{11 + 22} = 11.5\underline{/30°}$ A

$\dot{U}'_1 = \dot{I}_1 R_1 = 11.5\underline{/30°} \times 11 = 127\underline{/30°}$ V

$\dot{U}'_2 = \dot{I}_2 R_2 = -11.5\underline{/30°} \times 22 = 253\underline{/-150°}$ V。

(5) 如(3)中有中性线，L_1 相短路时电流过大，烧断熔断器熔丝。而对 L_2 和 L_3 相不受影响，电压、电流与(1)中相同。

如(4)中有中性线，L_1 和 L_2 两相不受影响，电压、电流与(1)中相同，而 L_3 相中无电压和电流。

5.2.6 有一次某楼电灯发生故障，第二层和第三层楼的所有电灯突然都暗淡下来，而第一层楼的电灯亮度未变，试问这是什么原因？这楼的电灯是如何连接的？同时又发现第三层楼的电灯比第二层楼的还要暗些，这又是什么原因？画出电路图。

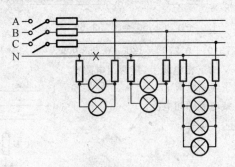

图解 5.02

【解】 由画图如图解 5.02 所示分析。当中性线在图中"×"点位置断开时，接在 A 相的第一层楼不受影响，电灯亮度不变。而分别接在 B 相和 C 相上的二层楼层和三层楼层的电灯串接在线电压上，电灯电压不足 220 V，所以灯暗淡了。若第三层楼开的灯比第二层楼的多，总电阻 $R_C < R_B$，故第三层楼电压 $U_C < U_B$，所以灯更暗。

5.2.7 有一台三相发电机，其绕组接成星形，每相额定电压为 220 V。在一次试验时，用电压表量得相电压 $U_1 = U_2 = U_3 = 220$ V，而线电压则为 $U_{12} = U_{31} = 220$ V，$U_{23} = 380$ V，试问这种现象是如何造成的？

【解】 由 U_1, U_2, U_3 和 U_{23} 可知，L_1 相绕组接反，所以 $\dot{U}_1$ 反相，$\dot{U}_2$ 和 $\dot{U}_3$ 正确。

$$\dot{U}_{12} = -\dot{U}_1 - \dot{U}_2 = -220\underline{/0°} - 220\underline{/-120°} = 220\underline{/120°}\,V$$

$$\dot{U}_{31} = \dot{U}_3 + \dot{U}_1 = 220\underline{/120°} + 220\underline{/0°} = 220\underline{/60°}\,V$$

$$\dot{U}_{23} = \dot{U}_2 - \dot{U}_3 = 220\underline{/-120°} - 220\underline{/120°} = 380\underline{/-90°}\,V$$

5.2.8 在图 5.04 所示的电路中，三相四线制电源电压为 380/220 V，接有对称星形联结的白炽灯负载，其总功率为 180 W。此外，在 L_3 相上接有额定电压为 220 V，功率为 40 W，功率因数 $\cos\varphi = 0.5$ 的日光灯一支。试求电流 $\dot{I}_1, \dot{I}_2, \dot{I}_3$ 及 $\dot{I}_N$。设 $\dot{U}_1 = 220\underline{/0°}$ V。

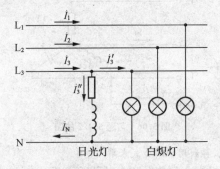

图 5.04 习题 5.2.8 的图

【分析】 白炽灯等效为纯电阻，日光灯等效为电阻和电感的串联组合，二者的功率计算公式不同。

【解】 设 $\dot{U}_1 = 220\angle 0°$ V，对白炽灯负载，每相功率为 60 W，$\dot{I} = \dfrac{P}{\dot{U}}$，

$\dot{I}_1 = \dfrac{60}{220}\angle 0° = 0.273\angle 0°$ A，$\dot{I}_2 = \dfrac{60}{220}\angle -120° = 0.273\angle -120°$ A，$\dot{I}'_3 = \dfrac{60}{220}\angle 120° = 0.273\angle 120°$ A

对于日光灯，电流 $\dot{I}''_3 = \dfrac{P}{U\cos\varphi}\angle 120° + \varphi = \dfrac{40}{220\times 0.5}\angle 120° - \arccos 0.5 = 0.364\angle 60°$ A

KCL: $\dot{I}_3 = \dot{I}'_3 + \dot{I}''_3 = 0.273\angle 120° + 0.364\angle 60° = 0.553\angle 85.30°$ A

而 $\dot{I}_N = \dot{I}_1 + \dot{I}_2 + \dot{I}_3 = 0.273\angle 0° + 0.273\angle -120° + 0.553\angle 85.3° = 0.364\angle 60°$ A。

5.3.2 在线电压为 380 V 的三相电源上，接两组电阻性对称负载，如图 5.05 所示，试求线路电流 I。

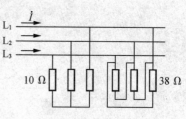

图 5.05 习题 5.3.2 的图

【解】 星形联结的负载，线电流即相电流。

$$I_Y = \dfrac{220}{10} = 22 \text{ A}$$

相位与相电压同相。

△形联结的负载，相电流为 $\dot{I}_{P\triangle} = \dfrac{380\angle 0°}{38} = 10\angle 0°$ A，

线电流与相电流大小关系为 $I_\triangle = \sqrt{3} I_{P\triangle} = 10\sqrt{3}$ A，相位上线电流滞后相电流 30°，而相电压滞后于线电压 30°，所以 I_Y 与 $I_\triangle$ 同相，

$I = I_Y + I_\triangle = 22 + 10\sqrt{3} = 39.3$ A。

5.4.1 有一三相异步电动机，其绕组接成三角形，接在线电压 $U_L = 380$ V 的电源上，从电源所取用的功率 $P_1 = 11.43$ kW，功率因数 $\cos\varphi = 0.87$，试求电动机的相电流和线电流。

【分析】 由有功功率公式求出线电流，再求相电流。

【解】 由 $P = \sqrt{3} U_L I_L \cos\varphi$ 计算，

$I_L = \dfrac{P}{\sqrt{3} U_L \cos\varphi} = \dfrac{11.43\times 10^3}{\sqrt{3}\times 380\times 0.87} \approx 20$ A

$I_P = \dfrac{1}{\sqrt{3}} I_L \approx 11.5$ A

5.4.2 在图 5.06 中，电源线电压 $U_L = 380$ V。(1) 如果图中各相负载的阻抗模都等于 10 Ω，是否可以说负载是对称的？(2) 试求各相电流，并用电压与电流的相量图计算中性线电流。如果中性线电流的参考方向选定得同电路图上所示的方向相反，则结果有何不同？(3) 试求三相平均功率 P。

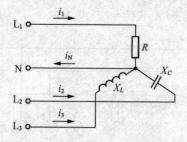

图 5.06 习题 5.4.2 的图

【分析】 先求出各相电流，再利用功率公式求解。

【解】 (1) 负载的阻抗模相等，但辐角不相同。所以负载不对称。

(2) $\dot{U}_{P1}=\dfrac{U_L}{\sqrt{3}}\underline{/0°}=220\underline{/0°}\text{V}$，则 $\dot{U}_{P2}=220\underline{/-120°}\text{V}, \dot{U}_{P3}=220\underline{/120°}\text{V}$。

$\dot{I}_1=\dfrac{\dot{U}_{P1}}{R}=\dfrac{220\underline{/0°}}{10}=22\underline{/0°}\text{A}, \dot{I}_2=\dfrac{\dot{U}_{P2}}{-\text{j}X_C}=\dfrac{220\underline{/-120°}}{-\text{j}10}=22\underline{/-30°}\text{A}$，

$\dot{I}_3=\dfrac{\dot{U}_3}{\text{j}X_C}=\dfrac{220\underline{/120°}}{\text{j}10}=22\underline{/30°}\text{A}$。

∴ $\dot{I}_N=\dot{I}_1+\dot{I}_2+\dot{I}_3=22\underline{/0°}+22\underline{/-30°}+22\underline{/30°}=22\sqrt{3}+22=60.1\underline{/0°}\text{A}$

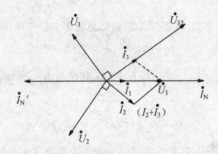

图解 5.03

画相量图如图解 5.03 所示。

如果中性线电流的参考方向与电路图上所示的方向相反，说明 $\dot{I}_N$ 的相位差为 180°，$I'_N=60.1\underline{/180°}\text{A}$。

(3) 由于 $U_1=U_2=U_3, I_1=I_2=I_3$，于是三相平均功率 $P=U_1I_1=220\times 22=4\,840\text{ W}$。

5.4.3 在图 5.07 中，对称负载接成三角形，已知电源电压 $U_L=220\text{ V}$，电流表读数 $I_L=17.3\text{ A}$，三相功率 $P=4.5\text{ kW}$，试求：(1) 每相负载的电阻和感抗；(2) 当 L_1L_2 相断开时，图中各电流表的读数和总功率 P；(3) 当 L_1 线断开时，图中各电流表的读数和总功率 P。

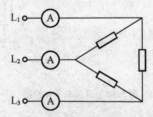

图 5.07 习题 5.4.3 的图

【解】 (1) 负载为三角形联结

相电流 $I_P=\dfrac{1}{\sqrt{3}}I_L=\dfrac{1}{\sqrt{3}}\times 17.3\approx 10\text{ A}$

由功率公式 $P=\sqrt{3}U_LI_L\cos\varphi$ 得功率因数为

$\cos\varphi=\dfrac{P}{\sqrt{3}U_LI_L}=\dfrac{4.5\times 10^3}{\sqrt{3}\times 220\times 17.3}=0.683$

由于三负载对称，负载相电压与电源线电压相等，

所以 $|Z|=\dfrac{U_P}{I_P}=\dfrac{U_L}{I_P}=\dfrac{220}{10}=22\ \Omega$

∵ $Z=R+\text{j}X_L$，

∴ $R=|Z|\cos\varphi=22\times 0.683=15\ \Omega$

$X_L = |Z|\sin\varphi = 22\times\sin(\arccos 0.683) = 16.1\ \Omega$

(2) L_1L_2 相断开时,

$I_{L_1} = \dfrac{U_{L_1L_2}}{|Z|} = \dfrac{U_{L_3}}{|Z|} = \dfrac{220}{20} = 10$ A

$I_{L_2} = 10$ A

以 $\dot{I}_{L_1}$ 为参考相量,$\dot{I}_{L_2} = \dot{I}_{L_1}\underline{/60°}$,

$\dot{I}_{L_3} = \dot{I}_{L_1} + \dot{I}_{L_2} = \dfrac{\sqrt{3}}{2}\dot{I}_{L_1}\times 2 = \sqrt{3}\dot{I}_{L_1} = 17.3$ A

L_2 和 L_3 相相电压、相电流不变,功率也不变,所以总功率 $P = \dfrac{2}{3}P_0 = \dfrac{2}{3}\times 4.5 = 3$ kW

(3) 当 L_1 线断开时,$I_{L_1} = 0$。

$Z_{L_1L_2}$ 与 $Z_{L_3L_1}$ 串联接在 $U_{L_2L_3}$ 上,电流为 $\dfrac{1}{2}I_P = 5$ A,相位与 $I_{L_2L_3}$ 同相。

$I_{L_1} = I_{L_2} = 15$ A。

总功率为 $P = I_P^2 R + \left(\dfrac{1}{2}I_P\right)^2 \times 2R = 10^2\times 15 + 5^2\times 30 = 2\ 250$ W

5.4.4 在图 5.08 所示电路中,电源线电压 $U_L = 380$ V,频率 $f = 50$ Hz,对称电感性负载的功率 $P = 10$ kW,功率因数 $\cos\varphi_1 = 0.5$。为了将线路功率因数提高到 $\cos\varphi = 0.9$,试问在两图中每相并联的补偿电容器的电容值各为多少?采用哪种方式(三角形联结或星形联结)较好?[提示:每相电容 $C = \dfrac{P(\tan\varphi_1 - \tan\varphi)}{3\omega U^2}$,式中,$P$ 为三相功率(W),U 为每相电容上所加电压]

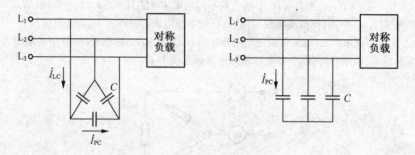

图 5.08 习题 5.4.4 的图

【分析】 三角形联结的负载,$U_P = U_L$。

【解】 对于习题 5.4.4 图(a)所示电路,

$C = \dfrac{P}{3\omega U_L^2}(\tan\varphi_1 - \tan\varphi) = \dfrac{10\times 10^3}{3\times 2\pi\times 50\times 380^2}[\tan(\arccos 0.5) - \tan(\arccos 0.9)] \approx 92\ \mu F$

对题 5.4.4 图(b)所示电路,

$C = \dfrac{P}{3\omega U_P^2}(\tan\varphi_1 - \tan\varphi) = \dfrac{10\times 10^3}{3\times 2\pi\times 50\times 220^2}[\tan(\arccos 0.5) - \tan(\arccos 0.9)] \approx 274\ \mu F$

显然,采用三角形连接能节省电容器,但电容器的额定电压应选得较高些。

C 拓宽题

5.2.9 图 5.09 所示是两相异步电动机(见第 9 章)的一种电源分相电路,O 是铁心线圈的中心抽头。试用相量图说明 $\dot{U}_{12}$ 和 $\dot{U}_{O3}$ 之间相位差为 $90°$。

第 5 章 三相电路

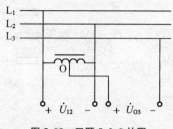

图 5.09 习题 5.2.9 的图

图解 5.04

【解】 KVL：$\dot{U}_{O3} = \frac{1}{2}\dot{U}_{12} + \dot{U}_{23} = \frac{1}{2}U_L\underline{/0°} + U_L\underline{/-120°} = -j0.866U_L = 0.866U_L\underline{/90°}$ V

相量图如图解 5.04 所示。

5.2.10 图 5.10 所示是小功率星形对称电阻性负载从单相电源获得三相对称电压的电路。已知每相负载电阻 $R=10\ \Omega$，电源频率 $f=50$ Hz，试求所需的 L 和 C 的数值。

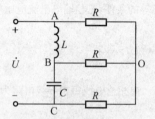

图 5.10 习题 5.2.10 的图

【分析】 负载为星形联结时，$I_P = I_L$，$\dot{I}_1 = I_1\underline{/0°} = I_P\underline{/0°}$，$\dot{I}_2 = \dot{I}_P\underline{/120°}$，$\dot{I}_3 = \dot{I}_P\underline{/-120°}$。

【解】 令 $\dot{U}_{1O} = U_{1O}\underline{/0°} = I_1R\underline{/0°}$，$\dot{U}_{2O} = I_1R\underline{/-120°}$，$\dot{U}_{3O} = I_1R\underline{/120°}$

而 $\dot{U}_{12} = \sqrt{3}I_1R\underline{/30°}$，$\dot{U}_{23} = \sqrt{3}I_1R\underline{/-90°}$，

$\dot{I}_2 = \dfrac{\dot{U}_{12}}{jX_L} - \dfrac{\dot{U}_{23}}{-jX_C} = \dfrac{\sqrt{3}I_1R\underline{/30°}}{jX_L} - \dfrac{\sqrt{3}I_1R\underline{/-90°}}{-jX_C} = \dfrac{\sqrt{3}R}{X_L}\underline{/-60°} - \dfrac{\sqrt{3}R}{X_C}\underline{/0°}$

$= \dfrac{\sqrt{3}R}{X_L} \times 0.5 - j\dfrac{\sqrt{3}R}{X_L} \times 0.866 - \dfrac{\sqrt{3}R}{X_C}$

又因为 $I_1R\underline{/-120°}\dfrac{1}{R} = I_1\underline{/-120°}$，于是 $\dfrac{\sqrt{3}R}{X_L}\cdot\dfrac{1}{2} - \dfrac{\sqrt{3}R}{X_C} - j\dfrac{\sqrt{3}R}{X_L}\cdot\dfrac{\sqrt{3}}{2} = -0.5 - j0.86$。因为复数的实部、虚部相等，有 $\dfrac{\sqrt{3}}{X_L}R\cdot\dfrac{\sqrt{3}}{2} = 0.866 \Rightarrow X_L = \sqrt{3}R = 10\sqrt{3}\ \Omega$

$\dfrac{\sqrt{3}}{X_L}R\cdot\dfrac{1}{2} - \dfrac{\sqrt{3}R}{X_C} = -0.5 \Rightarrow X_C = \sqrt{3}R = 10\sqrt{3}\ \Omega$

∴ $L = \dfrac{X_L}{\omega} = \dfrac{10\sqrt{3}}{2\pi\times50} \approx 55$ mH，$C = \dfrac{1}{\omega X_C} = \dfrac{1}{2\pi\times50\times10\sqrt{3}} \approx 184\ \mu$F

5.4.5 在图 5.11 所示电路中，已知电源线电压 $U_L = 380$ V，三角形三相对称负载每相阻抗 $Z = (3+j6)\ \Omega$，输电线线路阻抗 $Z_l = (1+j0.2)\ \Omega$。试计算：(1) 三相负载的线电流和线电压；(2) 三相电源输出的平均功率。

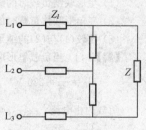

图 5.11 习题 5.4.5 的图

【解】 将三角形对称负载变换为 Y 型负载，如图解 5.05 所示。

Y 型等效阻抗 $Z' = \dfrac{Z}{3} = 1+j2\ \Omega$

每一相阻抗 $Z = Z_l + Z' = 2 + j2.2\ \Omega$

计算其中一相电流 $I = \dfrac{U}{|Z_l + Z'|} = \dfrac{220}{\sqrt{2^2 + 2.2^2}} = 74\ A$

$u_{A'N'} = I \cdot Z' = 74 \times |1+j2| = 165.5\ V$

$u_{A'B'} = \sqrt{3}\, u_{A'N'} = 286.6\ V$

输出的平均功率 $P = 3u_{A'N'} \cdot I \cdot \cos\varphi = 3 \times 286.6 \times 74 \times \dfrac{1}{\sqrt{1+2^2}} = 28.5\ kW$

图解 5.05

5.4.6 如果电压相等,输送功率相等,距离相等,线路功率损耗相等,则三相输电线(设负载对称)的用铜量为单相输电线的用铜量的 3/4。试证明之。

【分析】 电阻公式 $R = \rho \dfrac{l}{s}$。先求出三相与单相输电线之间电阻关系,再利用电阻率公式求得二导线横截面积之间的关系,从而得到体积。

【解】 在电压相等和输送功率相等的条件下,三相输电电流应比单相输电电流大 $\sqrt{3}$ 倍。

三相功率 $P = \sqrt{3}\, UI_L\cos\varphi$,

$$P_3 = \sqrt{3}\, UI_L\cos\varphi = 3P_{\text{单}} = 3UI_P\cos\varphi$$

$$I_L = \sqrt{3}\, I_P$$

令三相输电线每根导线电阻为 R_1,单相输电线每根导线电阻为 R_2,则线路功率损失分别为:

三相输电:$3I_L^2 R_1 = 3(\sqrt{3}\,I_P)^2 R_1$

单相输电:$6I_P^2 R_2$

$9I_P^2 R_1 = 6I_P^2 R_2$

故有 $R_1 = \dfrac{2}{3} R_2$

由电阻率公式 $R_1 = \rho \dfrac{l}{S_1}, R_2 = \rho \dfrac{l}{S_2}$

$S_1 = 1.5 S_2$

三相导线体积为 V_1,单相所有铜导线体积 V_2,

$$\dfrac{V_1}{V_2} = \dfrac{3S_1 l}{6 S_2 l} = \dfrac{S_1}{2S_2} = \dfrac{1.5 S_2}{2S_2} = \dfrac{3}{4}$$

5.4 经典习题与全真考题详解

题 1 对称三相电路中,电源线电压 $U_1 = 380\ V$,负载阻抗为 $Z = 40 + j30\ \Omega$。求:
(1) 星形联结负载时的线电流及吸收的总有功功率;
(2) 三角形联接负载时的相电流、线电流及吸收的总有功功率;
(3) 比较(1)与(2)的结果能得到什么结论?

【解】 (1) 当负载星形联接时,其负载端的相电压

$$U_P = \dfrac{U_1}{\sqrt{3}} = 220\ V$$

负载的相电流

$$I_P = \dfrac{U_P}{|Z|} = \dfrac{220}{50} = 4.4\ A$$

负载星形联接时,线电流与相电流相等,则

$I_L = I_P = 4.5$ A

此时负载吸收的总有功功率为：

$P = \sqrt{3} U_l I_L \cos\varphi_1 = \sqrt{3} \times 380 \times 4.4 \times 0.8$
$= 2\ 317$ W

(2) 当负载三角形联接时，其负载端的相电压

$U_P = U_l = 380$ V

负载的相电流

$I_P = \dfrac{U_P}{|Z|} = \dfrac{380}{50} = 7.6$ A

则线电流

$I_L = \sqrt{3} I_P = 13.2$ A

此时负载吸收的总有功功率

$P = \sqrt{3} U_l I_L \cos\varphi_1 = \sqrt{3} \times 380 \times 13.2 \times 0.8$
$= 6\ 951$ W

(3) 比较以上所得结果，可以看出同一组阻抗三角形连接时所消耗的功率是其作星形连接时所消耗功率的 3 倍。

题 2 某台三相电动机的功率为 2.5 kW，功率因数 $\cos\varphi = 0.866$，线电压 $U_l = 380$ V（对称）如题 2 图所示，求两个功率表的度数。

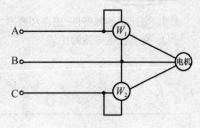

题 2 图

【解】 要求功率表的读数，只要求出有关的电压、电流相量即可。因为三相电动机为对称三相负载，所以

$I_1 = \dfrac{P}{\sqrt{3} U_l \cos\varphi} = \dfrac{2\ 500}{\sqrt{3} \times 380 \times 0.866} = 4.39$ A

$\varphi = \arccos 0.866 = 30°$

设 $U_{AN} = 220 \underline{/0°}$ V，得

$\dot{I}_A = 4.39 \underline{/-30°}$ A, $\dot{U}_{AB} = 380 \underline{/30°}$ V,

$\dot{I}_C = \dot{I}_A \underline{/120°} = 4.39 \underline{/90°}$ A

$\dot{U}_{CB} = -\dot{U}_{BC} = -\dot{U}_{AB} \underline{/-120°} = 380 \underline{/90°}$ V

于是功率表的读数分别为：

$P_1 = U_{AB} I_A \cos(\varphi_{u_{AB}} - \varphi_{i_A}) = 380 \times 4.39 \times \cos 60° = 834.1$ W
$P_2 = U_{CB} I_C \cos(\varphi_{u_{CB}} - \varphi_{i_C}) = 380 \times 4.39 \times \cos 0° = 1\ 668.2$ W
$P = P_1 + P_2 = 2\ 502.3$ W

与给定的 2.5 kW 基本相符。误差是由计算引起的。

第6章 磁路与铁心线圈电路

1. 了解磁路的基本概念,了解交流铁心线圈电路的基本电磁关系。
2. 了解变压器的基本结构、工作原理、额定值的意义、外特性及绕组的同极性端。

1. 磁场的基本物理量,磁性物质的磁性能。
2. 交流铁心线圈功率损耗。
3. 变压器的变换功能。

1. 变压器的外特性、损耗和效率。
2. 交直流电磁铁的比较。

6.1 知识点归纳

磁路与铁心线圈电路	磁路及其分析方法	1. 磁场的基本物理量 2. 磁性材料的磁性能 3. 磁路的分析方法
	交流铁心线圈电路	1. 电磁关系 2. 电压电流关系 3. 功率损耗
	变压器	1. 工作原理 2. 变换功能(变电压、变电流、变阻抗) 3. 变压器的外特性 4. 变压器的损耗与效率 5. 特殊变压器 6. 变压器绕组的极性
	电磁铁	1. 电磁铁的结构 2. 直流电磁铁和交流电磁铁的比较

6.2 练习与思考全解

6.2.1 将一个空心线圈先后接到直流电源和交流电源上,然后在这个线圈中插入铁心,再接到上述的直流电源和交流电源上。如果交流电源电压的有效值和直流电源电压相等,在上述四种情况下,试比较通过线圈的电流和功率的大小,并说明其理由。

【解】 接到直流时,

第6章 磁路与铁心线圈电路

对于空心线圈,电流为 $I=\dfrac{U}{R}$,功率为 $P=I^2R$

插入铁心后,$I=\dfrac{U}{R}$,$P=I^2R$,电流和功率都没有变化。

接到交流时,

对于空心线圈,$i=\dfrac{u}{\sqrt{R^2+X_L^2}}$,电流小于接入直流时。

插入铁心后,由楞次定理,因为磁通增大,感抗 X_L 增大,且存在磁滞,涡流损失,使电路电阻也增大,所以电流大大减小,功率也减小。

6.2.2 如果线圈的铁心由彼此绝缘的钢片在垂直磁场方向叠成,是否也可以?

【解】 不可以。因为绝缘的钢片不能隔断涡流,故钢片之间仍有涡流损失,所以不能减小涡流损耗。

6.2.3 空心线圈的电感是常数,而铁心线圈的电感不是常数,为什么?如果线圈的尺寸、形状和匝数相同,有铁心和没有铁心时,哪个电感大?铁心线圈的铁心在达到磁饱和和尚未达到磁饱和状态时,哪个电感大?

【解】 电感 $L=\dfrac{\mu S N^2}{l}$,空心线圈的介质磁导率为常数 μ_0 铁心线圈中介质磁导率 $\mu=\mu_r \cdot \mu_0$,是一个变量,所以铁心线圈电感不是常数。有铁心时,$\mu \geqslant \mu_0$,电感大。当铁心达到饱和时磁导率大大下降,因此电感也减小。

6.2.4 分别举例说明剩磁和涡流的有利一面和有害一面。

【解】 利用铁心有剩磁,可制造永久磁铁,如永磁直流电机。若剩磁过大,会对交流电机和电器设备产生磁滞损失。

交流铁心线圈中有涡流损耗,引起铁心发热,影响电机电器工作性能。利用涡流的热效应来冶炼金属是涡流有利的一面。

6.2.5 铁心线圈中通过直流,是否有铁损耗?

【解】 直流电磁铁不存在铁心的磁滞和涡流损耗,无铁损。

6.3.1 有一空载变压器,一次侧加额定电压 220 V,并测得一次绕组电阻 $R_1=10\ \Omega$,试问一次侧电流是否等于 22 A?

【解】 变压器主磁电动势 E_1 远大于一次绕组的电阻和感抗两端的压降,$U_1 \approx E_1$。

电流 $I_1=\dfrac{U_1}{R_1}=\dfrac{220}{10}=22$ A

6.3.2 如果变压器一次绕组的匝数增加一倍,而所加电压不变,试问励磁电流将有何变化?

【解】 $U_1 \approx 4.44 f N_1 \Phi_m$,当 U_1 不变,N_1 增加一倍则磁通 Φ_m 减小 $\dfrac{1}{2}$,那么励磁电流也减小。由于磁化曲线是非线性的,所以电流减小将大于 $\dfrac{1}{2}$,减小为原来的 $\dfrac{1}{4}$。

6.3.3 有一台电压为 220/110 V 的变压器,$N_1=2\,000$,$N_2=1\,000$。有人想省些铜线,将匝数减为 400 和 200,是否也可以?

【解】 $U_1 \approx 4.44 f N_1 \Phi_m$;$U_2 \approx 4.44 f N \Phi_m$。若将 N_1 和 N_2 减小至原来的 $\dfrac{1}{5}$,那么磁通将增加 5 倍,因此励磁电流也将大大增加,但因磁路饱和,电流将超过额定值而烧坏绝缘体。

6.3.4 变压器的额定电压为 220/110 V,如果不慎将低压绕组接到 220 V 电源上,试问励磁电流有何变化?后果如何?

【解】 变压器 $U_1=4.44 f N_1 \Phi_m$ 对应 220 V;$U_2=4.44 f N_2 \Phi_m$ 对应 110 V。$N_2=\dfrac{N_1}{2}$。若低电压绕

组接在 220 V 电源上，$N_2=N_1/2$，$U_2=220$ V，此时 $\Phi'_m=2\Phi_m$，磁路饱和，励磁电流大大增加，烧坏低压绕组。

6.3.5 变压器铭牌上标出的额定容量是"千伏安"，而不是"千瓦"，为什么？额定容量是指什么？

【解】 额定容量表示电压器能输出的视在功率 S_N。"千伏·安"是 S_N 单位，它等于额定电压与额定电流的乘积。

6.3.6 某变压器的额定频率为 60 Hz，用于 50 Hz 的交流电路中，能否正常工作？试问主磁通 Φ_m、励磁电流 I_0、铁损耗 ΔP_{Fe}、铜损耗 ΔP_{Cu} 及空载时二次侧电压 U_{20} 等各量与原来额定工作时比较有无变化？设电源电压不变。

【解】 变压器的额定频率为 60 Hz，用于 50 Hz 的交流电路中不能正常工作。与额定工作时相比，主磁通 Φ_m 变大，励磁 I_0 变大，铁损 ΔP_{Fe} 下降，铜损 ΔP_{Cu} 变大，空载时二次侧电压 U_{20} 不变。

6.3.7 用测流钳测量单相电流时，如把两根线同时钳入，测流钳上的电流表有何读数？

【解】 因两根线的电流方向相反，产生的磁通互相抵消，所以电流表上没有读数。

6.3.8 用测流钳测量三相对称电流(有效值为 5 A)，当钳入一根线、两根线及三根线时，试问电流表的读数分别为多少？

【解】 由三相电流的相量图可求解，如图解 6.01 所示。

(1) 当测一根线时，线电流为 5 A，示数为 5 A。

(2) 当测二根线时，两线电流大小为 5 A，相位差为 120°，$\dot{I}_1+\dot{I}_2=\dot{I}_1\underline{/-60°}$，示数为 5 A。

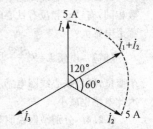

图解 6.01

(3) 当测三根线时，$\dot{I}_1+\dot{I}_2+\dot{I}_3=0$。

6.3.9 如错误地把电源电压 220 V 接到调压器的 4,5 两端(教材图 6.3.11)，试分析会出现什么问题？

【解】 调压器的 4,5 端是输出端，若将 220 V 电源接在 4,5 端，则将造成电源短路。若调压器手轮不在零位，则可能因绕组过电压而烧坏调压器。接在原边的设备也可能因过压而烧坏。

6.3.10 调压器用毕后为什么必须转到零位？

【解】 若调压器手轮不在零位，则调压器将带负载断电，可能会产生过渡过程，引起电路过压或过电流。在下次使用时，也有可能会使设备过电压。

6.4.1 在电压相等(交流电压指有效值)的情况下，如果把一个直流电磁铁接到交流上使用，或者把一个交流电磁铁接到直流上使用，将会发生什么后果？

【解】 如果把一直流电磁铁接到交流上使用，则励磁电流和磁通及吸力会大大减小，电磁铁吸合不上。如果把交流电接到直流电源上使用，则励磁电流会大大增加，犹如电路短路，会烧坏线圈。

6.4.2 交流电磁铁在吸合过程中气隙减小，试问磁路磁阻、线圈电感、线圈电流、铁心中磁通的最大值以及吸力(平均值)将作何变化(增大、减小、不变或近于不变)？

【解】 磁阻为 $R_{m_0}=\dfrac{\delta}{\mu_0 S}$，当 δ 减小，R_{m_0} 减小。

由 $U=4.44fN_2\Phi_m$ 的定义知，U 不变，则 Φ_m 也不变。

由 $\Phi_m=\dfrac{IN}{R_{m_0}+R_m}$ 知，Φ_m 不变，则 R_{m_0} 减小时 I 也减小。

线圈电感 $L=N\dfrac{d\Phi}{di}$，i 减小，Φ 不变，则 L 增大。

6.4.3 直流电磁铁在吸合过程中气隙减小，试问磁路磁阻、线圈电感、线圈电流、铁心中磁通以及吸力将作何变化？

【解】 直流电磁铁的励磁电流不因气隙的大小而变。气隙减小则 $R_{m_0}=\dfrac{\delta}{\mu_0 S}$ 减小。IN 不变，则磁

通 $\Phi_m = \dfrac{IN}{R_{m_0}+R_m}$ 增大,线圈电感 $L=\dfrac{d\Phi}{di}$ 增大。

6.4.4 有一交流电磁铁,其匝数为 N,交流电源电压的有效值为 U,频率为 f,分析以下几种情况下吸力 F 如何变化?设铁心磁通不饱和。

(1) 电压 U 减小, f 和 N 不变;

(2) 频率 f 增加, U 和 N 不变;

(3) 匝数 N 减少, U 和 f 不变。

【解】 $U=4.44fN\Phi_m$,吸力平均值为 $F=\dfrac{10^7}{16\pi}B_m^2 A$。

(1) U 减小, f 和 N 不变,则 F 减小

(2) f 增加, U 和 N 不变, F 不变

(3) N 减小, U 和 f 不变, F 减小

6.4.5 额定电压为 380 V 的交流接触器,误接到 220 V 的交流电源上,试问吸合时磁通 Φ_m(或 B_m)、电磁吸力 F、铁损耗 ΔP_{Fe} 及线圈电流 I 有何变化?反过来,将 220 V 的交流接触器误接到 380 V 的交流电源上,则又如何?

【解】 根据 $U=4.44fN\Phi_m$ 可知,若误接 220 V 电源,磁通将减小为 $\dfrac{1}{\sqrt{3}}$,吸力 $F=\dfrac{10^7}{16\pi}\dfrac{\Phi_m^2}{S_0} \approx \dfrac{1}{3}\dfrac{10^7}{16\pi}\dfrac{\Phi_m^2}{S_0}$ 也将大大减小,从而吸合不上。铁损耗 ΔP_{Fe} 也因磁通的减小而减小。线圈电流 I 也减小。反之,若将 220 V 交流接触器误接 380 V 交流电源上,磁通 Φ_m 将大大增加至原来的 $\sqrt{3}$ 倍,磁路饱和,励磁电流大大增加, ΔP_{Fe} 也大大增加,烧坏电磁铁。

6.3 习题全解

A 选择题

6.1.1 磁感应强度的单位是(   )。

(1) 韦[伯](Wb)　(2) 特[斯拉](T)　(3) 伏秒(V·s)

【解】 (2)

6.1.2 磁性物质的磁导率 μ 不是常数,因此(   )。

(1) B 与 H 不成正比　(2) Φ 与 B 不成正比　(3) Φ 与 I 成正比

【解】 (1)

6.2.1 在直流空心线圈中置入铁心后,如在同一电压作用下,则电流 I(   ),磁通 Φ(   ),电感 L(   )及功率 P(   )。

电流:(1) 增大　(2) 减小　(3) 不变

磁通:(1) 增大　(2) 减小　(3) 不变

电感:(1) 增大　(2) 减小　(3) 不变

功率:(1) 增大　(2) 减小　(3) 不变

【分析】 电流是直流,产生的磁通恒定。在线圈和铁心不会有感应电动势, I 只与线圈电阻有关, L 也不变, RI^2 功率损耗不变。

【解】 (3)

6.2.2 铁心线圈中的铁心到达磁饱和时,则线圈电感 L(   )。

(1) 增大　(2) 减小　(3) 不变

【解】 (2)

6.2.3 在交流铁心线圈中,如将铁心截面积减小,其他条件不变,则磁通势(   )。

(1) 增大　(2) 减小　(3) 不变

【解】(2)

6.2.4 交流铁心线圈的匝数固定,当电源频率不变时,则铁心中主磁通的最大值基本上决定于(　)。

(1) 磁路结构　(2) 线圈阻抗　(3) 电源电压

【解】(3)

6.2.5 为了减小涡流损耗,交流铁心线圈中的铁心由钢片(　)叠成。

(1) 垂直磁场方向　(2) 顺磁场方向　(3) 任意

【解】(2)

6.2.6 两个交流铁心线圈除了匝数($N_1 > N_2$)不同外,其他参数都相同。如将它们接在同一交流电源上,则两者主磁通的最大值 Φ_{m1}(　)Φ_{m2}。

(1) >　(2) <　(3) =

【解】(2)

6.3.1 当变压器的负载增加后,则(　)

(1) 铁心中主磁通 Φ_m 增大

(2) 二次电流 I_2 增大,一次电流 I_1 不变

(3) 一次电流 I_1 和二次电流 I_2 同时增大

【解】(3)

6.3.2 50 Hz 的变压器用于 25 Hz 时,则(　)。

(1) Φ_m 近于不变　(2) 一次侧电压 U_1 降低　(3) 可能烧坏绕组

【解】(3)

6.4.1 交流电磁铁在吸合过程中气隙减小,则磁路磁阻(　),铁心中磁通 Φ_m(　),线圈电感(　),线圈感抗(　),线圈电流(　),吸力平均值(　)。

磁阻:(1) 增大　(2) 减小　(3) 不变

磁通:(1) 增大　(2) 减小　(3) 近于不变

电感:(1) 增大　(2) 减小　(3) 不变

感抗:(1) 增大　(2) 减小　(3) 不变

电流:(1) 增大　(2) 减小　(3) 不变

吸力:(1) 增大　(2) 减小　(3) 近于不变

【解】(2),(3),(1),(1),(2),(3)

6.4.2 直流电磁铁在吸合过程中气隙减小,则磁路磁阻(　),铁心中磁通(　),线圈电感(　),线圈电流(　),吸力(　)。

磁阻:(1) 增大　(2) 减小　(3) 不变

磁通:(1) 增大　(2) 减小　(3) 不变

电感:(1) 增大　(2) 减小　(3) 不变

电流:(1) 增大　(2) 减小　(3) 不变

吸力:(1) 增大　(2) 减小　(3) 不变

【解】(2),(1),(1),(3),(1)

B 基本题

6.1.3 有一线圈,其匝数 $N = 1000$,绕在由铸钢制成的闭合铁心上,铁心的截面积 $A_{Fe} = 20 \text{ cm}^2$,铁心的平均长度 $l_{Fe} = 50 \text{ cm}$。如要在铁心中产生磁通 $\Phi = 0.002$ Wb,试问线圈中应通入多大直流电流?

【解】$B = \dfrac{\Phi}{S_{Fe}} = \dfrac{0.002}{20 \times 10^{-4}} = 1 \text{ T}$

第6章 磁路与铁心线圈电路

查教材图 6.1.5 可知铸钢的磁化曲线,由安培环路定律得 $IN=Hl_{Fe}$

$$I=\frac{Hl_{Fe}}{N}=\frac{0.7\times10^3\times50\times10^{-2}}{1\,000}=0.35\text{ A}$$

6.1.4 如果上题的铁心中含有一长度为 $\delta=0.2$ cm 的空气隙(与铁心柱垂直),由于空气隙较短,磁通的边缘扩散可忽略不计,试问线圈中的电流必须多大才可使铁心中的磁感应强度保持上题中的数值?

【分析】 利用安培环路定律 $IN=Hl$ 求电流。

【解】 磁感应强度 B 不变,则铁心中的 H 也不变。$H=0.7\times10^3$ A/m,

安培环路定律得 $IN=Hl_{Fe}+H_0\delta$

空气隙中磁场强度满足:$B_0=\mu_0H_0\Rightarrow H_0=\dfrac{B_0}{\mu_0}$,代入上式

$$IN=Hl_{Fe}+\frac{B_0}{\mu_0}\delta=0.7\times10^3\times50\times10^{-2}+\frac{1}{4\pi\times10^{-7}}\times0.2\times10^{-2}\approx1\,942\text{ A}$$

$$I=\frac{IN}{N}=\frac{1\,942}{1\,000}=1.94\text{ A}$$

6.1.5 在题 6.1.3 中,如将线圈中的电流调到 2.5 A,试求铁心中的磁通。

【分析】 $IN=Hl_{Fe}$,先求出 B,再根据 $B=\dfrac{\Phi}{S_{Fe}}$ 求 Φ。

【解】 由安培环路定律,$Hl_{Fe}=IN$,可得

$$H=\frac{IN}{l_{Fe}}=\frac{2.5\times1\,000}{50\times10^{-2}}=5\,000\text{ A/m},$$

查铸钢的磁化曲线得 $B\approx1.58$ T。

$$\Phi=B\cdot S_{Fe}=1.58\times20\times10^{-4}\approx0.003\,2\text{ Wb}$$

6.1.6 有一铁心线圈,试分析铁心中的磁感应强度、线圈中的电流和铜损耗 RI^2 在下列几种情况下将如何变化:

(1) 直流励磁——铁心截面积加倍,线圈的电阻和匝数以及电源电压保持不变;
(2) 交流励磁——同(1);
(3) 直流励磁——线圈匝数加倍,线圈的电阻及电源电压保持不变;
(4) 交流励磁——同(3);
(5) 交流励磁——电流频率减半,电源电压的大小保持不变;
(6) 交流励磁——频率和电源电压的大小减半。

假设在上述各种情况下工作点在磁化曲线的直线段。在交流励磁的情况下,设电源电压与感应电动势在数值上近于相等,且忽略磁滞和涡流。铁心是闭合的,截面均匀。

【分析】 直流激励时,线圈电流固定;交流激励时有 $U=4.44fN\Phi_m$,以及安培环路定律。

【解】 (1) $I=\dfrac{U}{R}$ 不变,$\Phi=\dfrac{IN}{R_{m_0}+R_m}=\dfrac{IN}{R_m}$,$B=\dfrac{\Phi}{S_{Fe}}=\dfrac{1}{S_{Fe}}\dfrac{IN}{R_m}=\dfrac{IN}{S_{Fe}}\dfrac{\mu S_{Fe}}{l_{Fe}}=\dfrac{IN\mu}{l_{Fe}}$ 不变,铜损 I^2R 不变,磁通 Φ 增大。

(2) $U=4.44fN\Phi_m$,所以 Φ_m 不变,$B_m=\dfrac{\Phi_m}{S_{Fe}}$ 减小一半,磁化曲线线性段 H_m 减小一半,由 $H_ml_{Fe}=I_mN$ 知,I_m 减小为原来的 $\dfrac{1}{2}$,则 $I=\dfrac{I_m}{\sqrt{2}}$ 减小为原来的 $\dfrac{1}{2}$;I^2R 减小为原来的 $\dfrac{1}{4}$。

(3) 电流 $I=\dfrac{U}{R}$ 不变,铜损 I^2R 不变;$\Phi_1=\dfrac{IN}{R_{m_0}+R_m}=\dfrac{IN}{R_m}$,$N$ 增加一倍,R_m 不变,则 Φ 增加一倍,B 也增加一倍。

(4) $U=4.44fN\Phi_m$,因 N 增加一倍,Φ_m 减小为原来的一半,B_m 为原来的 $\dfrac{1}{2}$,$H_m=\dfrac{B}{\mu}$ 也减小为原

来的 $\frac{1}{2}$，由安培环路定律得 $I_m N = H_m l_{Fe}$ 也减小为原来的 $\frac{1}{2}$，电流也减小为 $\frac{1}{4}$，铜损 I^2R 减小为原来的 $\frac{1}{16}$。

(5) $U = 4.44fN\Phi_m$，因 Φ_m 增加一倍，B_m 增加一倍；$H_m = \frac{B_m}{\mu}$ 增加一倍。电流 I_m 和 I 增加一倍，I^2R 增加为原来的 4 倍。

(6) $U = 4.44fN\Phi_m$，Φ_m 不变，B_m 不变；H_m 不变，I_m 不变；则铜损 I^2R 也不变。

6.2.7 为了求出铁心线圈的铁损耗，先将它接在直流电源上，从而测得线圈的电阻为 $1.75\ \Omega$；然后接在交流电源上，测得电压 $U = 120$ V，功率 $P = 70$ W，电流 $I = 2$ A，试求铁损耗和线圈的功率因数。

【解】 线圈的铜损 $\Delta P_{Cu} = I^2 R = 2^2 \times 1.75 = 7$ W

线圈的铁损 $\Delta P_{Fe} = P - P_{Cu} = 70 - 7 = 63$ W

线圈的功率因数 $\cos\varphi = \frac{P}{UI} = \frac{70}{120 \times 2} \approx 0.29$。

6.2.8 有一交流铁心线圈，接在 $f = 50$ Hz 的正弦电源上，在铁心中得到磁通的最大值为 $\Phi_m = 2.25 \times 10^{-3}$ Wb。现在在此铁心上再绕一个线圈，其匝数为 200。当此线圈开路时，求其两端电压。

【解】 一次侧和二次侧磁通 Φ_m 相等，频率 f 相同，

二次电压为 $U_{20} = 4.44 f N_2 \Phi_m = 4.44 \times 50 \times 200 \times 2.25 \times 10^{-3} \approx 100$ V

6.2.9 将一铁心线圈接于电压 $U = 100$ V，频率 $f = 50$ Hz 的正弦电源上，其电流 $I_1 = 5$ A，$\cos\varphi_1 = 0.7$。若将此线圈中的铁心抽出，再接于上述电源上，则线圈中电流 $I_2 = 10$ A，$\cos\varphi_2 = 0.05$。试求此线圈在具有铁心时的铜损耗和铁损耗。

【解】 空心线圈取用的有功功率 $P_2 = UI_2\cos\varphi_2 = 100 \times 10 \times 0.05 = 50$ W

空心线圈取用的有功功率为铜损 $I_2^2 R$，于是线圈电阻

$R = \frac{P_2}{I_2^2} = \frac{50}{10^2} = 0.5\ \Omega$

于是铁心线圈的铜损

$\Delta P_{Cu} = I_1^2 R = 5^2 \times 0.5 = 12.5$ W

铁心线圈取用的总有功功率 $P_1 = UI_1\cos\varphi_1 = 100 \times 5 \times 0.7 = 350$ W

所以铁损 $\Delta P_{Fe} = P_1 - \Delta P_{Cu} = 350 - 12.5 = 337.5$ W

6.3.3 有一单相照明变压器，容量为 10 kV·A，电压为 $3\ 300/220$ V。今欲在二次绕组接上 60 W/220 V 的白炽灯，如果要变压器在额定情况下运行，这种电灯可接多少个？并求一、二次绕组的额定电流。

【解】 白炽灯为纯电阻，$\cos\varphi = 1$，所以单相照明变压器容量为 10 kV·A 全是有功功率。

$n = \frac{10\ \text{kV·A}}{60\ \text{W}} = 166$ 只

一次绕组额定电流为 $I_{1N} = \frac{S_N}{U_{1N}} = \frac{10 \times 10^3}{3\ 300} \approx 3.03$ A

二次绕组额定电流为 $I_{2N} = \frac{S_N}{U_{2N}} = \frac{10 \times 10^3}{220} \approx 45.5$ A

6.3.4 有一台单相变压器，额定容量为 10 kV·A，二次侧额定电压为 220 V，要求变压器在额定负载下运行。

(1) 二次侧能接 220 V/60 W 的白炽灯多少个？

(2) 若改接 220 V/40 W，功率因数为 0.44 的日光灯，可接多少支？

设每灯镇流器的损耗为 8 W。

【解】 (1) 白炽灯为纯电阻，$\cos\varphi = 1$，单相变压器 10 kV·A 全是有功功率，

可接白炽灯：$n = \dfrac{10 \text{ kV} \cdot \text{A}}{60 \text{ W}} = 166$ 个

（2）二次绕组电流 $I_{2N} = \dfrac{S_N}{U_{2N}} = \dfrac{10 \text{ kV} \cdot \text{A}}{220 \text{ V}} = 45.45 \text{ A}$

则二次侧输出功率 $P_2 = U_2 I_{2N} \cos\varphi = 220 \times 45.45 \times 0.44 = 4\,400 \text{ W}$，

日光灯损耗功率为 $P' = 40 + 8 = 48 \text{ W}$（8 W 为镇流器的损耗）

可接日光灯：$n = \dfrac{P_2}{P'} = \dfrac{4\,400}{48} \approx 9$（支）

6.3.5 有一台额定容量为 50 kV·A，额定电压为 3 300/220 V 的变压器，试求当二次侧达到额定电流、输出功率为 39 kW、功率因数为 0.8（滞后）时的电压 U_2。

【解】 $I_{2N} = \dfrac{S_N}{U_{2N}} = \dfrac{50 \text{ kV} \cdot \text{A}}{220 \text{ V}} = 227.3 \text{ A}$

由 $P = U_2 I_{2N} \cdot \cos\varphi$ 得 $U_2 = \dfrac{P}{I_{2N} \cos\varphi} = 214.8 \text{ V}$

6.3.6 有一台 100 kV·A、10 kV/0.4 kV 的单相变压器，在额定负载下运行，已知铜损耗为 2 270 W，铁损耗为 546 W，负载功率因数为 0.8。试求满载时变压器的效率。

【解】 负载消耗的功率为 $P_2 = S_N \cos\varphi_2 = 100 \times 0.8 = 80 \text{ kW}$

变压器效率 $\eta = 1 - \dfrac{\varepsilon \Delta P}{P_2 + \varepsilon \Delta P} = 1 - \dfrac{2.27 + 0.546}{80 + 2.27 + 0.546} = 0.966$

6.3.7 SJL 型三相变压器的铭牌数据如下：$S_N = 180$ kV·A，$U_{1N} = 10$ kV，$U_{2N} = 400$ V，$f = 50$ Hz，Y/Y₀ 联结。已知每匝线圈感应电动势为 5.133 V，铁心截面积为 160 cm²。试求：(1) 一次、二次绕组每相匝数；(2) 变比；(3) 一次、二次绕组的额定电流；(4) 铁心中磁感应强度 B_m。

【解】 （1）一、二次绕组额定相电压为

$U_{1P} = \dfrac{U_{1N}}{\sqrt{3}} = \dfrac{10 \times 10^3}{\sqrt{3}} = 5\,774 \text{ V}$

$U_{2P} = \dfrac{U_{2N}}{\sqrt{3}} = \dfrac{400}{\sqrt{3}} = 231 \text{ V}$

所以，由变压器的变压公式

$N_1 = \dfrac{U_{1P}}{5.133} = \dfrac{5\,774}{5.133} = 1\,125$ 匝，$N_2 = \dfrac{U_{2P}}{5.133} = \dfrac{231}{5.133} = 45$ 匝

（2）变压比 $K = \dfrac{N_{1N}}{N_{2N}} = \dfrac{10\,000}{400} = 25$

（3）由视在功率得

$I_{1N} = \dfrac{S_N}{\sqrt{3} U_{1N}} = \dfrac{180 \times 10^3}{\sqrt{3} \times 10 \times 10^3} = 10.4 \text{ A}$，$I_{2N} = \dfrac{S_N}{\sqrt{3} U_{2N}} = \dfrac{180 \times 10^3}{\sqrt{3} \times 400} = 260 \text{ A}$

（4）由磁感应强度 $B = \dfrac{\Phi}{S}$ 得 $B_m = \dfrac{5.133}{4.44 \times 50 \times 160 \times 10^{-4}} \approx 1.45 \text{ T}$

6.3.8 在教材图 6.3.8 中，将 $R_L = 8$ Ω 的扬声器接在输出变压器的二次绕组，已知 $N_1 = 300$，$N_2 = 100$，信号源电动势 $E = 6$ V，内阻 $R_0 = 100$ Ω，试求信号源输出的功率。

【分析】 利用变阻抗的性质，将负载阻抗变换到一次侧绕组上。

【解】 根据阻抗变换得变压器一次侧等效阻抗为

$R' = \left(\dfrac{N_1}{N_2}\right)^2 R_L = \left(\dfrac{300}{100}\right)^2 \times 8 = 72 \text{ Ω}$

则信号源电流

$I_S = \dfrac{E}{R'_L + R_0} = \dfrac{6}{100 + 72} = 34.88 \text{ mA}$

信号源输出功率为

$P_L = I_S^2 \cdot R_L' = (34.88 \times 10^{-3})^2 \times 72 = 87.6$ mW

6.3.9 在图6.01中,输出变压器的二次绕组有抽头,以便接8 Ω或3.5 Ω的扬声器,两者都能达到阻抗匹配。试求二次绕组两部分匝数之比 $\dfrac{N_2}{N_3}$。

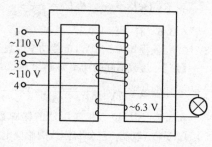

图6.01 习题6.3.9的图

【分析】 根据绕组阻抗之比等于匝数比的平方来求解。

【解】 $Z_1 = \left(\dfrac{N_1}{N_2+N_3}\right)^2 \times 8 = \left(\dfrac{N_1}{N_2}\right)^2 \times 3.5$

$8N_2^2 = (N_2+N_3)^2 \times 3.5$

得 $\dfrac{N_2}{N_3} = \sqrt{\dfrac{8}{3.5}} - 1 \approx 0.5$

6.3.10 图6.02所示的变压器有两个相同的一次绕组,每个绕组的额定电压为110 V。二次绕组的电压为6.3 V。

(1) 试问当电流电压在220 V和110 V两种情况下,一次绕组的四个接线端应如何正确连接?在这两种情况下,二次绕组两端电压及其中电流有无改变?每个一次绕组中的电流有无改变?(设负载一定。)

(2) 在图中,如果把接线端2和4相连,而把1和3接在220 V的电源上,试分析这时将发生什么情况?

【解】 (1) 当电源电压为220 V时,应将2和3相连,1和4接向电源。当电源电压为110 V时,应将1和3相连,2和4相连,然后接向电源。这两种情况下,二次绕组电压及电流没有改变,所以每个一次绕组中电压和电流均没有改变,但电源供给的电流大小不同,这样输出的视在功率相同。

(2) 如果将2和4相连,1和3接向220 V电源,则两个一次绕组中电流产生的磁通方向相反,互相抵消,感应电动势也抵消,电源电压加在两个绕组上,电阻值很小,所以电流远超过额定值,烧坏绕组。

6.3.11 图6.03所示的是一电源变压器,一次绕组有550匝,接220 V电压。二次绕组有两个:一个电压36 V,负载36 W;一个电压12 V,负载24 W。两个都是纯电阻负载。试求一次电流 I_1 和两个二次绕组的匝数。

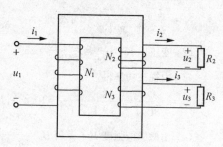

图6.03 习题6.3.11的图

【分析】 先根据电压比求出匝数比,再由功率公式求出电流。

【解】 两个二次绕组的匝数

$N_2 = \dfrac{U_2}{U_1}N_1 = \dfrac{36}{220} \times 550 = 90$ 匝

$N_3 = \dfrac{U_3}{U_1}N_1 = \dfrac{12}{220} \times 550 = 30$ 匝

因此,两个二次绕组电流为

$I_2 = \dfrac{P_2}{U_2} = \dfrac{36}{36} = 1$ A,$I_3 = \dfrac{P_3}{U_3} = \dfrac{24}{12} = 2$ A

一次侧电流 $I_1 = \dfrac{N_2}{N_1}I_2 + \dfrac{N_3}{N_1}I_3 = \dfrac{90}{550} \times 1 + \dfrac{30}{550} \times 2 \approx 0.273$ A

6.3.12 图6.04所示是一个有三个二次绕组的电源变压器,试问能得出多少种输出电压?

【分析】 二次绕组不同连接可得到不同电压值。

【解】 (1) 1 V
(2) 3 V
(3) 9 V
(4) 1+3=4 V
(5) 1+9=10 V
(6) 3+9=12 V
(7) 1+3+9=13 V
(8) 3+9−1=11 V
(9) 9−3−1=5 V
(10) 1+9−3=7 V
(11) 9−1=8 V
(12) 9−3=6 V
(13) 3−1=2 V

共十三种输出电压。

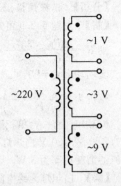

图 6.04 习题 6.3.12 的图

6.3.13 某电源变压器各绕组的极性以及额定电压和额定电流如图 6.05 所示,二次绕组应如何连接能获得以下各种输出?

(1) 24 V/1 A;(2) 12 V/2 A;(3) 32 V/0.5 A;(4) 8 V/0.5 A

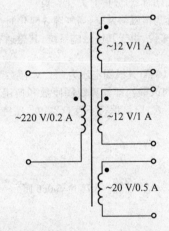

图 6.05 习题 6.3.13 的图

【解】 二次绕组连接方式如图解 6.02 所示。

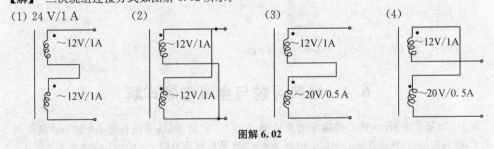

图解 6.02

C 拓宽题

6.2.10 在习题 6.2.9 中,试求铁心线圈等效电路的参数($R, X_\sigma=0, R_0$ 及 X_0)。

【分析】 根据铁损、无功功率的定义式求解。

【解】 由题 6.2.9 可知 $R=0.5\ \Omega$

则 $R_0=\dfrac{\Delta P_{Fe}}{I_1^2}=\dfrac{337.5}{5^2}=13.5\ \Omega$

无功功率 $Q=UI_1\sin\varphi_1=UI_1\sin(\arccos 0.7)=100\times 5\times\sin(\arccos 0.7)\approx 357\ \text{var}$

感抗为 $X_0=\dfrac{Q}{I_1^2}=\dfrac{357}{5^2}=14.3\ \Omega$

6.3.14 有一台单相照明变压器,额定容量为 10 kV·A,二次侧额定电压为 220 V,今在二次侧已接有 100 W/220 V 白炽灯 50 个,试问尚可接 40 W/220 V、电流为 0.41 A 的日光灯多少支?设日光灯镇流器消耗功率为 8 W。

【解】 白炽灯为纯电阻 $\cos\varphi_1=1$,

日光灯功率因数 $\cos\varphi_2=\dfrac{P_2}{U_2 I_2}=\dfrac{40}{220\times 0.41}\approx 0.443$

每只日光灯消耗功率为 $P=\dfrac{40+8}{\cos\varphi_2}=108.35\ \text{W}$

$n=\dfrac{10^4-100\times 50}{108.35}=46\ 支$

6.4.3 试说明在吸合过程中,交流电磁铁的吸力基本不变,而直流电磁铁的吸力与气隙 δ 的平方成反比。[提示:根据式(6.2.5)和式(6.1.3)分析]

【解】 对于直流电磁铁,由于其为恒磁势系统,当气隙 δ 变化时,磁阻变化,磁通也变化,所以吸力也随着气隙变化。对于交流电磁铁来说,由于其恒磁链系统,其磁通有效值基本不变,所以吸力随工作气隙变化较小,基本不变。

6.4.4 有一交流接触器 CJ0-10 A,其线圈电压为 380 V,匝数为 8 750 匝,导线直径为 0.09 mm。今要用在 220 V 的电源上,问应如何改装?即计算线圈匝数和换用直径为多少毫米的导线。[提示:(1) 改装前后吸力不变,磁通最大值 Φ_m 应该保持不变;(2) Φ_m 保持不变,改装前后磁通势应该相等;(3) 电流与导线截面积成正比。]

【解】 $U_1\approx 4.44fN_1\Phi_m$,$U_2\approx 4.44fN_2\Phi_m$,

吸力与磁通均不变,所以

$\dfrac{U_1}{U_2}=\dfrac{4.44fN_1\Phi_m}{4.44fN_2\Phi_m}=\dfrac{N_1}{N_2}\Rightarrow N_2=\dfrac{U_2}{U_1}N_1=\dfrac{220}{380}\times 8\ 750\approx 5\ 066\ 匝$

导线面积 $S_2=\dfrac{\pi}{4}d_2^2$,$S_1=\dfrac{\pi}{4}d_1^2$

根据安培环路定则,$I_1N_1=I_2N_2$,设导线密度为 J,则

$I_1=JS_1$,$I_2=JS_2\Rightarrow JS_2N_2=JS_1N_1$

于是 $J\dfrac{\pi}{4}d_2^2N_2=J\dfrac{\pi}{4}d_1^2N_1$

$\therefore\ d_2=\sqrt{\dfrac{N_1}{N_2}}\cdot d_1=\sqrt{\dfrac{8\ 750}{5\ 066}}\times 0.09\approx 0.12\ \text{mm}$

6.4 经典习题与全真考题详解

题 1 如题 1 图所示,铁心线圈中通直流电,$N=1\ 000$ 匝,磁场平均长度 $l=30$ cm,截面积 $S=10\ \text{cm}^2$,材料为铸钢,现欲在铁心中建立磁通 $\Phi=0.001$ Wb,线圈电阻 $r=100\ \Omega$,应加多大的电压?

【解】 磁感应强度

$B=\dfrac{\Phi}{S}=\dfrac{0.001}{10\times 10^{-4}}=1\ \text{T}$

查阅铸钢磁化曲线可知:

$H = 700 \text{ A/m}$

由 $Hl = IN$ 得

$$I = \frac{Hl}{N} = \frac{700 \times 30 \times 10^{-2}}{1\,000} = 0.21 \text{ A}$$

$U = Ir = 0.21 \times 100 = 21 \text{ V}$

题2 上例中,若磁路中有 $\delta = 0.2 \text{ mm}$ 空气隙,则结果如何?

【解】 空气隙中的磁场强度

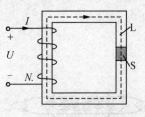

题1图

$$H_0 = \frac{B}{\mu_0} = \frac{1}{4\pi \times 10^{-7}} = 796 \times 10^3 \text{ A/m}$$

由 $Hl_1 + H_0\delta = IN$ 得

$$I = \frac{Hl_1 + H_0\delta}{N} = \frac{700(30 - 0.02) \times 10^{-2} - 796 \times 10^3 \times 0.2 \times 10^{-3}}{1\,000} = 0.369 \text{ A}$$

$U = Ir = 0.369 \times 100 = 36.9 \text{ V}$

题3 某三相变压器的容量为 75 kV·A,以 400 V 的线电压供电给三相对称负载,设负载为星形联结,每相电阻为 2 Ω,感抗为 1.5 Ω,问此变压器能否承担上述负载?

【解】 变压器副绕组的额定电流为

$$I_{2N} = \frac{S_N}{\sqrt{3}U_{2N}} = \frac{75 \times 10^3}{\sqrt{3} \times 400} = 108.3 \text{ A}$$

负载的工作电流为

$$I_2 = \frac{U_{2NP}}{|Z|} = \frac{400/\sqrt{3}}{\sqrt{2^2 - 1.5^2}} = 92.4 \text{ A}$$

因为 $I_2 < I_{2N}$,故此变压器能承担上述负载。

第7章 交流电动机

1. 理解三相异步电动机的基本构造、转动原理、机械特性及反转、起动、调速及制动的基本原理和方法。
2. 熟悉三相异步电动机的铭牌数据及其使用。
3. 了解单相异步电动机的构造、原理、特性和用途。

1. 三相异步电动机的工作原理、电路分析、转矩与机械特性。
2. 三相异步电动机的铭牌数据。

1. 三相异步电动机的转动原理、电路分析、转矩与机械特性。
2. 三相异步电动机的调速与选择。

7.1 知识点归纳

交流电动机	三相异步电动机的构造	1. 定子：三相对称绕组，可接成 Y－△ 2. 转子：鼠笼式和绕线式
	三相异步电动机的转动原理	1. 三相旋转磁场 2. 转子感应电动势和转子电流 3. 转速和转差率
	三相异步电动机的电路分析	1. 定子电路 2. 转子电路
	三相异步电动机的转矩与机械特性	1. $T = K \dfrac{sR_2 U_1^2}{R_2^2 + (sX_{20})^2}$ 2. 机械特性曲线
	三相异步电动机的起动、调速、制动	1. 直接起动、降压起动 2. 变频、变极、变转差率调速 3. 能耗、反接和发电反馈制动
	三相异步电动机的铭牌数据与选择	1. 型号、接法、电压、电流、功率、效率、功率因数、转速、绝缘等级和工作方式 2. 功率、结构形式、电压和转速选择

7.2 练习与思考全解

7.2.1 在图7.2.3(c)中,$\omega t=90°$,$i_1=+I_m$,旋转磁场轴线的方向恰好与U_1相绕组的轴线一致。继续画出$\omega t=210°$和$\omega t=330°$时的旋转磁场,这时旋转磁场轴线的方向是否分别恰好与V_1相绕组和W_1相绕组的轴线一致?如果一致,这说明旋转磁场的转向与通入绕组的三相电流的相序有关。

【解】 三相绕组及三相对称电流波形如图解7.01(a)、(b)所示。$\omega t=90°$、$\omega t=210°$、$\omega t=330°$时三相电流产生的旋转磁场如图解7.01(c)、(d)、(e)所示。

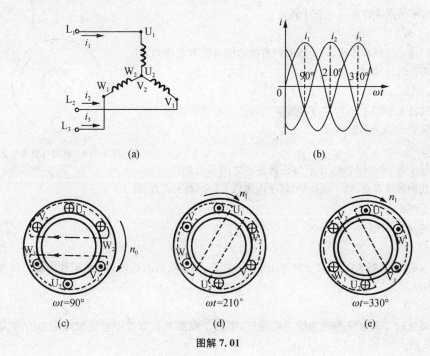

图解7.01

(1) 当 $\omega t=210°$

$i_1=I_m\sin\omega t=I_m\sin 210°=-\dfrac{1}{2}I_m$,电流从$U_2$端流入,$U_1$端流出;

$i_2=I_m\sin(\omega t-120°)=I_m\sin 90°=+I_m$,电流从$V_1$端流入,$V_2$端流出;

$i_3=I_m\sin(\omega t+120°)=I_m\sin 330°=-\dfrac{1}{2}I_m$,电流从$W_2$端流入,$W_1$端流出;

此时的旋转磁场轴线的方向恰好与V_1相绕组的轴线一致。

(2) 当 $\omega t=330°$

$i_1=I_m\sin\omega t=I_m\sin 330°=-\dfrac{1}{2}I_m$,电流从$U_2$端流入,$U_1$端流出;

$i_2=I_m\sin(\omega t-120°)=I_m\sin 210°=-\dfrac{1}{2}I_m$,电流从$V_2$端流入,$V_1$端流出;

$i_3=I_m\sin(\omega t+120°)=I_m\sin 450°=+I_m$,电流从$W_1$端流入,$W_2$端流出;

此时的旋转磁场轴线的方向恰好与W_1相绕组的轴线一致。

由上面分析可知:旋转磁场的转向与通入绕组的三相电流的相序一致。

7.2.2 什么是三相电源的相序？就三相异步电动机本身而言，有无相序？

【解】 由第五章的三相电压内容知：三相电源的三个电压在相位上互差 $120°$，三个电压出现正幅值（或相应零值）的顺序称为相序。

三相异步电动机本身没有相序，但当三相定子绕组中通入不同相序的三相电源时，电动机的转向将有所不同。

7.2.3 在图 7.2.8 中，试分析在 $n_0>n, n_0<n, n_0=n, n_0=0$，$n=0$ 及 $n_0<0$ 几种情况时，转子线圈两有效边中电流和电磁力的方向。

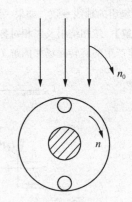

图 7.2.8 练习与思考 7.2.3 图

【解】 n_0 是同步转速，n 是转子转速。

(1) $n_0>n$

转子转速小于同步转速，转子线圈两有效边中电流和电磁力的方向如图解 7.02(a) 所示。

(2) $n_0<n$

转子转速大于同步转速，转子线圈两有效边中电流和电磁力的方向如图解 7.02(b) 所示。

(3) $n_0=n$

转子转速等于同步转速，转子与旋转磁场之间没有相对运动，即磁通不切割转子导条，转子电动势、转子电流以及转矩都不存在，即 $F=0, I=0$。

(4) $n_0=0$

同步转速为 0，即 $F=0, I=0$。

(5) $n=0$

$n=0<n_0$，转子被卡住，且转子转速小于同步转速，转子线圈两有效边中电流和电磁力的方向如图解 7.02(c) 所示。

(6) $n_0<0$

转子转速的方向与同步转速的方向相反，则转子线圈两有效边中电流和电磁力的方向如图解 7.02(d) 所示。

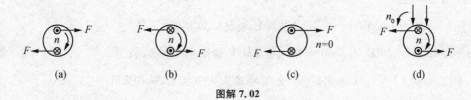

图解 7.02

7.3.1 比较变压器的一次、二次电路和三相异步电动机的定子、转子电路的各个物理量及电压方程。

【解】 变压器一次电路和三相异步电动机的定子电路基本相同，由绕组电阻、漏磁感抗和主磁电动势等元件构成。

由主教材公式(6.3.1)、(6.3.2)以及公式(7.3.1)、(7.3.2)得：

$$\begin{cases} u_1 = R_1 i_1 + L_{\sigma 1}\dfrac{\mathrm{d}i_1}{\mathrm{d}t} + (-e_1) \\ \dot{U}_1 = R_1 \dot{I}_1 + \mathrm{j}X_1 \dot{I}_1 + (-\dot{E}_1) \end{cases}$$

两者的区别在于:对于变压器,$E_1=4.44fN_1\Phi_m$;对于异步电动机,$E_1=4.44f_1N_1k_1\Phi_m$,其中k_1是绕组分布系数,通常k_1小于1。

变压器二次电路与三相异步电动机的转子电路进行比较:

变压器二次电路电压方程:

$$\dot{E}_2=R_2\dot{I}_2+\mathrm{j}X_2\dot{I}_2+\dot{U}_2=R_2\dot{I}_2+\mathrm{j}X_2\dot{I}_2+\dot{I}_2Z_L \qquad \text{主教材公式(6.3.5)}$$

三相异步电动机的转子电路电压方程:

$$\dot{E}_2=R_2\dot{I}_2+\mathrm{j}X_2\dot{I}_2 \qquad \text{主教材公式(7.3.6)}$$

两者的区别在于:

(1) 转子电路是封闭电路,而变压器二次侧是要带负载的。

(2) 变压器二次电路中绕组的电阻和漏抗是定值,电流频率和一次侧电路或电源的频率相同;异步电动机的转子漏磁感抗和电流频率与转差率 s 相关。

7.3.2 在三相异步电动机起动初始瞬间,即 $s=1$ 时,为什么转子电流 I_2 大,而转子电路的功率因数 $\cos\varphi_2$ 小?

【分析】 (1) 转子电路的各个物理量,比如电动势、电流、频率、感抗以及功率因素都与转差率 s 有关,即与转速有关。

(2) 转差率 s 的取值范围是 $0\sim1$。

【解】 转子电流的表达式如下:

$$I_2=\frac{sE_{20}}{\sqrt{R_2^2+(sX_{20})^2}} \qquad \text{主教材公式(7.3.14)}$$

$$=\frac{E_{20}}{\sqrt{\left(\frac{R_2}{s}\right)^2+X_{20}^2}}$$

转子电路的功率因素的表达式如下:

$$\cos\varphi_2=\frac{R_2}{\sqrt{R_2^2+(sX_{20})^2}} \qquad \text{主教材公式(7.3.15)}$$

又三相异步电动机起动瞬间转差率 $s=1$,因此,此时转子电流 I_2 最大、功率因素 $\cos\varphi_2$ 最小。

7.3.3 Y280M-2型三相异步电动机的额定数据如下:90 kW,2 970 r/min,50 Hz。试求额定转差率和转子电流的频率。

【分析】 参见主教材例 7.2.1。

【解】 由三相异步电动机的型号 Y280M-2 可知,该电动机的磁极对数 $p=1$,则旋转磁场的转速为:

$$n_0=\frac{60f_1}{p}=\frac{60\times50}{1}=3\,000 \text{ r/min}$$

额定转差率为:

$$s_N=\frac{n_0-n_N}{n_0}=\frac{3\,000-2\,970}{3\,000}=0.01$$

转子电流的频率为:

$$f_2=sf_1=0.01\times50=0.5 \text{ Hz}$$

7.3.4 某人在检修三相异步电动机时,将转子抽掉,而在定子绕组上加三相额定电压,这会产生什么后果?

【解】 三相异步电动机的转子抽掉之后,磁路中的空隙增大,空气段增加,原来转子所处的磁路部分的磁阻将大大增加,又因为 $U_1 \approx 4.44 f_1 N_1 k \Phi_m$,即磁通 Φ_m 正比于电源电压 U_1,U_1 不变,则磁通 Φ_m 也不变,从而导致磁动势和定子电流大大增加,可能烧坏定子绕组。

7.3.5 频率为 60 Hz 的三相异步电动机,若接在 50 Hz 的电源上使用,将会发生何种现象?

【解】 (1) $n_0 = \dfrac{60 f_1}{p}$ 可知:$f_1 \downarrow \to n_0 \downarrow$(旋转磁场转速下降)→电动机转速下降。

(2) 由公式 $U_1 \approx 4.44 f_1 N_1 k \Phi_m$ 可知:$f_1 \downarrow \to \Phi_m \uparrow \to I_1 \uparrow \to$ 电动机发热。

即当频率 f_1 降低时,U_1、N_1 和 k 不变,磁通 Φ_m 增大,则电动机空载磁化电流增大,导致电动机发热。

7.4.1 三相异步电动机在一定的负载转矩下运行时,如电源电压降低,电动机的转矩、电流及转速有无变化?

【解】 当电源电压降低时,电动机的物理量变化过程如下:

$$U_1 \downarrow \to T \downarrow \left(T = K \dfrac{s R_2 U_1^2}{R_2^2 + (s X_{20})^2} \right) \to n \downarrow (n(f(T)) \to s \uparrow \left(s = \dfrac{n_0 - n}{n_0} \right)$$

$$\to I_2 \uparrow \left(I_2 = \dfrac{s E_{20}}{\sqrt{R_2^2 + (s X_{20})^2}} \right) \to I_1 \uparrow \to T \uparrow \to T = T_C$$

由主教材公式(7.4.2)电动机的转矩公式可知,电动机的电磁转矩 T 正比于电源电压的平方 U_1^2,即电源电压降低时,电磁转矩下降;由电动机的机械特性曲线可知,电磁转矩下降使得转速下降,转差率增加,转子电流和定子电流都会增加。电动机在新的稳定状态下运行时,电磁转矩等于机械负载转矩,和之前相比,转速降低了,而定子、转子电流却增大了。

7.4.2 三相异步电动机在正常运行时,如果转子突然被卡住而不能转动,试问这时电动机的电流有何改变?对电动机有何影响?

【解】 转子突然被卡住,即此时 $n=0$,$s=1$,则 E_2、I_2 和 I_1 增加,定子电流也随之大大增加,如果不及时排除这种故障,可能会烧坏电动机。

7.4.3 为什么三相异步电动机不在最大转矩 T_{max} 处或接近最大转矩处运行?

【解】 由三相异步电动机的机械特性可知,最大转矩 T_{max} 也称为临界转矩,它是异步电动机稳定工作区和不稳定工作区的临界点。如果电动机工作在临界点处或接近临界点处,当负载转矩发生变化且大于临界转矩 T_{max} 时,电动机就会停止转动,即发生所谓的闷车现象,闷车后,电动机的电流马上升高六七倍,电动机严重过热,以致烧坏。因此三相异步电动机不在最大转矩 T_{max} 处或接近最大转矩处运行。

7.4.4 某三相异步电动机的额定转速为 1 460 r/min。当负载转矩为额定转矩的一半时,电动机的转速为多少?

【分析】 参见主教材例 7.2.1。

【解】 因为电动机的额定转速接近且略小于同步转速,而额定转速 $n_N = 1\ 460$ r/min,可得同步转速 $n_0 = 1\ 500$ r/min,$p = 2$。

转差:$\Delta n = n_0 - n_N = 1\ 500 - 1\ 460 = 40$ r/min

由三相异步电动机的机械特性可知,电动机在额定转矩下运行时近似为直线。即当负载转矩为额定转矩的一半时,转差也近似为一半,有:$\Delta n' = \dfrac{1}{2} \times 40 = 20$ r/min,此时电动机的转速为:

$$n = n_0 - \Delta n' = 1\ 500 - 20 = 1\ 480 \text{ r/min}$$

7.4.5 三相笼型异步电动机在额定状态附近运行,当(1) 负载增大;(2) 电压升高;(3) 频率增高时,试分别说明其转速和电流作何变化。

【解】 (1) 负载增大

$T_C \uparrow (T_C > T) \to n \downarrow (n(f(T)) \to s \uparrow \left(s = \dfrac{n_0 - n}{n_0}\right) \to I_2, E_2 \uparrow$

$\to I_1 \uparrow \to p_1 = \sqrt{3} U_1 I_1 \cos\varphi \uparrow \to$ 电动机过热

$\to T \uparrow (T = K_T \Phi I_2 \cos\varphi_2) \uparrow \to T = T_C \to$ 电动机达到新的稳态

即当负载增大时,转速下降,电流增大,电动机发热。

(2) 电压升高

此时负载转矩 T_C 不变。

$U_1 \uparrow \to T \uparrow \left(T = K \dfrac{s R_2 U_1^2}{R_2^2 + (s X_{20})^2}\right) \to n \uparrow (n(f(T))$

$U_1 \uparrow \to \Phi \uparrow (U_1 \approx 4.44 f_1 N_1 \Phi) \to E_{20} \uparrow (E_{20} = 4.44 f_1 N_2 \Phi) \to I_2, I_1 \uparrow$

即电压升高时,定、转子电流增大,转速升高。

(3) 频率增高

$f_1 \uparrow \to n_0 \uparrow \left(n_0 = \dfrac{60 f_1}{p}\right)$(转差率 s 不变)$\to$ 电动机转速上升。

$f_1 \uparrow \to \Phi \downarrow (U_1 \approx 4.44 f_1 N_1 k\Phi) \to T \downarrow$;

$T < T_C \to n \downarrow \to s \uparrow \to I_2, I_1 \to T \uparrow \to T = T_C \to$ 电动机达到新的平衡,此时电动机超载运行。

即当频率 f_1 增高时,应当减小负载转矩。

7.5.1 三相异步电动机在满载和空载下起动时,起动电流和起动转矩是否一样?

【解】 三相异步电动机的起动电流和起动转矩是由其本身结构性能决定的,不受外界机械负载影响。因此,在满载和空载下起动时,起动电流和起动转矩是一样的,但满载起动时,加速转矩(等于起动转矩与负载转矩之差)较小,起动时间加长,起动电流维持时间也比较长。

7.5.2 绕线转子电动机采用转子串电阻起动时,所串电阻愈大,起动转矩是否也愈大?

【解】 由主教材公式(7.4.8) $T_{st} = K \dfrac{R_2 U_1^2}{R_2^2 + X_{20}^2}$ 可知,起动转矩 T_{st} 与转子电阻 R_2 有关。当转子电阻适当增大时,起动转矩会增大(主教材图 7.4.4)。但是,当临界转差率 $s_m = \dfrac{R_2}{X_{20}} = 1$,即 $R_2 = X_{20}$ 时,$T_{st} = T_{max}$,此时如果继续增大转子电阻 R_2,起动转矩 T_{st} 就要减小,这时 $s_m > 1$,$T_{st} < T_{max}$。

因此,不是转子串电阻愈大,起动转矩也愈大。

7.8.1 电动机的额定功率是指输出机械功率,还是输入电功率? 额定电压是指线电压,还是相电压? 额定电流是指定子绕组的线电流,还是相电流? 功率因数 $\cos\varphi$ 的 φ 角是定子相电流与相电压间的相位差,还是线电流与线电压间的相位差?

【解】 电动机的额定功率是指电动机在额定运行时轴上输出的机械功率。

额定电压是指电动机在额定运行时定子绕组上应加的线电压。

额定电流是指电动机在额定运行时定子绕组的线电流。

功率因数 $\cos\varphi$ 的 φ 角是指在额定负载下定子每相绕组相电流与相电压间的相位差。

7.8.2 有些三相异步电动机有 380/220 V 两种额定电压,定子绕组可以接成星形,也可以接成三角形。试问在什么情况下采用这种或那种连接方法? 采用这两种连接法时,电动机的额定值(功率、相电压、线电压、相电流、线电流、效率、功率因数、转速等)有无改变?

【解】 当电压为 380 V 时,电动机应采用星形接法;在电压为 220 V 时,电动机应采用三角形接法。每相绕组额定电流、效率、功率因数、转速等均无改变。星形接法线电压比三角形接法线电压大 $\sqrt{3}$ 倍,而线电流则小$\sqrt{3}$倍。

7.8.3 在电源电压不变的情况下,如果电动机的三角形联结误接成星形联结,或者星形联结误接成三角形联结,其后果如何?

【解】 如果误将 △ 联结接成 Y 型,则电动机每相定子绕组的工作电压比额定值小了$\sqrt{3}$倍,又$T \propto U_1^2$,即转矩正比于电压的平方,则转矩将减小 3 倍。如果负载转矩T_C不变,电动机转速大大减小,甚至停转,电动机中的定、转子绕组中的电流大大增加,电动机将会因为过热而烧坏。

如果误将 Y 型接成 △ 型,则电动机每相定子绕组的工作电压比额定值大了$\sqrt{3}$倍,磁通φ_m也大了$\sqrt{3}$倍,磁路饱和将引起空载磁化电流大大增加,绕组同样会被烧坏。

7.8.4 Y3-112M-4 型三相异步电动机的技术数据如下:

4 kW　　　　380 V　　　　△形联结
1 440 r/min　　$\cos\varphi$=0.82　　η=84.2%
T_{st}/T_N=2.3　　I_{st}/I_N=7.0　　T_{max}/T_N=2.3
50 Hz

试求:(1) 额定转差率s_N;(2) 额定电流I_N;(3) 起动电流I_{st};(4) 额定转矩T_N;(5) 起动转矩T_{st};(6) 最大转矩T_{max};(7) 额定输入功率P_1。

【分析】 参考主教材例 7.5.1。

【解】 由型号 Y3-112M-4 可知:$p=2$,

旋转磁场转速:$n_0 = \dfrac{60f_1}{p} = \dfrac{60 \times 50}{2} = 1\ 500$ r/min

(1) 额定转差率:$s_N = \dfrac{n_0 - n_N}{n_0} = \dfrac{1\ 500 - 1\ 440}{1\ 500} = 0.04$

(2) 额定电流I_N:$I_N = \dfrac{P_1}{\sqrt{3}U_N \cos\varphi_N \eta_N} = \dfrac{4 \times 10^3}{\sqrt{3} \times 380 \times 0.82 \times 0.842} \approx 8.77$ A

(3) 起动电流I_{st}:$I_{st} = 7 \times I_N = 7 \times 8.77 = 61.4$ A

(4) 额定转矩T_N:$T_N = 9\ 550 \dfrac{P_N}{n_N} = 9\ 550 \times \dfrac{4}{1\ 440} = 26.5$ N·m

(5) 起动转矩T_{st}:$T_{st} = 2.3 T_N = 2.3 \times 26.5 = 60.95$ N·m

(6) 最大转矩T_{max}:$T_{max} = 2.3 T_N = 2.3 \times 26.5 = 60.95$ N·m

(7) 额定输入功率P_1:$\dfrac{P_N}{\eta_N} = \dfrac{4 \times 10^3}{0.842} \approx 4\ 751$ W

7.3 习题全解

A 选择题

7.2.1 三相异步电动机转子的转速总是(　　)。
(1) 与旋转磁场的转速相等
(2) 与旋转磁场的转速无关
(3) 低于旋转磁场的转速

【分析】 电动机转子的转速与旋转磁场转速之间必须有差别,否则,电动机转子与旋转磁场之间没有相对运动,则转子电动势、转子电流以及转矩都不会存在,这也是异步电动机名称的由来。电动机转子转动的方向与旋转磁场旋转的方向相同,但转子的转速不可能达到旋转磁场的转速,即电动机转子的转速总是低于旋转磁场的转速,$n<n_0$。

【解】 选择(3)。

7.2.2 某一 50 Hz 的三相异步电动机的额定转速为 2 890 r/min,则其转差率为( )。

(1) 3.7%　(2) 0.038　(3) 2.5%

【分析】 因为电动机的额定转速接近且略小于同步转速,而额定转速 $n_N=2\,890$ r/min,可得:$p=1$,同步转速 $n_0=\dfrac{60f_1}{p}=\dfrac{60\times 50}{1}=3\,000$ r/min,转差率为:$s_N=\dfrac{n_0-n_N}{n_0}=\dfrac{3\,000-2\,890}{3\,000}\approx 3.7\%$。

【解】 选择(1)。

7.2.3 有一 60 Hz 的三相异步电动机,其额定转速为 1 720 r/min,则其额定转差率为( )。

(1) 4.4%　(2) 4.6%　(3) 0.053

【分析】 因为电动机的额定转速接近且略小于同步转速,而额定转速 $n_N=1\,720$ r/min,可得:$p=2$,同步转速 $n_0=\dfrac{60f_1}{p}=\dfrac{60\times 60}{2}=1\,800$ r/min,转差率为:$s_N=\dfrac{n_0-n_N}{n_0}=\dfrac{1\,800-1\,720}{1\,800}\approx 4.4\%$。

【解】 选择(1)。

7.2.4 在图 7.01 所示的三相笼型异步电动机中,( )与图(a)的转子转向相同。

(1) 图(b)　(2) 图(c)　(3) 图(d)

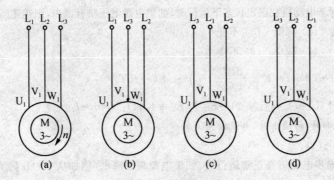

图 7.01　习题 7.2.4 的图

【解】 选择(2)。

7.3.1 某三相异步电动机在额定运行时的转速为 1 440 r/min,电源频率为 50 Hz,此时转子电流的频率为( )。

(1) 50 Hz　(2) 48 Hz　(3) 2 Hz

【分析】 由题意知:额定转速 $n_N=1\,440$ r/min,$p=2$,

则同步转速 $n_0=\dfrac{60f_1}{p}=\dfrac{60\times 50}{2}=1\,500$ r/min,

额定转差率为:$s_N=\dfrac{n_0-n_N}{n_0}=\dfrac{1\,500-1\,440}{1\,500}=0.04$,

转子的电流频率为:$f_2=s_Nf_1=0.04\times 50=2$ Hz。

【解】 选择(3)。

7.3.2 三相异步电动机的转速 n 愈高,则转子电流 I_2( ),转子功率因数 $\cos\varphi_2$( )。

I_2:(1) 愈大　(2) 愈小　(3) 不变

$\cos\varphi_2$:(1) 愈大　(2) 愈小　(3) 不变

【分析】 由主教材图 7.3.2 可解。

【解】 选择(2)、(1)。

7.4.1 三相异步电动机在额定电压下运行时,如果负载转矩增加,则转速(　),电流(　)。

转速:(1) 增高　(2) 降低　(3) 不变

电流:(1) 增大　(2) 减小　(3) 不变

【分析】 $T_C\uparrow(T_C>T)\to n\downarrow(n(f(T))\to s\uparrow\left(s=\dfrac{n_0-n}{n_0}\right)\to I_2、E_2、I_1\uparrow$

即当负载转矩增加时,转速下降,定、转子电流增大。

【解】 选择(2)、(1)。

7.4.2 三相异步电动机在额定负载转矩下运行时,如果电压降低,则转速(　),电流(　)。

转速:(1) 增高　(2) 降低　(3) 不变

电流:(1) 增大　(2) 减小　(3) 不变

【分析】 $U_1\downarrow\to T\downarrow\left(T=K\dfrac{sR_2U_1^2}{R_2^2+(sX_{20})^2}\right)\to n\downarrow(n(f(T))\to s\uparrow\left(s=\dfrac{n_0-n}{n_0}\right)\to I_1、I_2\uparrow$

即电压降低时,转速下降,定、转子电流增大。

【解】 选择(2)、(1)。

7.4.3 三相异步电动机在额定状态下运行时,如果电源电压略有增高,则转速(　),电流(　)。

转速:(1) 增高　(2) 降低　(3) 不变

电流:(1) 增大　(2) 减小　(3) 不变

【分析】 $U_1\uparrow\to T\uparrow\left(T=K\dfrac{sR_2U_1^2}{R_2^2+(sX_{20})^2}\right)\to n\uparrow(n(f(T))$

$U_1\uparrow\to\Phi\uparrow(U_1\approx 4.44f_1N_1\Phi)\to E_{20}(E_{20}=4.44f_1N_2\Phi)\to I_2、I_1\uparrow$

即电源电压增加时,转速上升,电流增大。

【解】 选择(1)、(1)。

7.4.4 三相异步电动机在正常运行时,如果电源频率降低(例如从 50 Hz 降到 48 Hz),则转速(　),电流(　)。

转速:(1) 增高　(2) 降低　(3) 不变

电流:(1) 增大　(2) 减小　(3) 不变

【分析】 $f_1\downarrow\to n_0\downarrow\left(n_0=\dfrac{60f_1}{p}\right)(转差率\ s\ 不变)\to n\downarrow$

$f_1\downarrow\to\Phi\uparrow(U_1\approx 4.44f_1N_1k\Phi)\to T\uparrow\to I_1、I_2\downarrow$

即电源频率降低时,转速下降,电流减小。

【解】 选择(2)、(2)。

7.4.5 三相异步电动机在额定状态下运行时,如果电源频率升高,则转速(　),电流(　)。

转速:(1) 增高　(2) 降低　(3) 不变

电流:(1) 增大　(2) 减小　(3) 不变

【分析】 $f_1\uparrow\to n_0\uparrow\left(n_0=\dfrac{60f_1}{p}\right)(转差率\ s\ 不变)\to n\uparrow$

$f_1\uparrow\to\Phi\downarrow(U_1\approx 4.44f_1N_1k\Phi)\to T\downarrow\to s\uparrow\to I_1、I_2\uparrow$

即电源频率升高时,转速上升,电流增大。

注意：该题分析思路和上题恰好相反。
【解】 选择(1)、(1)。

7.4.6 三相异步电动机在正常运行中如果有一根电源线断开，则( )。
(1) 电动机立即停转　　(2) 电流立即减小　　(3) 电流大大增大
【解】 选择(3)。

7.4.7 三相异步电动机的转矩 T 与定子每相电源电压 U_1 ( )。
(1) 成正比　　(2) 平方成比例　　(3) 无关
【分析】 由主教材公式(7.4.2)即可得。
【解】 选择(2)。

7.5.1 三相异步电动机的起动转矩 T_{st} 与转子每相电阻 R_2 有关，R_2 愈大时，则 T_{st} ( )。
(1) 愈大　　(2) 愈小　　(3) 不一定
【分析】 由主教材公式(7.4.8) $T_{st} = K \dfrac{R_2 U_1^2}{R_2^2 + X_{20}^2}$ 可知，起动转矩 T_{st} 与转子电阻 R_2 有关。当转子电阻适当增大时，起动转矩会增大(主教材图 7.4.4)。但是，当临界转差率 $s_m = \dfrac{R_2}{X_{20}} = 1$，即 $R_2 = X_{20}$ 时，$T_{st} = T_{max}$，此时如果继续增大转子电阻 R_2，起动转矩 T_{st} 就要减小，这时 $s_m > 1$，$T_{st} < T_{max}$。
因此，不是转子串电阻愈大，起动转矩也愈大。
【解】 选择(3)。

7.5.2 三相异步电动机在满载时起动的起动电流与空载时起动的起动电流相比，( )。
(1) 前者大　　(2) 前者小　　(3) 两者相等
【分析】 三相异步电动机的起动电流和起动转矩是由其本身结构性能决定的，不受外界机械负载影响。因此，在满载和空载下起动时，起动电流和起动转矩是一样的。
【解】 选择(3)。

7.5.3 三相异步电动机的起动电流( )。
(1) 与起动时的电源电压成正比
(2) 与负载大小有关，负载越大，起动电流越大
(3) 与电网容量有关，容量越大，起动电流越小
【分析】 三相异步电动机的起动电流与起动时的电源电压成正比，这正是笼型电动机降压起动的原理。
【解】 选择(1)。

7.8.1 三相异步电动机铭牌上所标的功率是指它在额定运行时( )。
(1) 视在功率　　(2) 输入电功率　　(3) 轴上输出的机械功率
【解】 选择(3)。

7.8.2 三相异步电动机功率因数 $\cos\varphi$ 的 φ 角是指在额定负载下( )。
(1) 定子线电压与线电流之间的相位差
(2) 定子相电压与相电流之间的相位差
(3) 转子相电压与相电流之间的相位差
【解】 选择(2)。

7.8.3 三相异步电动机的转子铁损耗很小，这是因为( )。
(1) 转子铁心选用优质材料

(2) 转子铁心中磁通很小

(3) 转子频率很低

【解】 选择(2)。

B 基本题

7.3.3 有一四极三相异步电动机,额定转速 $n_N = 1\,440$ r/min,转子每相电阻 $R_2 = 0.02\,\Omega$,感抗 $X_{20} = 0.08\,\Omega$,转子电动势 $E_{20} = 20$ V,电源频率 $f_1 = 50$ Hz。试求该电动机起动时及在额定转速运行时的转子电流 I_2。

【分析】 (1) 四极异步电动机,即 $p = 2$。

(2) 电动机转子电路的各个物理量都与转差率相关,如:电动势、电流、频率、感抗以及功率因数等,因此应先求出两种情况下的转差率,然后代入主教材公式(7.3.14)中即可。

【解】 (1) 电动机起动时,$n = 0, s = 1$

$$I_2 = \frac{sE_{20}}{\sqrt{R_2^2 + (sX_{20})^2}} \qquad \text{主教材公式(7.3.14)}$$

$$= \frac{E_{20}}{\sqrt{R_2^2 + (X_{20})^2}} = \frac{20}{\sqrt{0.02^2 + 0.08^2}} \approx 243 \text{ A}$$

(2) 额定转速运行时,由题意知:$n_N = 1\,440$ r/min,$p = 2$,

则同步转速 n_0 为:$n_0 = \frac{60 f_1}{p} = \frac{60 \times 50}{2} = 1\,500$ r/min

额定转差率为:$s_N = \frac{n_0 - n_N}{n_0} = \frac{1\,500 - 1\,440}{1\,500} = 0.04$

$$I_2 = \frac{s_N E_{20}}{\sqrt{R_2^2 + (s_N X_{20})^2}} = \frac{0.04 \times 20}{\sqrt{0.02^2 + (0.04 \times 0.08)^2}} = 39.5 \text{ A}$$

7.3.4 有一台 50 Hz,1 425 r/min,四极的三相异步电动机,转子电阻 $R_2 = 0.02\,\Omega$,感抗 $X_{20} = 0.08\,\Omega$,$E_1/E_{20} = 10$,当 $E_1 = 200$ V 时,试求:(1) 电动机起动初始瞬间($n = 0, s = 1$)转子每相电路的电动势 E_{20}、电流 I_{20} 和功率因数 $\cos\varphi_{20}$;(2) 额定转速时的 E_2、I_2 和 $\cos\varphi_2$。比较在上述两种情况下转子电路的各个物理量(电动势、频率、感抗、电流及功率因数)的大小。

【分析】 见题 7.3.3 分析。

【解】 (1) 起动初始瞬间,$n = 0, s = 1$

由已知 $E_1/E_{20} = 10$,得

$$E_{20} = E_1/10 = 200/10 = 20 \text{ V}$$

$$I_{20} = \frac{sE_{20}}{\sqrt{R_2^2 + (sX_{20})^2}} = \frac{E_{20}}{\sqrt{R_2^2 + (X_{20})^2}} = \frac{20}{\sqrt{0.02^2 + 0.08^2}} \approx 243 \text{ A}$$

$$\cos\varphi_2 = \frac{R_2}{\sqrt{R_2^2 + (sX_{20})^2}} = \frac{R_2}{\sqrt{R_2^2 + (X_{20})^2}} = \frac{0.02}{\sqrt{0.02^2 + 0.08^2}} \approx 0.243$$

(2) 额定转速时

由题意知:$n_N = 1\,425$ r/min,$p = 2$,

则同步转速 n_0 为:

$$n_0 = \frac{60 f_1}{p} = \frac{60 \times 50}{2} = 1\,500 \text{ r/min}$$

额定转差率为:

$$s_N = \frac{n_0 - n_N}{n_0} = \frac{1\,500 - 1\,425}{1\,500} = 0.05$$

$$E_2 = s_N E_{20} = 0.05 \times 20 = 1 \text{ V}$$

再将额定转差率 $s_N = 0.05$ 分别代入转子电流和转子电流的功率因数表达式中有:

$$I_2 = \frac{s_N E_{20}}{\sqrt{R_2^2 + (s_N X_{20})^2}} = \frac{0.05 \times 20}{\sqrt{0.02^2 + (0.05 \times 0.08)^2}} \approx 49 \text{ A}$$

$$\cos\varphi_2 = \frac{R_2}{\sqrt{R_2^2 + (s_N X_{20})^2}} = \frac{0.02}{\sqrt{0.02^2 + (0.05 \times 0.08)^2}} \approx 0.980\,6$$

7.4.8 已知 Y100L1-4 型异步电动机的某些额定技术数据如下:

2.2 kW   380 V   Y 形联结
1 420 r/min $\cos\varphi = 0.82$ $\eta = 81\%$

试计算:(1) 相电流和线电流的额定值及额定负载时的转矩;(2) 额定转差率及额定负载时的转子电流频率。设电源频率为 50 Hz。

【分析】 直接利用异步电动机的基本物理量之间的关系式即可求解。

【解】 由题意知,电动机是 Y 形联结,即 $U_1 = \sqrt{3}U_N$ 线电流额定值。
根据额定功率和功率因数的定义有:

$$I_N = \frac{P_N}{\sqrt{3}U_N \cos\varphi \cdot \eta} = \frac{2.2 \times 10^3}{\sqrt{3} \times 380 \times 0.82 \times 0.81} \approx 5.03 \text{ A}$$

相电流额定值

$$I_{PN} = I_N = 5.03 \text{ A}$$

额定转矩

$$T_N = 9\,550 \frac{P_N}{n_N} = \frac{9\,550 \times 2.2}{1\,420} \approx 14.8 \text{ N} \cdot \text{m}$$

(2) 由题意知,$p = 2$,
则同步转速 n_0 为:

$$n_0 = \frac{60 f_1}{p} = \frac{60 \times 50}{2} = 1\,500 \text{ r/min}$$

额定转差率为:

$$s_N = \frac{n_0 - n_N}{n_0} = \frac{1\,500 - 1\,420}{1\,500} \approx 0.053$$

转子电流频率为:

$$f_2 = s_N f_1 = 0.053 \times 50 \approx 2.67 \text{ Hz}$$

7.4.9 有台三相异步电动机,其额定转速为 1 470 r/min,电源频率为 50 Hz。在(a)起动瞬间,(b)转子转速为同步转速的 $\frac{2}{3}$ 时,(c)转差率为 0.02 时三种情况下,试求:(1) 定子旋转磁场对定子的转速;(2) 定子旋转磁场对转子的转速;(3) 转子旋转磁场对转子的转速(提示:$n_2 = \frac{60 f_2}{p} = s n_0$);(4) 转子旋转磁场对定子的转速;(5) 转子旋转磁场对定子旋转磁场的转速。

【分析】 直接利用异步电动机的基本物理量之间的关系式即可求解。

【解】 由题意知:$f_1 = 50$ Hz,$n_N = 1\,470$ r/min,$p = 2$,$n_0 = \frac{60 f_1}{p} = \frac{60 \times 50}{2} = 1\,500$ r/min

(a) 起动瞬间,转差率 $s = 1$

(1) 定子旋转磁场对定子的转速为 1 500 r/min。

(2) 定子旋转磁场对转子的转速为 1 500 r/min。

(3) $n_2 = \dfrac{60 f_2}{p} = s n_0 = n_0 = 1\ 500\ \text{r/min}$

即转子旋转磁场对转子的转速为 1 500 r/min。

(4) 转子旋转磁场对定子的转速为 1 500 r/min。

(5) 转子旋转磁场对定子旋转磁场的转速为 0 r/min。

(b) 转子转速为同步转速的 $\dfrac{2}{3}$ 时，$s = \dfrac{n_0 - \dfrac{2}{3} n_0}{n_0} = \dfrac{1}{3}$

(1) 定子旋转磁场对定子的转速为 1 500 r/min。

(2) 因为 $n = \dfrac{2}{3} n_0 = \dfrac{2}{3} \times 1\ 500 = 1\ 000\ \text{r/min}$

即定子旋转磁场对转子的转速为：

$n_0 - n = 1\ 500 - 1\ 000 = 500\ \text{r/min}$

(3) 转子旋转磁场对转子的转速为：

$n_2 = s n_0 = \dfrac{1}{3} \times 1\ 500 = 500\ \text{r/min}$

(4) 转子旋转磁场对定子的转速为 1 500 r/min。

(5) 转子旋转磁场对定子旋转磁场的转速为 0 r/min。

(c) 转差率为 0.02 时

(1) 定子旋转磁场对定子的转速为 1 500 r/min。

(2) 因为 $n = (1-s) n_0 = (1-0.02) \times 1\ 500 = 1\ 470\ \text{r/min}$

即定子旋转磁场对转子的转速为：

$n_0 - n = 1\ 500 - 1\ 470 = 30\ \text{r/min}$

(3) $n_2 = s n_0 = 0.02 \times 1\ 500 = 30\ \text{r/min}$

即转子旋转磁场对转子的转速为 30 r/min。

(4) 转子旋转磁场对定子的转速为 1 500 r/min。

(5) 转子旋转磁场对定子旋转磁场的转速为 0 r/min。

7.4.10 有 Y112M-2 型和 Y160M1-8 型异步电动机各一台，额定功率都是 4 kW，但前者额定转速为 2 890 r/min，后者为 720 r/min。试比较它们的额定转矩，并由此说明电动机的极数、转速及转矩三者之间的大小关系。

【分析】 直接利用异步电动机的额定转矩公式 $T_\text{N} = 9\ 550 \dfrac{P_\text{N}}{n_\text{N}}\ \text{N} \cdot \text{m}$ 计算。

【解】 Y112M-2 型电动机的额定转矩

$T_\text{N} = 9\ 550 \times \dfrac{P_\text{N}}{n_\text{N}} = 9\ 550 \times \dfrac{4}{2\ 890} \approx 13.2\ \text{N} \cdot \text{m}$

Y160M1-8 型电动机的额定转矩

$T_\text{N} = 9\ 550 \times \dfrac{P_\text{N}}{n_\text{N}} = 9\ 550 \times \dfrac{4}{720} \approx 53.1\ \text{N} \cdot \text{m}$

通过比较可知：电动机的磁极数愈多，则转速愈低，在同样的额定功率下，额定转矩愈大。

7.4.11 已知 Y132S-4 型三相异步电动机的额定技术数据如下：

第7章 交流电动机

功率	转速	电压	效率	功率因数	I_{st}/I_N	T_{st}/T_N	T_{max}/T_N
5.5 kW	1 440 r/min	380 V	85.5%	0.84	7	2	2.2

电源频率为 50 Hz。试求额定状态下的转差率 s_N、电流 I_N 和转矩 T_N，以及起动电流 I_{st}、起动转矩 T_{st}、最大转矩 T_{max}。

【分析】 参见主教材例 7.5.1。

【解】 由电动机的型号可知：$p=2$，$n_0=\dfrac{60f_1}{p}=\dfrac{60\times50}{2}=1\,500$ r/min

额定状态下的转差率为：

$$s_N=\dfrac{n_0-n_N}{n_0}=\dfrac{1\,500-1\,440}{1\,500}=0.04$$

因为电压为 380 V，是采用 Y 型接法，根据功率定义得：

$$I_N=\dfrac{P_N}{\sqrt{3}U_N\cos\varphi_N\eta_N}$$

$$=\dfrac{5.5\times10^3}{\sqrt{3}\times380\times0.84\times0.855}\approx11.64 \text{ A}$$

则额定转矩

$$T_N=9\,550\dfrac{P_N}{n_N}=9\,550\times\dfrac{5.5}{1\,440}\approx36.5 \text{ N}\cdot\text{m}$$

起动电流

$$I_{st}=7I_N=7\times11.64\approx81.4 \text{ A}$$

起动转矩 T_{st}：

$$T_{st}=\left(\dfrac{T_{st}}{T_N}\right)T_N=2\times36.5=73 \text{ N}\cdot\text{m}$$

最大转矩 T_{max}：

$$T_{max}=\left(\dfrac{T_{max}}{T_N}\right)T_N=2.2\times36.5=80.3 \text{ N}\cdot\text{m}$$

7.4.12 (1) 试大致画出习题 7.4.11 中电动机的机械特性曲线 $n=f(T)$；(2) 当电动机在额定状态下运行时，电源电压短时间降低，最低允许降到多少伏？

【解】 (1) 电动机的机械特性曲线 $n=f(T)$ 如图解 7.03 所示。

其中 $T_N=36.5$ N·m

$T_{st}=73$ N·m

$T_{max}=80.3$ N·m

$T_{max}/T_N=2.2$

(2) 由主教材公式 (7.4.2) $T=K\dfrac{sR_2U_1^2}{R_2^2+(sX_{20})^2}$ 可知：

转矩 T 与电源电压的平方 U_1^2 成正比，且 T_{max} 对应的电源电压 $U_{max}=380$ V，

即：$\dfrac{380^2}{U_x^2}=\dfrac{T_{max}}{T_N}=2.2$

解得：$U_x\approx255$ V

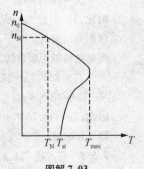

图解 7.03

7.4.13 某四极三相异步电动机的额定功率为 30 kW，额定电压为 380 V，三角形联结，频率为

50 Hz。在额定负载下运行时,其转差率为 0.02,效率为 90%,线电流为 57.5 A,试求:(1) 转子旋转磁场对转子的转速;(2) 额定转矩;(3) 电动机的功率因数。

【分析】 直接利用异步电动机的公式计算。

【解】 由题知是四极电动机,即 $p=2$,$n_0=\dfrac{60f_1}{p}=\dfrac{60\times 50}{2}=1\ 500$ r/min

额定转速为:

$$n_N=(1-s_N)n_0=(1-0.02)\times 1\ 500=1\ 470 \text{ r/min}$$

(1) 转子旋转磁场对转子的转速为:

$$n_2=\Delta n=n_0-n_N=1\ 500-1\ 470=30 \text{ r/min}$$

(2) 额定转矩为:

$$T_N=9\ 550\dfrac{P_N}{n_N}=9\ 550\times\dfrac{30}{1\ 470}\approx 195 \text{ N}\cdot\text{m}$$

(3) 功率因数为:

$$\cos\varphi_N=\dfrac{P_N}{\sqrt{3}U_N I_N \eta_N}=\dfrac{30\times 10^3}{\sqrt{3}\times 380\times 57.5\times 0.9}\approx 0.88$$

7.5.4 习题 7.4.13 中电动机的 $T_{st}/T_N=1.2$,$I_{st}/I_N=7$,试求:(1) 用 Y—△ 换接起动时的起动电流和起动转矩;(2) 当负载转矩为额定转矩的 60% 和 25% 时,电动机能否起动。

【分析】 参考主教材例 7.5.2。电动机能否起动,关键是要起动转矩大于负载转矩,即 $T_{st}>T_C$。

【解】 (1) 直接起动电流为:$I_{st}=7I_N=7\times 57.5=402.5$ A

Y—△ 换接起动时的起动电流为:$I_{stY}=\dfrac{1}{3}I_{st}=\dfrac{1}{3}\times 402.5\approx 134.2$ A

直接起动转矩为:$T_{st}=1.2T_N=1.2\times 195=234$ N·m

Y—△ 换接起动时的起动转矩为:$T_{stY}=\dfrac{1}{3}T_{st}=\dfrac{1}{3}\times 234=78$ N·m

(2) 当负载转矩为额定转矩的 60%,即

$$T_C=60\%T_N=60\%\times 195=117 \text{ N}\cdot\text{m}$$

又 $T_{stY}=78$ N·m

因此,$T_C=117$ N·m $> T_{stY}=78$ N·m

即不可以起动。

当负载转矩为额定转矩的 25%,即

$$T_C=25\%T_N=25\%\times 195=48.75 \text{ N}\cdot\text{m}$$

又 $T_{stY}=78$ N·m

因此,$T_C=48.75$ N·m $< T_{stY}=78$ N·m

即可以起动。

7.5.5 在习题 7.4.13 中,如果采用自耦变压器降压起动,而使电动机的起动转矩为额定转矩的 85%,试求:(1) 自耦变压器的变比;(2) 电动机的起动电流和线路上的起动电流各为多少?

【分析】 利用转矩的变化求出自耦变压器的变比,再利用直接起动与自耦变压器起动时的电流关系求出相应的起动电流。

【解】 由主教材公式(7.4.2)可知:

转矩 T 与电源电压的平方 U_1^2 成正比。

因此,自耦变压器降压起动转矩 T'_{st} 为:$T'_{st}=\dfrac{1}{K^2}T_{st}=0.85T_N$,

其中，T_{st}为直接起动时的起动转矩，$T_{st}=1.2T_N$，K为自耦变压器的变比。

即，$K=\sqrt{\dfrac{T_{st}}{T'_{st}}}=\sqrt{\dfrac{1.2T_N}{0.85T_N}}\approx 1.19$

(2) 电动机的自耦变压器起动时，电动机起动电流比直接起动电流小K倍，

即：$I_{stD}=\dfrac{I_{st}}{K}=\dfrac{402.5}{1.19}\approx 339\ \text{A}$

线路上的起动电流为：

$I_{st1}=\dfrac{I_{stD}}{K}=\dfrac{339}{1.19}\approx 285\ \text{A}$

7.5.6 (1) Y180L-4型三相异步电动机，22 kW，$I_{st}/I_N=7$；

(2) Y250M-4型三相异步电动机，55 kW，$I_{st}/I_N=7$。

若电源变压器容量为560 kV·A，试问上列两电动机能否直接起动？

【分析】 异步电动机直接起动条件，一般可按经验公式：

$\dfrac{I_{st}}{I_N}\leqslant\left(\dfrac{3}{4}+\dfrac{\text{电源总容量(kV·A)}}{4\times\text{起动电机功率(kW)}}\right)$判定。

【解】 (1) Y180L-4型三相异步电动机：$\dfrac{I_{st}}{I_N}=7$

经验公式：$\dfrac{3}{4}+\dfrac{560}{4\times 22}=0.75+6.364=7.114$

$\dfrac{I_{st}}{I_N}=7<7.114$

即满足条件，可以直接起动。

(2) Y250M-4型三相异步电动机：$\dfrac{I_{st}}{I_N}=7$

经验公式：$\dfrac{3}{4}+\dfrac{560}{4\times 55}=0.75+2.55=3.37$

$\dfrac{I_{st}}{I_N}=7>3.37$

即不满足条件，不可以直接起动。

7.9.1 某一车床，其加工工件的最大直径为600 mm，用统计分析法计算主轴电动机的功率。

【分析】 直接将数据代入统计分析公式$P=36.5D^{1.54}$中计算即可，注意计算出电动机的功率单位为kW。

【解】 由题意有：

$P=36.5D^{1.54}=36.5\times(600\times 10^{-3})^{1.54}\approx 16.62\ \text{kW}$

7.9.2 有一短时运行的三相异步电动机，折算到轴上的转矩为130 N·m，转速为730 r/min，试求电动机的功率。取过载系数$\lambda=2$。

【分析】 直接利用公式求解即可。

【解】 过载系数λ：$\lambda=\dfrac{T}{T_N}=2$

额定转矩T_N：$T_N=9\ 550\dfrac{P_N}{n}$

即额定功率P_N：$P_N=\dfrac{n\cdot T_N}{9\ 550}=\dfrac{730\times 130}{9\ 550}=9.937\ \text{kW}$

则过载功率 $P:P=\dfrac{P_N}{\lambda}=\dfrac{9.937}{2}=4.97$ kW

因此可选择 $P_N=5.5$ kW 的电动机。

7.9.3 有一台三相异步电动机在轻载下运行,已知输入功率 $P_1=20$ kW, $\cos\varphi=0.6$。今接入三角形联结的补偿电容(图 7.02),使其功率因数达到 0.8。又已知电源线电压为 380 V,频率为 50 Hz。试求:(1) 补偿电容器的无功功率;(2) 每相电容 C。

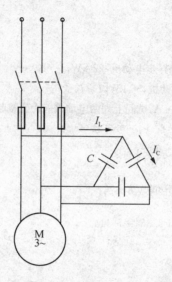

图 7.02 习题 7.9.3 的图

【分析】 由公式可直接求解。因为是 △ 联结,因此每相电容上的电压为线电压,每相电容的无功功率为 $\dfrac{1}{3}Q_C=U_l^2\cdot\omega C$。

【解】 (1) 根据无功功率定义,可得到补偿电容上的无功功率为:

$$Q_C=P_1(\tan\varphi-\tan\varphi')$$
$$=P_1[\tan(\arccos 0.6)-\tan(\arccos 0.8)]$$
$$=20\times 0.583\approx 11.7 \text{ kvar}$$

(2) 每相电容值,由于是 △ 连接,$U_L=U_P$,由补偿电容的定义式

$$C=\dfrac{Q_C}{3\omega U_L^2}=\dfrac{11.7\times 10^3}{3\times 2\pi\times 50\times 380^2}\approx 86 \text{ μF}$$

C 拓宽题

7.1.1 一般电动机的空气隙为 0.2~1.0 mm,大型电动机为 1.0~1.5 mm。试分析空气隙过大或过小对电动机的运行有何影响。

【解】 (1) 气隙过大将使磁阻增大,因而使得激磁电流变大,功率因数减小,电动机的性能变坏。

(2) 气隙过小,将会增加铁芯的损耗,运行时转子铁芯可能与定子铁芯相碰触,甚至难以起动鼠笼式转子。

因此,异步电动机的空气隙不能过大或过小。

7.4.14 三相异步电动机能否稳定运行,主要看在运行中受到干扰后能否自动恢复到原来的平衡

状态;或者负载变化时能否自动达到一个新的平衡状态。在图 7.03 中,试分析:(1) 电动机原在负载转矩 T_C 下稳定运行,其工作点在图中所示机械特性曲线 abc 段的 b 点,问在负载转矩增大和减小两种情况下电动机能否稳定运行,工作点和转速有何变化?(2) 假设电动机原在 cde 段的 d 点运行,当由于某种原因,负载略有增大和减小时电动机能否稳定运行,最终电动机是否会停止运行?还是能稳定运行?

【分析】 图 7.03 中 a→b→c 段称为电动机的稳定工作区,具有硬特性;

图 7.03 中 c→d→e 段称为电动机的不稳定工作区,特性较软。

【解】 (1) 当负载转矩增大时,能稳定运行,工作点 b 沿着曲线向右侧移动,转速下降;当负载转矩减小时,能稳定运行,工作点 b 沿着曲线向左侧移动,转速上升。

(2) 电动机原先在 d 点运行,当负载增大时,转矩增大,转速也增大,电机不能稳定运行;当负载减小时,转子转速降低,电机也不能稳定运行。

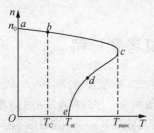
图 7.03 电动机稳定运行分析

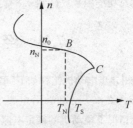
图解 7.04

7.5.7 试从机械特性曲线分析三相异步电动机空载起动的过程,最后在何处稳定运行?

【解】 三相异步电动机固有的机械特性曲线如图解 7.04 所示。

空载起动时,负载转矩为 0,最终转子转速接近于同步转速 n_0,而稳定运行于 n_0 点;空载起动时,起动转矩不变,转速不断上升。

7.5.8 某工厂的电源容量为 560 kV·A,一皮带运输机采用三相笼型异步电动机拖动,其技术数据为:40 kW,△ 形联结,$I_{st}/I_N=7$,$T_{st}/T_N=1.8$。今要求带 $0.8T_N$ 的负载起动,试问应采用什么方法(直接起动、Y-△ 换接起动、自耦降压起动)起动?

【解】 因为 $\dfrac{I_{st}}{I_N}=7$,即起动电流比较大,不适合采用直接起动方式,且带 $0.8T_N$ 的负载起动,因此采用 Y-△ 换接起动方式比较合理。

Y-△ 起动电流和起动转矩都是直接起动时的 1/3。

自耦变压器的体积大、价格高、维修不方便,且不允许频繁起动,以后恐将逐步淘汰,此处也不采用。

7.7.1 当三相异步电动机下放重物时,会不会因重力加速度急剧下落而造成危险?

【解】 不会造成危险,快速下放重物时,重物拖动转子反转。重物受到制动而等速下降,此时电动机进入发电机运行状态,将重物的位能化为电能反馈到电网中。

7.10.1 某工厂负载为 850 kW,功率因数为 0.6(滞后),由 1 600 kV·A 变压器供电。现添加 400 kW 功率的负载,由同步电动机拖动,其功率因数为 0.8(超前),问是否需要加大变压器容量?这时将工厂的功率因数提高到多少?

【分析】 负载 850 kW 为有功功率,其无功功率为 $850\tan(\arccos 0.6)$;

负载 400 kW 为有功功率,其无功功率为 $400\tan(\arccos 0.8)$。

无功功率定义:$\theta_C=\theta_1-\theta_2=P_1\tan\varphi_1-P_2\tan\varphi_2$。

【解】 总的视在功率为:

$$S = \sqrt{P^2+Q^2} = \sqrt{(P_1+P_2)^2+(Q_1-Q_2)^2}$$
$$= \sqrt{(P_1+P_2)^2+(P_1\tan\varphi_1-P_2\tan\varphi_2)^2}$$
$$= \sqrt{(P_1+P_2)^2+[P_1\tan(\arccos 0.6)-P_2\tan(\arccos 0.8)]^2}$$
$$= \sqrt{(850+400)^2+[850\times\tan(\arccos 0.6)-400\times\tan(\arccos 0.8)]^2}$$
$$\approx 1\ 502\ \text{kV}\cdot\text{A}$$
$$< 1\ 600\ \text{kV}\cdot\text{A}$$

因此,不必加大变压器的容量!

提高后工厂的总功率因数:

$$\cos\varphi = \frac{P_1+P_2}{S} = \frac{850+400}{1\ 502} \approx 0.83$$

即工厂的总功率因数提高到 0.83。

7.4 经典习题与全真考题详解

题1 三相异步电动机铭牌如下:型号:JW092-2,$U_N=380$ V,Y 接法,$P_N=600$ W,$I_N=1.39$ A,$\cos\varphi_N=0.8$,$n_N=2\ 880$ r/min。若电源线电压 $U_1=220$ V,试问应采用何种接法接入电源才能正常工作?试求在此情况下电动机的额定电流 I_N,额定转矩 T_N,额定转差率 s_N 及额定效率 η_N。

【解】 由电动机 $U_N=380$ V,Y 接法可知,电动机绕组额定电压为 $\frac{U_N}{\sqrt{3}}=220$ V。

因电源线电压 $U_1=220$ V,故电动机应采用 △ 形接法接入电源才能正常工作。此时

额定电流 $I_{N\triangle}=\sqrt{3}I_{NY}=\sqrt{3}\times 1.39=2.4$ A

额定转矩 $T_N=9\ 550\times\frac{P_N}{n_N}=9\ 550\times\frac{0.6}{2\ 880}\approx 2$ N·m

由型号知,该电动机极对数 $P=1$,故同步转速

所以 $n_0=3\ 000$ r/min

额定转差率:$s_N=\frac{n_0-n_N}{n_0}=\frac{3\ 000-2\ 880}{3\ 000}=0.04$

额定效率:$\eta_N=\frac{P_N}{P_{1N}}=\frac{P_N}{\sqrt{3}U_{N\triangle}I_{N\triangle}\cos\varphi_N}=\frac{600}{\sqrt{3}\times 220\times 2.4\times 0.8}\approx 0.82$

[注意]电动机接法不同,仅影响电动机线电流大小,而不影响电动机的其他额定值。

题2 有一台鼠笼式三相异步电动机,$P_N=28$ kW,△ 形接法,$U_N=380$ V,$I_N=58$ A,$\cos\varphi_N=0.88$,$n_N=1\ 455$ r/min,$I_{st}/I_N=6$,$T_{st}=T_N=1.1$,过载系数 $\lambda=2.3$,供电变压器要求起动电流 ≤ 150 A,负载起动转矩为 70 N·m,试求:

(1) 是否可以 Y—△ 起动?

(2) 若用自耦变压器降压起动,抽头有 40%,60% 两种,应选哪个抽头?

【解】 (1) $T_N=9\ 550\times\frac{P_N}{n_N}=9\ 550\times\frac{28}{1\ 445}=183.8$ N·m

$T_{st}=T_N\times 1.1=202.2$ N·m

$T_{stY}=\frac{1}{3}T_{st}=67.4$ N·m $< T_L=70$ N·m

故不可以 Y—△ 起动。

(2) 抽头为 40% 时，

$T'_{st} = (0.4)^2 \times T_{st} = 0.16 \times 202.2 = 32.4 \text{ N·m} < T_L = 70 \text{ N·m}$，故不能起动。

抽头为 60% 时，

$$T''_{st} = (0.6)^2 \times T_{st} = 0.36 \times 202.2 = 72.8 > T_L = 70 \text{ N·m}$$

且

$$I'_{st} = (0.6)^2 I_{st} = 0.6^2 \times 6 I_N = 2.16 \times 58 = 125.3 \text{ A} < 150 \text{ A}$$

所以 60% 抽头可以采用。

第8章 直流电动机

1. 了解直流电动机的结构、特点分类及其转动原理。
2. 掌握直流电动机的电磁转矩公式、感应电动势公式及电枢电路的电压平衡方程式。
3. 掌握直流电动机的调速原理、方法以及起动和反转的方法。

1. 直流电动机的机械特性。
2. 并励电动机的起动和反转。
3. 并励(他励)电动机的调速。

1. 直流电动机的构造、工作原理。
2. 并励电动机的起动、反转和调速。

8.1 知识点归纳

	直流电机的构造	磁极、电枢、换向器
直流电动机	直流电机的基本工作原理	$E=K_E\Phi n, T=K_T\Phi I_a$
	直流电机的机械特性	1. 电压、电流关系 2. 机械特性 3. 额定值和功率平衡关系
	并励电动机的起动与反转	1. 电枢串电阻和降压起动法 2. 改变电枢绕组极性、励磁绕组极性实现反转
	并励(他励)电动机的调速	1. 变磁通调速 2. 变电压调速

8.2 练习与思考全解

8.2.1 试用图 8.2.1 和图 8.2.2 的原理图来说明：为什么发电机的电磁转矩是阻转矩？为什么电动机的电动势是反电动势？

【解】 在发电机的工作原理中，如主教材图 8.2.1 中，发电机由磁场中运动物体产生感应电流和感应电动势，根据左手定则，导体中电流在磁场中受到磁场作用力的方向和形成的转矩方向与转动方向正好相反，因此为阻转矩。

在电动机的工作原理中，如主教材图 8.2.2 中，根据右手定则，导体中的感应电动势与电流方向恰好相反，因此为反电动势。

第8章 直流电动机

8.2.2 试分别说明换向器在直流发电机和直流电动机中的作用。

【解】 因为在直流发电机中,导体在 N 极下的感应电动势和在 S 极下的感应电动势方向相反,导体旋转一周,感应电动势交变一次。

在直流发电机中,共有两个换向器,为了在负载中获得直流电压和电流,两个换向器一个安置在 N 极下,另一个安置在 S 极下;一个引出电流,另一个引入电流,使得输出电压极性不变,从而起到整流的作用。

在直流电动机中,外部输入的是直流电,为了使导体在不同磁极下形成方向不变的电磁转矩,必须将直流电变成绕组中的交流电,换向器就是使电压方向在一个周期内改变 2 次,从而起到逆变的作用。

8.4.1 在使用并励电动机时,发现转向不对,如将接到电源的两根线对调一下,能否改变转动方向?

【解】 因为电动机转动的方向与电磁转矩 T 的方向一致,根据 $T=K_T\Phi I_a$ 可知,要想改变电动机转动方向,必须改变 Φ 或 I_a 的方向。而将电源的两根线对调时,Φ 和 I_a 的方向将同时改变,则电磁转矩 T 的方向仍然不变,因此不能改变电动机的转动方向。

8.4.2 分析直流电动机和三相异步电动机起动电流大的原因,两者是否相同?

【解】 两者原因不同。

1. 直流电动机起动时,转速 $n=0$,反电动势 $E=K_E\Phi n=0$,因此起动电流很大。

2. 三相异步电动机起动时,电动机的转速 $n=0$,转差率 $s=1$,由主教材公式(7.3.14) $I_2=\dfrac{sE_{20}}{\sqrt{R_2^2+(sX_{20})^2}}=\dfrac{E_{20}}{\sqrt{\left(\dfrac{R_2}{s}\right)^2+X_{20}^2}}$ 可知,此时 I_2 最大,I_1 也很大。

8.4.3 采用降低电源电压的方法来降低并励电动机的起动电流,是否也可以?

【解】 不可以。

当电源电压降低时,电枢电压和励磁电压都降低了,从而导致起动转矩减小,可能无法起动电动机。如果电机稍有转动,但因为励磁电压较低,磁通较小,转速较低,导致反电动势很小,将会出现很大的起动电流长时间维持的情况,结果将烧坏换向器及电枢绕组。

8.5.1 对并励电动机能否改变电源电压来进行调速?

【解】 改变电源电压通常是降低电压,对并励电动机而言,电压降低即意味着励磁电压也降低,磁通减小。

理想空载时,因为 $n_0=\dfrac{U}{K_E\Phi}$,即 U 和 Φ 成正比,则 Φ 减小,又当负载转矩不变时,由 $T=K_T\Phi I_a$ 可知,电枢电流 I_a 增大,则 $\Delta n=\dfrac{R_a T}{K_E K_T\Phi^2}$ 也将增大,机械特性将变软,转速略有下降,达不到调速的目的。

8.5.2 比较并励电动机和三相异步电动机的调速性能?

【解】 并励电动机的调速方法有:改变电枢电压、改变磁通和在电枢电路中串接调速电阻。该方法的优点是:平滑,无级调速,调速幅度大,而且有较硬的机械特性,调节设备简单、经济,维护方便。

三相异步电动机的调速方法有:变频调速、变极调速和转子串电阻调速。变频调速可实现无级调速,但技术复杂,设备价格高,不便于维护,调速幅度远不如直流机。变极调速是有级调速,只用于专门制造的多速电机;转子串电阻调速只限于绕线式电机,结构复杂且能耗大、特性软。

8.3 习题全解

8.1.1 如何从电动机结构的外貌上来区别直流电动机、同步电动机、笼型异步电动机和绕线转子异步电动机?

【解】 首先将这些电机分为直流电机和三相交流电机两类,则从电源接线端子个数上将直流电机区分开,再将剩下部分分为同步电机和异步电机,因为同步电机转子励磁绕组需要电源,因此可将同步电机分开,最后两种异步机,转子结构差别很大,笼型电机转子没有绕组,所以可再次将两者区分开。

8.3.1 他励电动机在下列条件下其转速、电枢电流及电动势是否改变？

(1) 励磁电流和负载转矩不变,电枢电压降低。
(2) 电枢电压和负载转矩不变,励磁电流减小。
(3) 电枢电压和励磁电流不变,负载转矩减小。
(4) 电枢电压、励磁电流和负载转矩不变,与电枢串联一个适当阻值的电阻 R'_a。

【分析】 他励电动机的各个基本物理量之间的关系,注意励磁电流和磁通是正比关系。

【解】 (1) 励磁电流和负载转矩不变,电枢电压降低。

因为励磁电流不变,所以磁通是不变的,当电枢电压下降时,理想空载转速 $n_0 = \dfrac{U}{K_E\Phi}$ 下降,因此电动机转速下降,又因为负载转矩不变,因此电磁转矩不变,由 $T = K_T\Phi I_a$ 可知,电枢电流 I_a 不变,从而电动势 $E = K_E\Phi n$ 降低。

(2) 电枢电压和负载转矩不变,励磁电流减小。

因为励磁电流减小,所以磁通减小,则理想空载转速 $n_0 = \dfrac{U}{K_E\Phi}$ 增大,因此电动机转速上升,又因为负载转矩不变,故电磁转矩不变,由 $T = K_T\Phi I_a$ 可知,电枢电流 I_a 增大,从而反电动势 $E = U - I_a R_a$ 下降,则转速 $n = \dfrac{U - I_a R_a}{K_E\Phi}$ 也会下降。

(3) 电枢电压和励磁电流不变,负载转矩减小。

因为励磁电流不变,所以磁通是不变的,又因为负载转矩减小,即电磁转矩将减小,根据 $T = K_T\Phi I_a$ 可知电枢电流 I_a 将减小,又电枢电压不变,则转速 $n = \dfrac{U - I_a R_a}{K_E\Phi}$ 将增大,电动势不变。

(4) 电枢电压、励磁电流和负载转矩不变,与电枢串联一个适当阻值的电阻 R'_a。

因为励磁电流不变,所以磁通是不变的,又因为负载转矩不变,故电磁转矩不变,由 $T = K_T\Phi I_a$ 可知,电枢电流 I_a 也不变;由 $E = U - I_a(R_a + R'_a)$ 知,电动势下降,则转速 $n = \dfrac{U - I_a(R_a + R'_a)}{K_E\Phi}$ 也下降。

8.3.2 一台直流电动机的额定转速为 3 000 r/min,如果电枢电压和励磁电流均为额定值时,试问该电动机是否允许在转速为 2 500 r/min 下长期运行？为什么？

【分析】 直流电动机具有硬的机械特性。

【解】 由主教材公式(8.3.5)

$$n = \frac{U}{K_E\Phi} - \frac{R_a}{K_E K_T \Phi^2} T = n_0 - \Delta n$$

其中, $\Delta n = \dfrac{R_a}{K_E K_T \Phi^2} T$ 是转速降。

一般转速降 Δn 在 $(5 \sim 10)\% \cdot n_N$ 范围内电机能正常工作。

当转速下降到 2 500 r/min 时,有:

$\Delta n = n_0 - n = n_N - n = 3\,000 - 2\,500 = 500$ r/min $\approx 16.7\% n_N$

已经超出正常工作范围,因此不能长期运行。

8.3.3 有一 Z2-32 型他励电动机,其额定数据如下: $P_2 = 2.2$ kW, $U = U_f = 110$ V, $n = 1\,500$ r/min, $\eta = 0.8$;并已知 $R_a = 0.4\,\Omega$, $R_f = 82.7\,\Omega$。试求:(1) 额定电枢电流;(2) 额定励磁电流;(3) 励磁功率;(4) 额定转矩;(5) 额定电流时的反电动势。

【解】 (1) 额定输入功率

$$P_1 = \frac{P_2}{\eta} = \frac{2.2}{0.8} = 2.75 \text{ kW}$$

额定电流 $I_N = \dfrac{P_1}{U_N} = \dfrac{2.75 \times 10^3}{110} = 25$ A

(2) 额定励磁电流

$$I_{fN}=\frac{U_f}{R_f}=\frac{110}{82.7}\approx 1.33 \text{ A}$$

额定电枢电流 $I_{aN}=I_N-I_{fN}=25-1.33=23.67$ A

(3) 励磁功率
$$P_f=U_f I_{fN}=110\times 1.33=146.3 \text{ W}$$

(4) 额定转矩
$$T_N=9\ 550\frac{P_2}{n_N}=9\ 550\times\frac{2.2}{1\ 500}=14 \text{ N}\cdot\text{m}$$

(5) 反电动势
$$E=U-I_{aN}R_a=110-23.67\times 0.4\approx 100.35 \text{ V}$$

8.4.1 对习题8.3.3中的电动机,试求:(1)起动初始瞬间的起动电流;(2)如果使起动电流不超过额定电流的2倍,求起动电阻,并问起动转矩为多少?

【解】 (1) 因为起动瞬间,$n=0$,即 $E=0$,

因此起动瞬间的起动电流:
$$I_{st}=\frac{U_N}{R_a}=\frac{110}{0.4}=275 \text{ A}$$

(2) $I_{st}\leqslant 2I_{aN}=2\times 23.67=47.34$ A

由 $I_{st}=\frac{U_N}{R_a+R_{st}}$ 得
$$\frac{U_N}{R_a+R_{st}}=\frac{110}{0.4+R_{st}}\leqslant 47.34$$

即
$$R_{st}\geqslant \frac{110}{47.34}-0.4\approx 1.92 \text{ Ω}(可取 R_{st}=1.92 \text{ Ω})$$

当 Φ 一定时,由 $T=K_T\Phi I_a$ 知
$$\frac{T_N}{T_{st}}=\frac{I_{aN}}{I_{st}}$$

所以
$$T_{st}=\frac{I_{st}}{I_{aN}}T_N=2\times 14=28 \text{ N}\cdot\text{m}$$

8.5.1 对习题8.3.3中的电动机,如果保持额定转矩不变,试求用下列两种方法调速时的转速:(1)磁通不变,电枢电压降低20%;(2)磁通和电枢电压不变,与电枢串联一个1.6 Ω的电阻;(3)作出习题8.3.3额定运行时以及本题(1)、(2)两种情况时的机械特性曲线,并作一比较。

【解】 因为励磁电流不变,所以磁通是不变的,又因为负载转矩不变,故电磁转矩不变,由 $T=K_T\Phi I_a$ 可知,电枢电流 I_a 也不变。

(1) 当磁通不变,且保持额定转矩不变,由 $T=K_T\Phi I_a$ 可知,电枢电流 I_a 也不变,即 $I_a=I_{aN}$。
根据电动势 $E=K_E\Phi n$ 得:n 和 E 是成正比的,

即 $\frac{n}{n_N}=\frac{E}{E_N}=\frac{U-I_a R_a}{U_N-I_{aN}R_a}=\frac{U-I_a R_a}{U_N-I_{aN}R_a}$

则 $n=\frac{U-I_a R_a}{U_N-I_{aN}R_a}\times n_N=\frac{0.8\times 110-23.67\times 0.4}{110-23.67\times 0.4}\times 1500\approx 1\ 172$ r/min

(2) 当转矩、磁通和电枢电压都不变时,即 $R'_a=R_a+1.6=2$ Ω,
$$n=\frac{U_N-I_{aN}R'_a}{U_N-I_{aN}R_a}\times n_N=\frac{110-23.67\times 2}{110-23.67\times 0.4}\times 1\ 500\approx 935 \text{ r/min}$$

8.5.2 对习题8.3.3中的电动机,允许削弱场调到最高转速3 000 r/min。试求当保持电枢电流为额定值的条件下,电动机调到最高转速后的电磁转矩。

【解】 方法一：

因为 $T_N = 9\,550 \dfrac{P_N}{n_N}$，

当功率不变时，$T_N n_N = T'_N n'_N$，

即 $T'_N = \dfrac{n_N}{n'_N} T_N = \dfrac{1\,500}{3\,000} \times 14 = 7 \text{ N} \cdot \text{m}$

方法二：因为电枢电流保持额定值，则反电动势 $E = U - I_{aN} R_a$ 也不变，

因为 $E = K_E \Phi n$，即 $\dfrac{\Phi' n'}{\Phi n_N} = 1$，即 $\dfrac{\Phi'}{\Phi} = \dfrac{n_N}{n'}$

又 $T = K_T \Phi I_a$，则 $\dfrac{T'}{T_N} = \dfrac{\Phi'}{\Phi}$，即 $\dfrac{T'}{T_N} = \dfrac{\Phi'}{\Phi} = \dfrac{n_N}{n'}$

因此，$T' = \dfrac{n_N}{n'} T_N = \dfrac{1\,500}{3\,000} \times 14 = 7 \text{ N} \cdot \text{m}$

8.5.3 有一台并励电动机，其额定数据如下：$P_2 = 10 \text{ kW}, U = 220 \text{ V}, I = 53.8 \text{ A}, n = 1\,500 \text{ r/min}$；并已知 $R_a = 0.4 \text{ Ω}, R_f = 193 \text{ Ω}$。今在励磁电路串联调磁调节电阻 $R'_f = 50 \text{ Ω}$，采用调磁调速。(1) 如保持额定转矩不变，试求转速 n，电枢电流 I_a 及输出功率 P_2；(2) 如保持额定电枢电流不变，试求转速 n，转矩 T 及输出功率 P_2。

【解】 (1) 串 R'_f 电阻前，励磁电流

$$I_{fN} = \dfrac{U}{R_f} = \dfrac{220}{193} \approx 1.14 \text{ A}$$

电枢电流

$$I_{aN} = I - I_{fN} = 53.8 - 1.14 = 52.66 \text{ A}$$

串 R'_f 电阻后，励磁电流

$$I'_f = \dfrac{U}{R_f + R'_f} = \dfrac{220}{193 + 50} \approx 0.905 \text{ A}$$

如保持额定转矩不变，则由 $T = K_T \Phi I_a$ 得

$$\dfrac{T'}{T} = \dfrac{K_T \Phi' I'_a}{K_T \Phi I_{aN}} = 1$$

即

$$\dfrac{I'_a}{I_{aN}} = \dfrac{\Phi}{\Phi'}$$

现假设磁路工作在线性段，则有

$$\dfrac{\Phi'}{\Phi} = \dfrac{I'_f}{I_{fN}} = \dfrac{0.905}{1.14}$$

所以

$$\dfrac{I'_a}{I_{aN}} = \dfrac{I_{fN}}{I'_f}$$

$$I'_a = \dfrac{I_{fN}}{I'_f} I_{aN} = \dfrac{1.14}{0.905} \times 52.66 \approx 66.3 \text{ A}$$

由 $\dfrac{E'}{E_N} = \dfrac{K_E \Phi' n'}{K_E \Phi n_N} = \dfrac{U - I'_a R_a}{U - I_{aN} R_a}$ 得

$$n' = \dfrac{\Phi}{\Phi'} n_N \times \dfrac{U - I'_a \cdot R_a}{U - I_{aN} \cdot R_a}$$

$$= \dfrac{1.14}{0.905} \times 1\,500 \times \dfrac{220 - 66.3 \times 0.4}{220 - 52.66 \times 0.4} \approx 1\,837 \text{ r/min}$$

第8章 直流电动机

由输出功率 $P_2 = \dfrac{T_N \cdot n}{9\,550}$ 得

$$\dfrac{P_2'}{P_{2N}} = \dfrac{n'}{n_N}$$

所以

$$P_2' = \dfrac{n'}{n_N} P_{2N} = \dfrac{1\,837}{1\,500} \times 10 \approx 12.25 \text{ kW}$$

(2) 当保持 $I_a = I_{aN}$ 不变时，则反电动势 $E = U - I_{aN} R_a$ 也不变，

又 $E = K_E \Phi n$，即 $\dfrac{\Phi' n'}{\Phi n_N} = 1$，

即 $n' = \dfrac{\Phi}{\Phi'} \cdot n_N = \dfrac{1.14}{0.905} \times 1\,500 = 1\,889 \text{ r/min}$

由 $T = K_T \Phi I_a$，得 $\dfrac{T'}{T_N} = \dfrac{\Phi'}{\Phi}$，

即 $T' = \dfrac{\Phi'}{\Phi} \cdot T_N = \dfrac{n_N}{n'} \times 9\,500 \times \dfrac{P_{2N}}{n_N} = \dfrac{0.905}{1.14} \times 9\,500 \times \dfrac{10}{1\,500} \approx 50.28 \text{ N} \cdot \text{m}$

此时输出功率为：

$$P_2' = \dfrac{T' \cdot n'}{9\,500} = \dfrac{50.28 \times 1\,889}{9\,500} \approx 10 \text{ kW}$$

[注意]
(1) 负载转矩不变时，弱磁调速使电枢电流和输出功率增大，造成过载，只能用于空载或轻载。
(2) 电枢电流不变时，弱磁调速使功率不变，而电磁转矩减小。

8.5.4 对习题 8.5.3 中的电动机，若由于负载减小，转速升高到 1 600 r/min，试求这时的输入电流 I。设磁通保持不变。

【解】 因为 $I_f = \dfrac{U}{R_f}$ 没变，故磁通没变，由 $E = U - I_a \cdot R_a = K_E \Phi n$ 得

$$\dfrac{U - I_a' R_a}{U - I_{aN} R_a} = \dfrac{n'}{n}$$

$$I_a' = \dfrac{1}{R_a}\left[U - \dfrac{n'}{n}(U - I_{aN} R_a)\right] = \dfrac{1}{0.4}\left[220 - \dfrac{1\,600}{1\,500}(220 - 52.66 \times 0.4)\right] = 19.5 \text{ A}$$

即输入电流为：

$$I' = I_a' + I_{fN} = 19.5 + 1.14 = 20.64 \text{ A}$$

8.5.5 图 8.01 所示是并励电动机能耗制动的接线图。所谓能耗制动，就是在电动机停车时将它的电枢从电源断开而接到一个大小适当的电阻 R 上，励磁不变。试分析制动原理。

【解】 停车时，断开电枢电源而将其接到电阻上，电动机因惯性而继续旋转。由于磁通不变，所以电枢中仍有感应电动势产生，通过电阻构成回路，形成与原先方向相反的新电枢电流，从而将机械能转化为电能消耗在电阻上；同时，由于电流相反，产生的电磁转矩也与原来相反，阻止电枢旋转，故称制动转矩。这就是能耗制动的原理。这种制动能实现快速而准确停车。

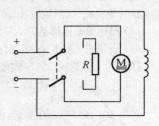

图 8.01 习题 8.5.5 的图

8.5.6 试对三相笼型电动机与并励直流电动机在运行(起动、调速、反转、制动)以及适用场所进行比较。

【解】 (1) 三相笼型异步电机：
降压起动方式有：① 定子串接电抗器起动；② Y—△ 起动；③ 自耦降压起动。

调速方式有：① 改变定子电压调速；② 转子回路串接电阻调速。
制动方式有：① 能耗制动；② 反接制动；③ 区发电反馈制动。
应用场所：主要应用于驱动各种金属切削机床起重机、铸造机械水泵等生产生活场所。
(2) 并励直流电动机：
起动方式有：① 直接起动；② 电枢串电阻起动；③ 降低电源电压起动。
调速方式有：① 改变电枢回路里串联电阻；② 减小气隙磁通中；③ 改变电枢端电压 U。
电磁制动方式有：① 回馈制动；② 能耗制动；③ 反接制动。
应用场所：要求精度高，宽调速电力拖动的场所。

8.4 经典习题与全真考题详解

题1 一台并励直流电动机，其技术数据如下：功率 13 kW，转速 1 500 r/min。电压为 220 V，电枢电流 68.6 A，电枢电阻 0.225 Ω。如果该电机输出转矩 $T=50$ N·m，求此时电机转速 n。

【解】 $n = n_0 - \Delta n = \dfrac{U_N}{K_E\Phi} - \dfrac{R_a}{K_E K_T \Phi^2} T$

其中：

$$K_E\Phi = \dfrac{E}{n_N} = \dfrac{U_N - I_{aN}R_a}{n_N} = \dfrac{220 - 68.6 \times 0.225}{1\ 500} = 0.136\ 4\ \text{V/r·min}^{-1}$$

额定工作时

$$n_N = n_0 - \Delta n = \dfrac{U_N}{K_E\Phi} - \dfrac{R_a}{K_E K_T \Phi^2} T_N$$

得：

$$\dfrac{R_a}{K_E K_T \Phi^2} = \left(\dfrac{U_N}{K_E\Phi} - n_N\right) \cdot \dfrac{1}{T_N} = \left(\dfrac{U_N}{K_E\Phi} - n_N\right) \times \dfrac{1}{9\ 550 \times \dfrac{P_N}{n_N}}$$

$$= \left(\dfrac{220}{0.136\ 4} - 1\ 500\right) \times \dfrac{1}{9\ 550 \times \dfrac{13}{1\ 500}}$$

$$\approx 1.363\ \text{r·min}^{-1}/\text{N·m}$$

所以 $T = 50$ N·m 时

$$n = \dfrac{U_N}{K_E\Phi} - \dfrac{R_a}{K_E K_T \Phi^2} T = \dfrac{220}{0.136\ 4} - 1.363 \times 50 \approx 1\ 545\ \text{r/min}$$

题2 有一他励直流电动机，$P_N = 7.5$ kW，$U_N = 220$ V，$n_N = 1\ 500$ r/min，$R_a = 0.4$ Ω，$I_{aN} = 46$ A，在额定恒转矩负载 T_N 下运行，试求
(1) 将电源电压降至 150 V，其他条件不变，电动机稳定运行速度。
(2) 若将磁通减到 $\Phi = 0.8\Phi_N$，其他条件不变，电动机稳定运行速度。

【解】 (1) 这属于调压调速计算

$$K_E\Phi = \dfrac{U_N - I_N R_a}{n_N} = \dfrac{220 - 46 \times 0.4}{1\ 500} = 0.134\ \text{V/r·min}^{-1}$$

将电源电压降至 150 V 后，电动机稳定运行的速度

$$n = \dfrac{U}{K_E\Phi} - \dfrac{I_N R_a}{K_E\Phi} = \dfrac{150 - 46 \times 0.4}{0.134} = 984\ \text{r/min}$$

(2) 这属于弱磁调速计算
将磁通减至 $\Phi = 0.8\Phi_N$ 时，T_N 保持不变，电动机稳定运行的速度为

$$n = \dfrac{U}{0.8 K_E\Phi} - \dfrac{\dfrac{I_N}{0.8} R_a}{0.8 K_E\Phi} = \dfrac{220 - \dfrac{46}{0.8} \times 0.4}{0.8 \times 0.134} = 1\ 838\ \text{r/min}$$

第 9 章　控制电机

1. 了解自动控制系统的基本组成和性能指标的意义。
2. 了解几种常用控制电机的工作原理、主要性能以及在自动控制系统中的作用。

1. 伺服电机和步进电机。
2. 电机基本物理量的计算。

1. 伺服电机和步进电机。
2. 电机基本物理量的计算。
3. 闭环和反馈控制系统。

9.1　知识点归纳

交流电动机	伺服电机	1. 交流伺服电机 2. 直流伺服电机
	步进电机	1. 步进电机的工作原理 2. 步距角
	自动控制的基本概念	1. 开环、闭环控制方式 2. 静态、动态性能指标

9.2　习题全解

9.1.1　电动机的单相绕组通入直流电流,单相绕组通入交流电流及两相绕组通入两相交流电流各产生什么磁场?

【解】　电动机的单相绕组中通入直流电流,产生大小和方向均不变的恒定磁场。
电动机的单相绕组中通入交流电流,产生大小和方向均变化的单相脉动磁场,但不旋转。
两相绕组中,通入两相交流电流时,产生两相旋转磁场。

9.1.2　改变交流伺服电机的转动方向的方法有哪些?

【解】　改变交流伺服电机的转动方向主要有以下几种方法:
方法一:改变伺服励磁绕组的极性。
方法二:改变控制绕组的极性、或控制电压的相位。

9.1.3　交流伺服电机(一对极)的两相绕组通入 400 Hz 的两相对称交流电流时产生旋转磁场, (1) 试求旋转磁场的转速 n_0;(2) 若转子转速 $n=18\,000$ r/min,试问转子导条切割磁场的速度是多少?

转差率 s 和转子电流的频率 f_2 各为多少?若由于负载加大,转子转速下降为 $n=12\,000$ r/min,试求这时的转差率和转子电流的频率。(3)若转子转向与定子旋转磁场的方向相反时的转子转速 $n=18\,000$ r/min,试问这时转差率和转子电流频率各为多少?电磁转矩 T 的大小和方向是否与(2)中 $n=18\,000$ r/min 时一样?

【分析】 根据定义可直接求出。交流伺服电机和交流电动机的转速公式、频率、转差率等的定义相同。

【解】 (1) $f_1=400$ Hz,又因为是一对极,即 $p=1$,
因此旋转磁场的转速为:
$$n_0=\frac{60f_1}{p}=\frac{60\times 400}{1}=24\,000 \text{ r/min}$$

(2) 转子导条切割磁场的速度
$$\Delta n=n_0-n=24\,000-18\,000$$
$$=6\,000 \text{ r/min}$$
转差率
$$s=\frac{n_0-n}{n_0}=\frac{24\,000-18\,000}{24\,000}=0.25$$
转子电流频率
$$f_2=sf_1=0.25\times 400=100 \text{ Hz}$$

当转速降为 $n=12\,000$ r/min 时,转差率
$$s=\frac{n_0-n}{n_0}=\frac{24\,000-12\,000}{24\,000}=0.5$$
转子电流频率
$$f_2=sf_1=0.5\times 400=200 \text{ Hz}$$

(3) 转子转向与定子旋转磁场方向相反时,转差率
$$s=\frac{n_0-n}{n_0}=\frac{24\,000+18\,000}{24\,000}=1.75$$
转子电流频率
$$f_2=sf_1=1.75\times 400=700 \text{ Hz}$$
因为转子转向和定子旋转磁场方向相反,所以 T 的大小和方向与(2)中不同。

9.1.4 在图 9.1.2 中,要保证励磁电压 $\dot{U}_1$ 较电源电压 $\dot{U}$ 超前 90°,试证明所需电容值为
$$C=\frac{\sin\varphi_1}{2\pi f|Z_1|}$$
式中,$|Z_1|$ 为励磁绕组的阻抗模,φ_1 为励磁电流 $\dot{I}_1$ 与励磁电压 $\dot{U}_1$ 间的相位差,$|Z_1|$ 和 φ_1 通常是在 $n=0$ 时通过实验测得的。

【解】 在图解 9.01 中,因为经过电容后,电压相位超过电流相位,因此 $\dot{U}_C$ 滞后于 $\dot{I}_1$ 90°。
又因为 $\dot{U}$ 滞后 $\dot{U}_1$ 90°,以及 $\dot{U}=\dot{U}_C+\dot{U}_1$,且 $\dot{I}_1$ 与 $\dot{U}_1$ 夹角为 φ_1,于是,由相量图可知
$$U_1=\sin\varphi_1\cdot U_C$$
$$U_C=I_1\frac{1}{\omega C}=\frac{U_1}{|Z_1|}\cdot\frac{1}{\omega C}$$
于是
$$U_1=\frac{U_1}{|Z_1|}\frac{1}{\omega C}\cdot\sin\varphi_1$$

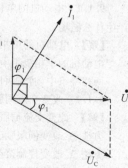

图解 9.01

$$C = \frac{\sin\varphi_1}{\omega|Z_1|} = \frac{\sin\varphi_1}{2\pi f|Z_1|}$$

9.1.5 一台 400 Hz 的交流伺服电机,当励磁电压 $U_1=110$ V,控制电压 $U_2=0$ 时,测得励磁绕组的电流 $I_1=0.2$ A。若与励磁绕组并联一适当电容值的电容器后,测得总电流 I 的最小值为 0.1 A。(1) 试求励磁绕组的阻抗模 $|Z_1|$ 和 $\dot{I}_1$ 与 $\dot{U}_1$ 间相位差 φ_1;(2) 保证 $\dot{U}$ 较 $\dot{U}$ 超前 90°,试计算图 9.1.2 中所串联的电容值。

【分析】 上题的结论可用于本题的第(2)问,总电流最小,电路发生并联谐振。

【解】 (1) 励磁绕组并联电容器后的电路如图解 9.02(a)所示。

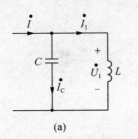 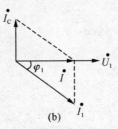

图解 9.02

由题知,励磁绕阻抗的模

$$|Z_1| = \frac{U_1}{I_1} = \frac{110}{0.2} = 550 \ \Omega$$

因为 I 最小时,电路发生并联谐振,有 $\dot{U}_1$ 和 $\dot{I}$ 同相位,可以作出向量图如图解 9.02(b)所示,即 $\dot{I}$ 和 $\dot{U}_1$ 的相位差等于 $\dot{I}$ 和 $\dot{I}_1$ 的相位差。

$$\cos\varphi_1 = \frac{I}{I_1} = \frac{0.1}{0.2} = 0.5$$

得 $\varphi_1 = 60°$,

即 $\dot{I}_1$ 滞后于 $\dot{U}_1$。

(2) 由题 9.1.4 证明的公式可知:

$$C = \frac{\sin\varphi_1}{2\pi f|Z_1|} = \frac{\sin 60°}{2\pi \times 400 \times 550} \approx 0.627 \ \mu F$$

【注意】 φ_1 角实际上就是励磁绕组的阻抗角。

9.1.6 当直流伺服电机的励磁电压 U_1 和控制电压(电枢电压)U_2 不变时,如将负载转矩减小,试问这时电枢电流 I_2,电磁转矩 T 和转速 n 将怎样变化?

【解】 负载转矩 T_C 减小,由于机械惯性,刚开始转速 n 来不及变化。由于电磁转矩 $T > T_C$,故电机转速增加,反电动势 $E = K_E \Phi \cdot n$ 增加(因励磁电压 U_1 不变,故磁通 Φ 不变),电枢电流 $I_2 = \frac{U_2 - E}{R_a}$ 减小,电磁转矩 $T = K_T \Phi I_a$ 减小。

9.1.7 保持直流伺服电机的励磁电压一定。

(1) 当电枢电压 $U_2 = 50$ V 时,理想空载转速 $n_0 = 3\,000$ r/min;当 $U_2 = 100$ V 时,n_0 等于多少?

(2) 已知电机的阻转矩 $T_C = T_0 + T_2 = 150$ g·cm,且不随转速大小而变。当电枢电压 $U_2 = 50$ V 时,转速 $n = 1\,500$ r/min,试问当 $U_2 = 100$ V 时,n 等于多少?

【解】 (1) 因为励磁电压一定,故磁通不变。

由 $n_0 = \dfrac{U}{K_E \Phi}$ 知

$$\frac{n_0'}{n_0} = \frac{U_2'}{U_2}$$

即
$$n_0' = \frac{U_2'}{U_2} \cdot n_0 = \frac{100}{50} \times 3\,000 = 6\,000 \text{ r/min}$$

即此时的转速为 6 000 r/min。

(2) 因为电动机阻转矩 T_C 不变，故电动机电磁转矩 T 不变

由 $\Delta n = \dfrac{R_a T}{K_T K_E \Phi^2}$ 知，Δn 不变

当 $U_2 = 50$ V 时，
$$\Delta n = n_0 - n = 3\,000 - 1\,500 = 1\,500 \text{ r/min}$$

当 $U_2 = 100$ V 时，
$$\Delta n' = n_0' - n' = 6\,000 - n'$$

因为 $\Delta n = \Delta n'$，所以
$$6\,000 - n' = 1\,500$$

即
$$n' = 6\,000 - 1\,500 = 4\,500 \text{ r/min}$$

9.2.1 什么是步进电机的步距角？一台步进电机可以有两个步距角，例如 3°/1.5°，这是什么意思？什么是单三拍、六拍和双三拍？

【解】 在步进电机中，每输入一个脉冲信号，转子所转过的角度即称为步距角，即每转一步所转过的角度。信号采用不同的输入连接方式，可以获得不同的步距角。

3°表示单三拍式或双三拍式步距角，1.5°表示六拍式步距角。3°/1.5°说明可以获得两种不同的步距角。

所谓单三拍是指三相绕组轮流通电，每次只通一相，三次轮流通入三个相磁场转一周。双三拍则是每次通入两个相绕组，也是三次轮流通入三个组（$U_1 \to V_1 \to V_1 \to W_1 \to W_1 \to V_1 \to \cdots\cdots$）磁场转一周。若将两种通电方式结合起来，由 $U_1 \to U_1 \to V_1 \to V_1 \to V_1 \to W_1 \to W_1 \to W_1 \to V_1 \to V_1 \to \cdots\cdots$，则磁场转一周要分六次，称为六拍式。

9.3 经典习题与全真考题详解

题1 一台四相的步进电动机，转子齿数为 50，试求各种通电方式下的步距角。

【解】 采用四相单四拍或四相双四拍通电方式时，步距角为
$$\theta = \frac{360°}{Z_r \cdot m} = \frac{360°}{50 \times 4} = 1.8°$$

采用四相八拍通电方式时，步距角为
$$\theta = \frac{360°}{Z_r \cdot m} = \frac{360°}{50 \times 8} = 0.9°$$

题2 一台五相步进电动机，采用五相十拍通电方式时，步距角为 0.36°，试求输入脉冲频率为 2 000 Hz 时，电动机的转速。

【解】 该步进电动机转子齿数为
$$Z_r = \frac{360°}{\theta \cdot m} = \frac{360°}{0.36° \times 10} = 100$$

其转速
$$n = \frac{60f}{Z_r \cdot m} = \frac{60 \times 2\,000}{100 \times 10} = 120 \text{ r/min}$$

第10章 继电接触器控制系统

1. 了解过载、短路和失压保护的方法。
2. 掌握继电接触器控制的自锁、联锁及行程和事件控制的原则。
3. 能读懂简单的控制电路原理图,掌握笼型电动机正反转的控制线路。

1. 电器符号的识别。
2. 三相笼型电动机的直接起动和正反转的控制线路分析。

简单控制电路的设计。

10.1 知识点归纳

继电接触器控制系统	常用控制电路	1. 组合开关、按钮、交流接触器、中间继电器、热继电器、熔断器、空气断路器 2. 基本工作原理
	笼型电动机直接起动的控制线路	1. 电器控制原理图 2. 短路保护、过载保护、零压保护
	笼型电动机正反转的控制线路	两个交流接触器实现正反转控制
	行程控制	行程开关的选用 往复运动控制电路分析与简单设计
	时间控制	1. 时间继电器类型的选择 2. 常用控制电器的图形符号 3. 能耗制动控制电路

10.2 练习与思考全解

10.2.1 为什么热继电器不能作短路保护?为什么在三相主电路中只用两个(当然用三个也可以)热元件就可以保护电动机?

【解】 热继电器依靠电流通过发热元件,受热后金属片变形,从而断开触点来实现过载保护。此时电流已经较大,后级元器件设备很可能已经被烧毁。

三相电路有两个发热元件就可以保护过载电路:(1)若电动机机械负载过大,三相电流因对称而同时增大,两个发热元件同时推动触点,即可达到保护作用。(2)若一相断线,形成单相运载,过载时,至少有一个发热元件推动触点实现保护。(3) 若一相绕组匝间发生短路,三相电流不对称,另两相电流也将超过正常值,同样也能实现保护。

10.2.2 什么是零压保护? 用闸刀开关起动和停止电动机时有无零压保护?

【解】 因为在控制电路中具有自锁环节,当电源电压为零(或低于接触器释放电压)时,接触器释放而使自锁触点断开。当电源电压自动恢复时,若不操作起动按钮,电动机将不会自动起动,以免造成事故,称为零压保护。

用闸刀开关控制电动机起、停时,电源失电,电动机停车;电源电压自动恢复,电动机自动起动,可能造成事故。可见,不能起零压保护作用。

10.2.3 试画出能在两处用按钮起动和停止电动机的控制电路。

【解】 如图解10.01所示电路,SB_1 和 SB_2 是常闭按钮,串联结构,任意按下其中一个,接触器断电,电动机停车。SB_3 和 SB_4 是常开按钮,并联结构,任意按下一个,接触器通电,电动机起动。该电路达到两处起,两处停的控制目的。

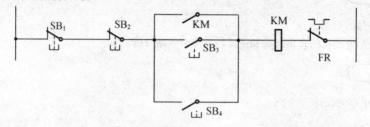

图解 10.01

10.2.4 在220 V的控制电路中,能否将两个110 V的继电器线圈串联使用?

【解】 两个110 V的继电器线圈串联在220 V的控制电路是不可以的。因为继电器线圈铁心气隙总会有差异,两个继电器通电后就不会同时动作。先吸合的继电器由于磁路闭合,阻抗增加,线圈两端电压增大,使另一个线圈电压达不到电器动作的电压值。要使两个交流电器同时动作,应将二者并联。

10.5.1 通电延时与断电延时有什么区别? 时间继电器的四种延时触点(表10.6.2)是如何动作的?

【解】 通电延时指时间继电器线圈通电时,其触点延时动作。断电延时指当时间继电器线圈断电时,其触点延时动作。

四种延时触点动作过程为:

动合延时闭合触点:当时间继电器线圈通电后,其平常断开的触点延迟一定时间才闭合;断电时该触点立即断开。

动断延时断开触点:当时间继电器线圈通电后,平常闭合的触点延迟一定时间才断开;断电时该触点立即闭合。

动合延时断开触点:当时间继电器线圈通电后,该触点立即闭合;断电时,该触点延迟一定时间才断开。

动断延时闭合触点:当时间继电器线圈通电时,该触点立即断开;断电时,该触点延迟一定时间才闭合。

前两种属于通电延时式,后两种属于断电延时式。

10.3 习题全解

A 选择题

10.1.1 热继电器对三相异步电动机起( )的作用。

第10章 继电接触器控制系统

(1) 短路保护　(2) 欠压保护　(3) 过载保护

【解】　(3)

10.1.2　选择一台三相异步电动机的熔丝时,熔丝的额定电流(　)。

(1) 等于电动机的额定电流

(2) 等于电动机的起动电流

(3) 大致等于(电动机的起动电流)/2.5

【解】　(3)

10.2.1　在图10.01中,图(　)是正确的。图中:SB_1是停止按钮;SB_2是起动按钮。

【解】　(c)

10.2.2　在电动机的继电接触器控制线路中零压保护是(　)。

(1) 防止电源电压降低后电流增大,烧坏电动机

(2) 防止停电后再恢复供电时,电动机自行起动

(3) 防止电源断电后电动机立即停车而影响正常工作

【解】　(2)

10.3.1　在教材图10.3.2和教材图10.4.2中的联锁动断触点KM_F和KM_R的作用是(　)。

(1) 起自锁作用

(2) 保证两个接触器不能同时动作

(3) 使两个接触器依次进行正反转运行

【解】　(2)

图 10.01　习题 10.2.1 的图

B 基本题

10.2.3　试画出三相笼型电动机既能连续工作又能点动工作的继电接触器控制线路。

【解】　(1) 如图解10.02(a)所示,SB_1是常闭按钮,SB_2与SB_3并联,SB_2按下后电动机连续工作,所以SB_2为连续工作起动按钮。当SB_3被按下时,接触器有电,主触点闭合,电动机起动,使串联于自锁触点支路断开,自锁失效;当SB_3被放开,接触器断电,电动机停车,SB_3只能使电动机点动工作。

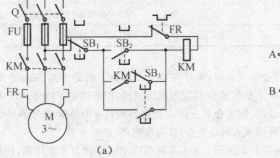
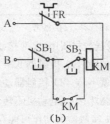

图解 10.02

(2) 图解 10.02(b)所示是用开关控制的点动线路,K 闭合时,按 SB_2 连续工作;K 打开时,按 SB_2 点动工作。

10.2.4 某机床的主电动机(三相笼型)为 7.5 kW,380 V,15.4 A,1 440 r/min,不需正反转。工作照明灯是 36 V,40 W。要求有短路、零压及过载保护。试给出控制线路并选用电气元件。

【解】 通过交流接触器实现零压保护,热继电器实现过载保护,熔断器实现短路保护。SB_1 和 SB_2 实现控制功能,控制线路如图解 10.03 所示。电气元件参数如表解 10.01 所示。

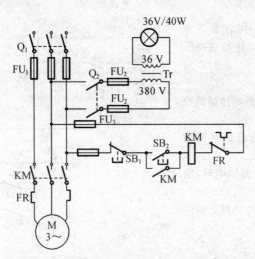

图解 10.03

表解 10.01

符号	名称	*型号	规格	数量
Q_1	三相组合开关	HZ_2—25/3	500 V 25 A	1
Q_2	单相组合开关	HZ_2—5/2	500 V 5 A	1
FU_1	熔断器	RL_1—15	500 V 50 A	3
FU_2	熔断器	RL_1—15	500 V 3 A	2
FU_3	熔断器	RL_1—15	500 V 3 A	2
KM	交流接触器	CJO—20	380 V 20 A	1
FR	热继电器	JR_2—1	整定电流 18 A	1
Tr	照明变压器	BK—50	50 V·A 380 V/36 V	1
SB_1	常开按钮	LAY37—	NO,AC 380 V,3 A	1
SB_2	常闭按钮	LAY37—	NC,AC 380 V,3 A	1

*型号可多种选择,仅供参考

10.2.5 根据教材图 10.2.2 接线做实验时,将开关 Q 合上后按下起动按钮 SB_2;发现有下列现象,试分析和处理故障:(1) 接触器 KM 不动作;(2) 接触器 KM 动作,但电动机不转动;(3) 电动机转动,但一松手电动机就不转;(4) 接触器动作,但吸合不上;(5) 接触器触点有明显颤动,噪声较大;(6) 接触器线圈冒烟甚至烧坏;(7) 电动机不转动或者转得极慢,并有嗡嗡声。

【解】 (1) 接触器不动作可能存在的原因:(a)1,2 两根线上的熔丝有可能烧断,使控制电路无电源;(b)热继电器触点跳开后未复位;(c)4,5 两点有一点(或两点)接触不良。

(2) 可能存在的原因有:(a)A相熔断器熔丝烧断,电动机单相供电,无起动转矩;(b)电动机三相绕组上未接通电源。

(3) 自锁触点未接通,电动机在点动控制状态。

(4) 可能存在的原因:(a)电源电压不够大;(b)接触器线圈回路(即控制回路)接触电阻过大;(c)接触器铁心和衔铁间有异物阻挡。

(5) 接触器的铁心柱上短路。

(6) 可能存在的原因:(a)接触器电源电压与线圈额定电压不符;(b)接触器已经因长时间吸合不上,电流过大而烧坏;(c)接触器线圈绝缘层损坏,有匝间短路。

(7) A相的熔丝烧断,电动机单机运行。

10.2.6 今要求三台笼型电动机 M_1,M_2,M_3 按照一定顺序起动,即 M_1 起动后 M_2 才可起动,M_2 起动后 M_3 才可起动。试给出控制线路。

【解】 控制线路如图解 10.04 所示。为保证电动机的工作顺序,在 KM_2 支路中串联 KM_1 常开触点,在 KM_3 支路中串联 KM_2 常开触点。

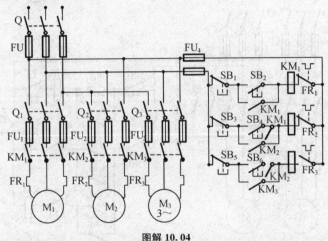

图解 10.04

10.2.7 在图 10.02 中,有几处错误?请改正。

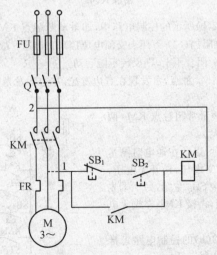

图 10.02 习题 10.2.7 的图

【解】 (1) 熔断器 FU 应在组合开关 Q 下方。

(2) 联结点 1 应接在主触点 KM 的上方,否则不能构成回路,控制电路无电源。

(3) 自锁触点 KM 应与 SB_2 并联,再同 SB_1 串联,否则 SB_1 无法使电动机停车。

(4) 控制电路中无熔断器,不能保护控制电路短路。

(5) 控制电路中无热继电器触点,不能实现过载保护。

10.3.2 某机床主轴由一台笼型电动机带动,润滑油泵由另一台笼型电动机带动。今要求:(1) 主轴必须在油泵开动后才能开动;(2) 主轴要求能用电器实现正反转,并能单独停车;(3) 有短路、零压及过载保护。试绘出控制线路。

【解】 电路如图解 10.05 所示。M_1 为润滑油泵电动机,SB_2 为直接起动开关,FR_1 为过载保护,自锁触点 KM_1 为零压保护,FU_1 为短路保护。M_2 为主轴电动机,由 KM_2 或 KM_3 作正反转控制。FU_2 为 M_2 的短路保护,FR_2 作过载保护,KM_2 和 KM_3 的常闭触点作联锁保护,KM_2 和 KM_3 各自的自锁触点作零压保护。SB_3 可控制主轴电动机单独停车。

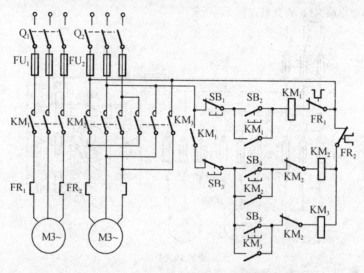

图解 10.05

10.3.3 在教材图 10.3.2(b)所示的控制电路中,如果动断触点 KM_F 闭合不上,其后果如何？如何用(1) 验电笔;(2) 万用表电阻挡;(3) 万用表交流电压挡来查出这一故障。

【解】 如果动断触点 KM_F 闭合不上,则反转不能起动。

(1) 通电时,用验电笔测 KM_F 触点,可发现在右边发光,左边不发光,表明 KM_F 断开,反转起动按钮 SB_R 及自锁触点 KM_R 断开。

(2) 在断电时,用万用表测量常闭触点 KM_F 两端可用表示数,电阻将为无穷大。

(3) 用万用表交流电压档可以①在通电时测量 KM_F 两端电压,若 SB_R 有 380 V 电压,松开无电压,查出该故障;②将万用表一端接 SB_1 左端,另一端先接 KM_F 右端,应有 380 V 电压,再接 KM_F 左端无电压,查出该故障。

10.4.1 将教材图 10.4.2(b)的控制电路怎样改一下,就能实现工作台自动往复运动？

【解】 如图解 10.06 所示,欲实现工作台自动

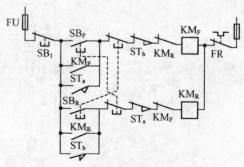

图解 10.06

往复运动,将 ST_a 的常开触点并联在正转起动按钮 SB_F 的两端,此处的 ST_a 为行程开关。当工作台处于任意位置时,按下 SB_F 电动机正转,工作台前进。到达终点时按下 ST_b,正转停车,反转起动,工作台后退。到达原始位置时按下 ST_a,反转停车,同时正转起动,工作台再次前进,实现工作台往复运动。

10.4.2 在图 10.03 中,要求按下起动按钮后能顺序完成下列动作:(1) 运动部件 A 从 1 到 2;(2) 接着 B 从 3 到 4;(3) 接着 A 从 2 回到 1;(4) 接着 B 从 4 回到 3。试画出控制线路。(提示:用四个行程开关,装在原位和终点,每个有一动合触点和一动断触点。)

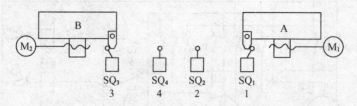

图 10.03 题 10.4.2 的图

【解】 电路图如图解 10.07 所示。控制电路两台电动机均有各自的短路、过载、零压即正反转联锁保护。

为实现两台电动机均能正反转,必须使用 4 个接触器:KM_1,KM_2,KM_3,KM_4,并且 SQ_1,SQ_2,SQ_3,SQ_4 定义为行程开关。KM_1 控制电动机 M_1 正转起动。按下 SQ_2,KM_1 断电,M_1 停车,KM_2 有电,控制电动机 M_2 正转起动,使 B 由 3 到 4。若此时按下 SQ_4,则 KM_2 断电,M_2 停车,同时 KM_3 有电,控制电动机 M_1 反转,A 由 2 回到 1。在这个过程中按下 SQ_1,使 KM_3 断电,M_1 停车,同时 KM_4 有电控制电动机 M_2 反转,B 由 4 返回 3。如果按下行程开关 SQ_3,KM_4 断电,M_2 停车,过程结束。

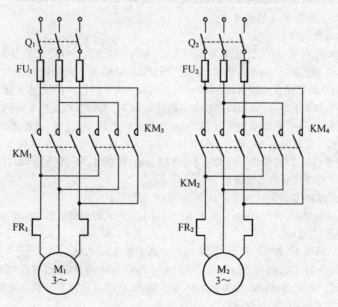

图解 10.07

10.4.3 图 10.04 所示是电动葫芦(一种小型起重设备)的控制线路,试分析其工作过程。

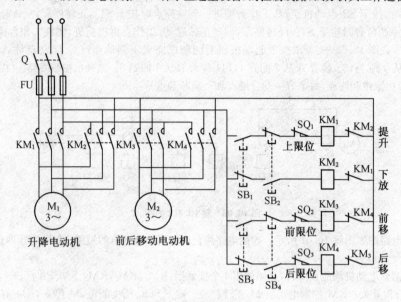

图 10.04 习题 10.4.3 的图

【解】 两台电动机均能正反转控制。
(1) 按下 SB_1,KM_1 有电,电动机 M_1 正转起动,提升重物;如果在这个过程中按下 SB_2,则立即停止上升;上升由 SQ_1 实行限位,防止造成事故。
(2) 按下 SB_2,则重物放下。
(3) 按下 SB_3,KM_3 有电,电动机正转,电葫芦前移,有极限位置保护(SQ_2 限位开关控制)。
(4) 按下 SB_4,电动机反转,电葫芦后移,有极限位置保护(SQ_3 限位开关控制)。
上升下降,前后移动都是点动控制,因为两台电动机均为短时运行,可用最大扭矩工作。

10.5.1 根据下列五个要求,分别绘出控制电路(M_1 和 M_2 都是三相笼型电动机):(1) 电动机 M_1 先起动后,M_2 才能起动,M_2 并能单独停车;(2) 电动机 M_1 先起动后,M_2 才能起动,M_2 并能点动;(3) M_1 先起动,经过一定延时后 M_2 能自行起动;(4) M_1 先起动,经过一定延时后 M_2 能自行起动,M_2 起动后,M_1 立即停车;(5) 起动时,M_1 起动后 M_2 才能起动;停止时,M_2 停止后 M_1 才能停止。

【解】 (1) 顺序起动控制电路如图解 10.08(a)所示。
(2) 控制电路如图解 10.08(b)所示。其中 SB_4 为点动按钮。
(3) 控制电路如图解 10.08(c)所示。其中 KT 为通电延时式时间继电器,M_1 起动后,KT 的触点延时闭合,接通 KM_2 使 M_2 起动。
(4) 控制电路如图解 10.08(d)所示。KM_1 线圈支路中串联 KM_2 触点。
(5) 控制电路如图解 10.08(3) 所示。在 SB_4 支路中串联 KM_1 常开触电,只有当 KM_1 有电,电动机 M_1 起动后 SB_4 才能使 M_2 起动;在 SB_1 上并联 KM_2 常开触点,只有当 KM_2 常开触点断电时,电动机 M_2 停车,SB_1 才能起停止按钮作用,使 M_1 停车。

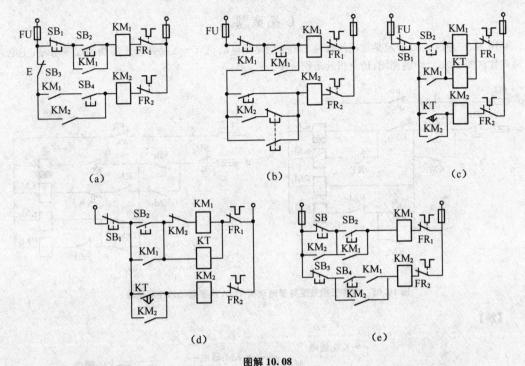

图解 10.08

10.5.2 试画出笼型电动机定子串联电阻降压起动的控制线路。

【解】 起动时主电路串入电阻 R_{st}，起动后再将电阻切除，因此应用两个接触器进行控制。如图解 10.09 所示。图中通过时间继电器 KT 自动切除起动电阻 R_{st}，起动时间由时间继电器整定，保证在规定的起动电流范围内迅速切除起动电阻 R_{st}。

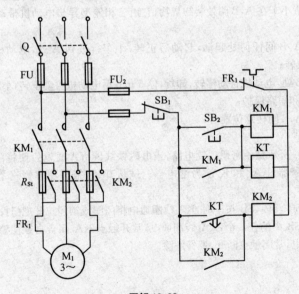

图解 10.09

C 拓宽题

10.5.3 图 10.05 所示是常用的两种三相笼型异步电动机 Y-△ 换接降压起动的控制电路,主电路和教材图 10.5.3 中的相同,请分析其动作次序。

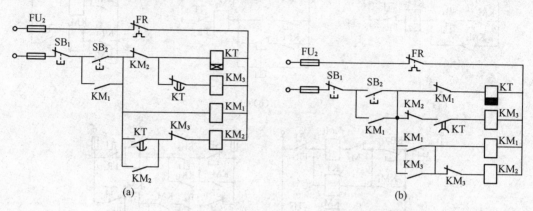

图 10.05 两种三相笼型异步电动机 Y-△ 换接起动的控制电路

【解】

10.5.4 有一运货小车在 A,B 两处装卸货物,它由三相笼型异步电动机带动,请按照下述要求设计电动机的控制电路:

(1) 电动机可在 A,B 间任何处起动,起动后正转,小车行进到 A 处,电动机自动停转,装货,停 5 min 后电动机自动反转;

(2) 小车行进到 B 处,电动机自动停转,卸货,停 5 min 后电动机自动正转,小车到 A 处装货;

(3) 有零压、过载和短路保护;

(4) 小车可停在 A,B 间任意位置。

【解】 略

10.6.1 图 10.06 所示是一密码门锁电路,当电磁铁线圈 YA 通电后便将门闩或锁闩拉出把门打开。图中 HA 为报警器;KA_1 和 KA_2 为继电器。试从开锁、报警和解警三个方面来分析其工作原理。

【解】 当正好把 SB_1,SB_2,SB_3 按下时,KA 线圈通电将门闩或锁闩拉开把门打开。

若按下 SB_6,SB_7,SB_8 中的任一个,KA_1 线圈通电,常开触点 KA_1 闭合自锁使警铃 HA 报警,此时若按下 SB_4,SB_5,KA_2 通电,常闭触点断开,警铃解除。

第 10 章 继电接触器控制系统

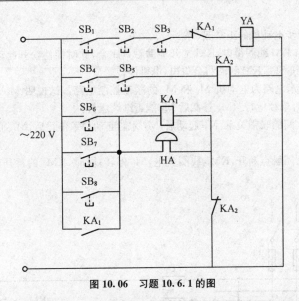

图 10.06 习题 10.6.1 的图

10.4 经典习题与全真考题详解

题1 如题1图所示电路,能否控制异步电动机的起、停? 为什么?

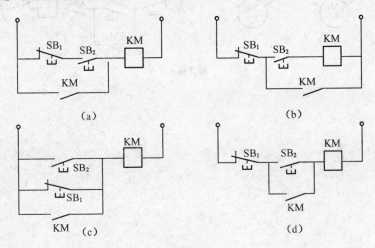

题1图

【解】 (a) 能起动,但不能停止。

按下起动按钮 SB_2,KM 线圈得电,KM 常开辅助触点闭合,SB_1、SB_2 被短接,所以即使按下停止按钮 SB_1,KM 线圈也不会断电,因此无法停止电机。

(b) 不能起动,且造成电源短路。

按下起动按钮 SB_2,KM 线圈得电,KM 常开辅助触点闭合,造成电源短路。

(c) 非正常起动,且不能停止。

只要控制电路接上电源,不需任何操作,KM 线圈就会得电,同时 KM 常开辅助触点闭合,停止按钮

SB_1 失去控制作用。

(d) 能正常控制异步电动机的正常起、停。

按下起动按钮 SB_2，KM 线圈得电，KM 常开辅助触点闭合，此时即使松开起动按钮 SB_2，KM 线圈仍旧得电，按下停止按钮 SB_1，KM 线圈将会失电，电机停转。

题2 如题2图所示电路为电动机 M_1 和 M_2 的联锁控制电路。试说明 M_1 和 M_2 之间的联锁关系，并问电动机 M_1 可否单独运行？M_1 过载后 M_2 能否继续运行？

【解】 两电动机之间的联锁关系：M_1 起动后，M_2 才能起动；M_2 停止后，M_1 才能停止。

M_1 可以单独运行。

M_1 过载后，FR_1 常闭触点断开，KM_1 线圈失电，M_1 停转；同时，KM_1 的常开辅触点复位，KM_2 线圈失电，M_2 随即停转。

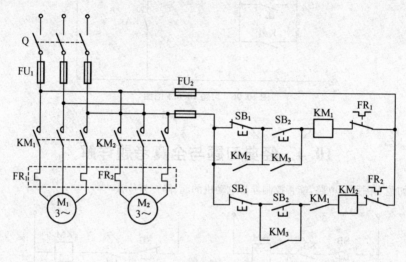

题2图

第 11 章 可编程控制器及其应用

1. 了解可编程控制器的硬件结构和工作原理。
2. 了解可编程控制器基本指令和编程方法。
3. 了解可编程控制器的简单应用。

基本指令的应用和编程。

可编程控制器的编程原则和方法。

11.1 知识点归纳

	可编程控制器的结构和工作方式	1. 可编程控制器的结构及各部分的作用 2. 可编程控制器的工作方式 3. 可编程控制器的主要技术性能 4. 可编程控制器的主要功能和特点
可编程控制器及其应用	可编程控制器的编程语言	1. 可编程控制器的编程语言 2. 可编程控制器的编程原则和方法 3. 可编程控制器的指令系统

11.2 练习与思考全解

11.1.1 什么是 PLC 的扫描周期？其长短主要受什么影响？

【解】 PLC 是按"顺序扫描,周期扫描"方式工作的,循环一次所需时间称为扫描周期,分为输入采用、程序执行和输出刷新三个阶段。

影响扫描周期的主要原因有:程序的长短、程序指令的种类及条数、PLC 的输入、输出通道数量、外围设备命令等。

11.1.2 PLC 与继电接触器控制比较有何特点？

【解】 继电接触器控制虽然简单易操作,但是存在机械触点多,接线复杂,可靠性低,通用性和灵活性差,功耗大等许多缺点。

PLC 内部结构复杂,生产、使用、维护难,但无触点控制,具有可靠性高,功能强,通用性和灵活性强,体积小,重量轻,功耗小等优点。

11.2.1 写出图 11.2.39 所示梯形图的指令语句表。

【解】 指令语句如表解 11.2.1 所示。

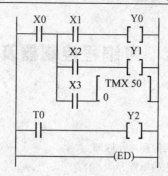

图 11.2.39 练习与思考 11.2.1 的图

表解 11.01

地址	指令	地址	指令
0	ST X0	7	POPS
1	PSHS	8	AN X3
2	AN X1	9	TMX 0
3	OT Y0		K 50
4	RDS	12	ST T0
5	AN X2	13	OT Y2
6	OT Y1	14	ED

11.2.2 按下列指令语句表绘制梯形图。

地址	指令	地址	指令
0	ST X1	6	ST X5
1	AN/ X2	7	OR X6
2	ST/ X3	8	ST X7
3	AN X4	9	OR X8
4	ORS	10	ANS
5	OT Y0	11	OT Y1

【解】 梯形图如图解 11.01 所示。

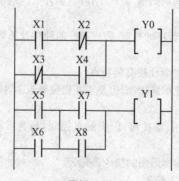

图解 11.01

第 11 章 可编程控制器及其应用

11.2.3 编制瞬时接通、延时 3 s 断开的电路的梯形图和指令语句表,并画出动作时序图。

【解】 梯形图如图解 11.02(a)所示,动作时序图如图解 11.02(b)所示。指令语句表如表解 11.02 所示。

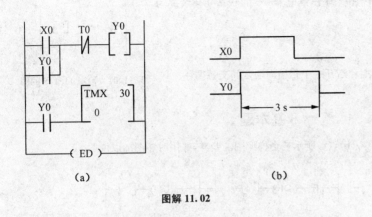

表解 11.02

地址	指令	
0	ST	X0
1	OR	Y0
2	AN/	T0
3	OT	Y0
4	ST	Y0
5	TMX	0
	K	30
8	ED	

图解 11.02

11.2.4 什么是定时器的定时设置值、定时单位和定时时间,三者有何关系?

【解】 (1) 定时器的定时设置值:定时器指令中的 k 值,是由实际工作要求给定时器的减 1 计数器设定的初始值。

(2) 定时单位:定时设置值得单位。

(3) 定时时间:实际工作要求延迟的时间。

$$定时时间 = 定时设置 k 值 \times 定时单位。$$

11.2.5 定时器和计数器的减 1 计数是如何实现的?什么是时钟脉冲?

【解】 定时器的计数器在 PLC 内部脉冲作用下进行减 1 计数。初始值为定时器的设置值 k。计数器由设置状态开始,每接到一个时钟脉冲,便将设置值减 1,直至 0 为止。这是计数器发一个脉冲,将定时器中的常开触点闭合,常闭触点断开。

时钟脉冲是 PLC 内部产生的一个连续脉冲,由定时单位设定。

11.3 习题全解

A 选择题

11.1.1 PLC 的工作方式为(   )。
(1) 等待命令工作方式 (2) 循环扫描工作方式 (3) 中断工作方式
【解】 (2)

11.1.2 PLC 应用控制系统设计时所编制的程序是指(   )。
(1) 系统程序 (2) 用户应用程序 (3) 系统程序及用户应用程序
【解】 (2)

11.1.3 PLC 的扫描周期与(   )有关。
(1) PLC 的扫描速度 (2) 用户程序的长短 (3)(1)和(2)
【解】 (3)

11.1.4 PLC 输出端的状态(   )。
(1) 随输入信号的改变而立即发生变化

(2) 随程序的执行不断在发生变化

(3) 根据程序执行的最后结果在刷新输出阶段发生变化。

【解】 (3)

11.1.5 图 11.01 所示梯形图中,输出继电器 Y0 的状态变化情况为( )。

(1) Y0 一直处于断开状态

(2) Y0 一直处于接通状态

(3) Y0 在接通一个扫描周期和断开一个扫描周期之间交替循环。

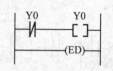

图 11.01 习题 11.1.5 的图

【解】 (3)

B 基本题

11.2.1 试比较图 11.02(a),(b),(c)所示三个梯形图的差异,并用时序图加以说明。

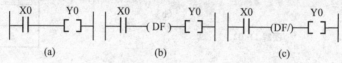

图 11.02 习题 11.2.1 的图

【解】 (a) 表示接通 X0,输出 Y0,时序图如图解 11.03(a)。

图解 11.03(a)

(b) 检测到触发信号上升沿时,线圈接通一个扫描周期,时序图如图解 11.03(b)。

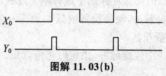

图解 11.03(b)

(c) 检测到触发信号下降沿时,线圈接通一个扫描周期,时序图如图解 11.03(c)。

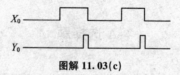

图解 11.03(c)

11.2.2 试画出图 11.03 所示各梯形图中 Y0 和 Y1 的动作时序图。

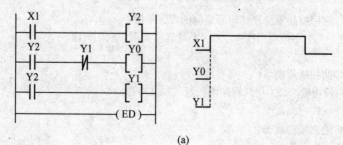

(a)

第11章 可编程控制器及其应用

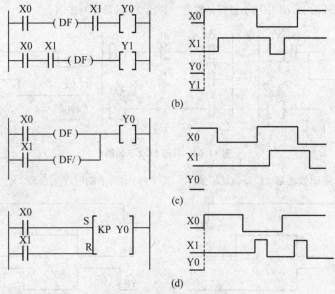

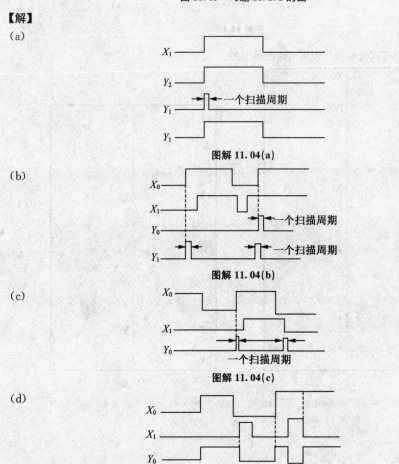

图 11.03 习题 11.2.2 的图

【解】

(a) 图解 11.04(a)

(b) 图解 11.04(b)

(c) 图解 11.04(c)

(d) 图解 11.04(d)

11.2.3 试比较图 11.04 中两个自保持电路的输出 Y0 的动作时序图。

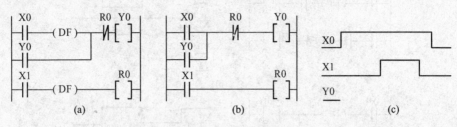

图 11.04 习题 11.2.3 的图

【解】 动作时序图如图解 11.05(a)(b)所示。其中(a)图所示的时序更合理。

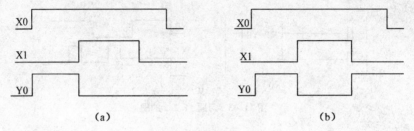

图解 11.05

11.2.4 试画出下列指令语句表所对应的梯形图。

ST	X0
DF	
OR	R0
AN/	T0
PSHS	
OT	R0
RDS	
AN-	X1
OT	Y0
POPS	
TMX	0
K	30
ST	R0
DF	
SET	Y1
ST	T0
DF/	
RST	Y1
ED	

(a)

ST	X0
AN/	Y1
OT	Y0
ST	X1
AN/	Y0
OT	Y1
ST	Y0
ST	Y1
KP	Y2
ED	

(b)

【解】 梯形图如图解 11.06 所示。

第 11 章 可编程控制器及其应用

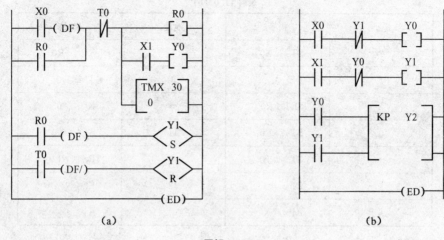

图解 11.06

11.2.5 试写出图 11.05 中两个梯形图的指令语句表。

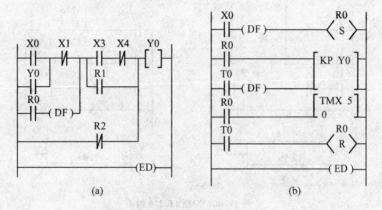

图 11.05 习题 11.2.5 的图

【解】 题 11.2.5(a)图所示梯形图的指令语句表如表解 11.03(a)所示。题 11.2.5(b)图所示梯形图的指令语句如表解 11.03(b)所示。

表解 11.03(a)

地址	指令	地址	指令
0	ST X0	7	AN/ X4
1	OR Y0	8	OR R1
2	AN/ X1	9	ANS
3	ST R0	10	OR R2
4	DF	11	OT Y0
5	ORS	12	ED
6	ST X3		

表解 11.03(b)

地址	指令	地址	指令
0	ST X0	7	ST R0
1	DF	8	TMX 0
2	SET R0		K 5
3	ST R0	11	ST T0
4	ST T0	12	RST R0
5	DF	13	ED
6	KP X0		

11.2.6 试写出图 11.06 中两个梯形图的指令语句表,并画出 Y0 的动作时序图,然后说明各梯形图的功能。

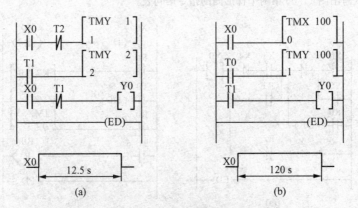

图 11.06 习题 11.2.6 的图

【解】 题 11.2.6 图梯形图的指令语句表如表解 11.04(a)和表解 11.04(b)所示。

表解 11.04(a)

地址	指令	地址	指令
0	ST X0		K 2
1	AN/ T2	11	ST T0
2	TMY 1	12	AN/ T1
	K 1	13	OT Y0
6	ST T1	14	ED
7	TMY 2		

第 11 章 可编程控制器及其应用

表解 11.04(b)

地址	指令
0	ST　X0
1	TMX　0
	K　100
4	ST　T0
5	TMY　1
	K　100
9	ST　T1
10	OT　Y0
11	ED

Y0 的动作时序图如图解 11.07 所示。

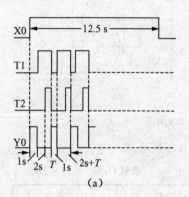
(a)

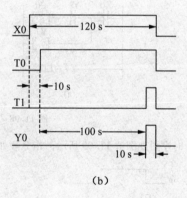
(b)

图解 11.07

图解 11.07(a)中,扫描周期为 T,则 Y0 周期为 3 s,脉宽为 1 s 的连续脉冲。当 X0 接通,T1 为低时,Y0 为 1,T1 计时 1 s 后,T1 为高,Y0 不导通,Y0 为低,延时 2 s 后,Y0 为低并持续 2 s,T1 复位为低,X0 又给 Y0 输出,如此往复。

图解 11.07(b)中,X0 作用,Y0 为比 X0 延迟了 110 s 的开关信号。

11.2.7 用时序图比较图 11.07 中(a),(b)两个梯形图的控制功能。

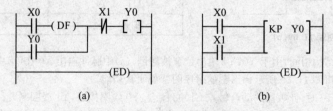

图 11.07　习题 11.2.7 的图

【解】 题 11.2.7 图(a)时序图如图解 11.08(a)所示。

Y0 在检测到 X0 有上升信号时,线圈接通扫描一个周期。

Y1 在 X0 接通时有输出,X0 断开时,停止输出。

题 11.2.7 图(b)时序图为图解 11.08(b)。
Y0 无论 X0 动合、动断均没有输出。
Y1 在 X0 动合时有输出。

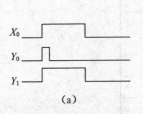
(a)

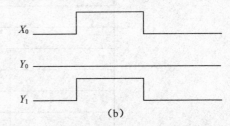
(b)

图解 11.08

11.2.8 试写出图 11.08 所示的两个梯形图的指令语句表。分析在相同的 X0 输入时,Y0、Y1 的输出是否相同,画出 Y0,Y1 的动作时序图加以说明。

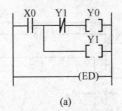
(a)

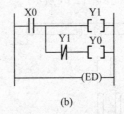
(b)

图 11.08 习题 11.2.8 的图

【解】 时序图如图解 11.09 所示。指令表如表解 11.05 所示。

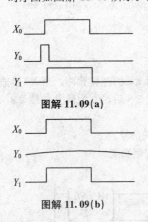

图解 11.09(a)

图解 11.09(b)

表解 11.05

(a) 指句表			(b) 指令		
1	ST	X0	1	ST	X0
2	PSHS		2	OUT	Y1
3	ANI	Y1	3	ANI	Y1
4	OT	Y0	4	OUT	Y0
5	POPS		5	END	
6	OT	Y1			
7	END				

(a)(b)两图的结构相同,由于 Y0,Y1 输出位置被颠倒,(a)中脉冲输出 Y0 在(b)中被 Y1 屏蔽。

11.2.9 试分析图 11.09 所示梯形图的时序图并说明其功能。

【解】 计数到 10 时,计数器的动合触点 C1008 闭合,Y0 线圈接通,Y1 线圈断开。

11.2.10 试分析说明图 11.10 所示梯形图的功能(图中 R901C 为 1 s 时钟脉冲继电器)。

【解】 R901C 每 1 s 一个时钟脉冲,CT - 1008 计数一次。当计数达到 20 时,计数器的动合触点 C1008 复位并重新开始计数,当 CT - 1009 计数到 30 时,CT - 1009 的动合触点 C1009 闭合,线圈 Y0 接通。

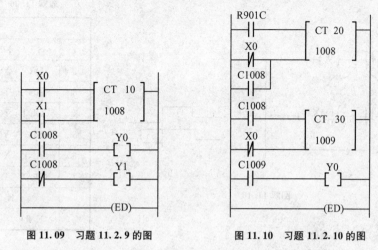

图 11.09　习题 11.2.9 的图　　　　图 11.10　习题 11.2.10 的图

11.2.11　通过画出时序图分析图 11.11 所示梯形图的工作原理和逻辑功能。

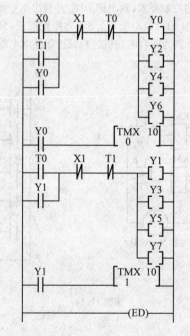

图 11.11　习题 11.2.11 的图

【解】　X0 触点动合,使得 Y0,Y2,Y4,Y6 接通,且由 Y0 锁定接通,同时 TMX0 开始计时。1 s 以后,TMX0 动合触点接通,Y1,Y3,Y5,Y7 线圈接通,并由 Y1 线圈锁定,同时 TMX0 动断触点断开,Y0,Y2,Y4,Y6 断开,TMX0 复位。Y1 线圈接通,TMX1 开始计时。1 s 后 TXM1 动断触点断开,Y1,Y3,Y5,Y7 断开并且 TMX1 复位,其动合触点闭合,Y0,Y2,Y4,Y6 重新接通。依次进入下一个循环。

11.3.1　试编制能实现瞬时接通、延时 3 s 断开的电动机起停控制梯形图和指令语句表,并画出动作时序图。

【解】　梯形图和时序图如图解 11.10 所示,指令表如表解 11.06 所示。

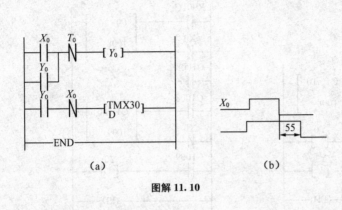

表解 11.06

	指令表	
1	ST	X0
2	OR	Y0
3	ANI	T0
4	OUT	Y0
5	ST	Y0
6	ANI	X0
7	OUT	T0
	K	30
	END	

图解 11.10

11.3.2 有两台三相笼型电动机 M_1 和 M_2。今要求 M_1 先起动,经过 5 s 后 M_2 起动;M_2 起动后,M_1 立即停车。试用 PLC 实现上述控制要求,画出梯形图,并写出指令语句表。

【解】 PLC 外部接线图如图解 11.11(a)所示。SB_1 为停止按钮,SB_2 为起动按钮。接触器 KM_1 控制 M_1,KM_2 控制 M_2,FR_1 和 FR_2 分别为两台电动机过载保护的热继电器触点。梯形图如图解 11.11(b)所示。

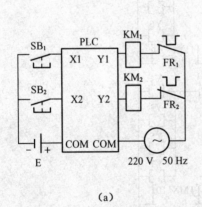

图解 11.11

指令语句表如表解 11.07 所示

表解 11.07

地址	指令		地址	指令		地址	指令		地址	指令
0	ST	X2	4	OT	Y1	9	ST	T0	13	ED
1	OR	Y1	5	ST	Y1	10	OR	Y2		
2	AN/	X1	6	TMX	0	11	AN/	X1		
3	AN/	Y2		K	50	12	OT	Y2		

11.3.3 有三台笼型电动机 M_1,M_2,M_3,按一定顺序起动和运行。(1) M_1 起动 1 min 后 M_2 起动;(2) M_2 起动 2 min 后 M_3 起动;(3) M_3 起动 3 min 后 M_1 停车;(4) M_1 停车 30 s 后 M_2 和 M_3 立即停

车;(5) 备有起动按钮和总停车按钮。试编制用 PLC 实现上述控制要求的梯形图。

【解】 PLC 外部接线图如图解 11.12(a)所示。梯形图如图解 11.12(b)所示。

SB₁ 为起动按钮,控制 PLC 内部输入继电器 X0。SB₂ 为总停止按钮,控制 PLC 内部输入继电器 X1。Y_1,Y_2,Y_3 均为 PLC 内部输出继电器,分别控制接触器 KM_1,KM_2,KM_3,从而实现对电动机 M_1,M_3 起停的分别控制。FR_1,FR_2,FR_3 分别为三台电动机的过载保护用热继电器的触点。内部辅助继电器 R0 用于自锁,在起动信号 X0 的微分信号作用下变为高电平,使 Y_1 输出高电平,开始起动过程。在定时器 T4 作用下复位,从而使所有定时器复位。

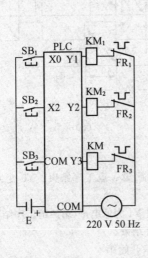

(a)

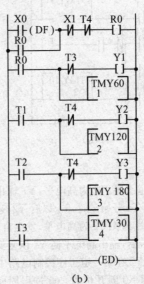

(b)

图解 11.12

11.3.4 某零件加工过程分三道工序,共需 20 s,其时序要求如图 11.12 所示。控制开关用于控制加工过程的起动、运行和停止。每次起动皆从第 1 道工序开始。试编制完成上述控制要求的梯形图。

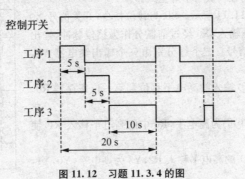

图 11.12 习题 11.3.4 的图

【解】 梯形图如图解 11.13(a)所示,为便于理解,在图解 11.13(b)中画出动作时序图,并用虚线箭头表示动作过程。

第一次循环过程如下:

X0 为常开开关触点,作为控制开关。

(1) 第一道工序:X0 闭合,Y0 输出高电平,且 Y0 被接通,T0 开始定时,5 s 以后 T0 由低电平变为高电平。

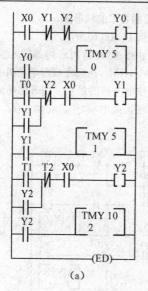
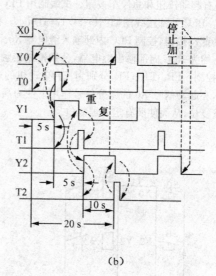

图解 11.13

(2) 第二道工序：T0 为高电平，Y1 输出高电平，发生自锁，第一道工序结束。Y0 变为低电平，T0 复位，而 Y1 使 T1 开始定时，5 s 以后 Y2 变为高电平。

(3) 第三道工序：Y2 为高电平，发生自锁，T 开始定时，使 Y1 为低电平，第二道工序结束，T1 复位。T2 定时到 10 s 后，输出高电平使 Y2 恢复低电平，第三道工序结束。

此后，Y1，Y2 在第一道工序控制电路中的常闭开关闭合，开始第一道工序，直到 X0 断开位置。此过程周而复始，直到 X0 变为低电平，过程立即停止。

11.3.5 试编制实现下述控制要求的梯形图。用一个开关 X0 控制三个灯 Y1，Y2，Y3 的亮灭：X0 闭合一次 Y1 点亮；闭合两次 Y2 点亮；闭合三次 Y3 点亮；再闭合一次三个灯全灭。

【解】 梯形图如图解 11.14 所示。SR 为移位指令，开关信号 X0 通过继电器 Y0 转换成数据输入，X0 经过前微分作为移位脉冲，输出继电器 Y4 作为内部复位信号。三个灯分别由三个输出继电器 Y1，Y2，Y3 控制。

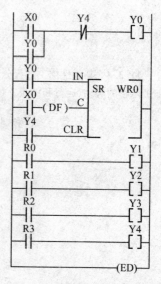

图解 11.14

(1) 第一次闭合 X0，Y0 输入的高电平移位到第一位寄存器 R0，使 Y1 为高电平。

(2) 第二次闭合 X0，Y0 仍为高电平，R0 中的高电平移入 R1，使 Y2 为高电平。

(3) 第三次闭合 X0，R1 的高电平移入 R2，Y3 为高电平，Y0，Y1，Y3 都为高电平。

(4) 第四次闭合 X0，R2 中高电平移入 R3，Y4 输入高电平，使移位寄存器清楚，Y1，Y2，Y3 全为低电平，Y0 也为低电平。

C 拓宽题

11.3.6 试画出能实现图 11.13 所示动作时序图的梯形图。

【解】 梯形图如图解 11.15 所示。

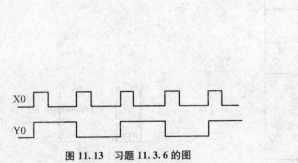

图11.13 习题11.3.6的图

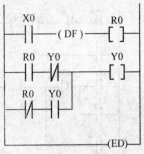

图解11.15

11.3.7 设计用三个开关控制一盏灯的PLC控制梯形图,并写出梯形图的指令语句表。(设三个开关分别为X0,X1和X2,灯为Y0;当三个开关全断开时,灯Y0为熄灭状态)。

【解】 设计要求为三个开关任意一个接通时灯亮,任意两个接通时灯灭,三个全接通时灯亮。梯形图如图解11.16所示,指令语言表如表解11.08所示。

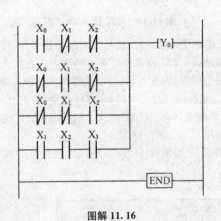

图解11.16

表解11.08

	指令表				
1	ST	X_0	9	ANI	X_1
2	ANI	X_1	10	AN	X_2
3	ANI	X_2	11	ORS	
4	ST1	X_0	12	ST	X_0
5	AN	X_1	13	AN	X_1
6	ANI	X_2	14	AN	X_2
7	ORS		15	ORS	
8	ST1	X_0	16	OT	Y_0
			17	END	

11.3.8 有八只彩灯排成一行。试设计分别实现下述要求的PLC控制梯形图:
(1) 自左至右依次每秒有一个灯点亮(只有一灯亮),循环三次后,全部灯同时点亮,过3s后全部灯熄灭,再过2s后上述过程重复进行;(2) 自左至右依次每秒逐个灯点亮,全部点亮2s后自右至左依次每秒逐个熄灭,循环三次后,全部灯同时点亮,过3s后全部灯熄灭,再过2s后上述过程重复进行。

【解】 略

11.3.9 设计满足图11.14所示时序要求的报警电路梯形图。当报警信号为ON时要求报警,报警灯开始以1s为周期振荡闪烁,同时报警蜂鸣器鸣叫。按报警响应按钮后,报警蜂鸣器鸣叫停止,报警灯由闪烁变为常亮。设有报警灯的测试功能,按下测试按钮后,报警灯点亮。

【解】 梯形电路如图解11.17所示。

11.3.10 试设计图11.15所示十字路口交通指挥信号灯PLC控制系统。根据控制要求画出信号灯时序图及控制梯形图。

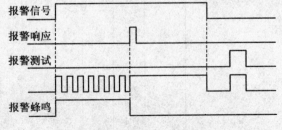

图11.14 习题11.3.9的图

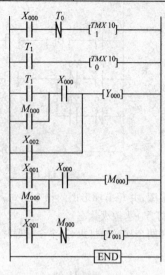

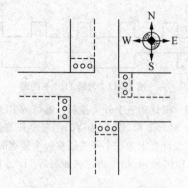

图解 11.17　　　　　　　　　　　　图 11.15　习题 11.3.10 的图

控制要求:(1)信号灯受一个起动开关控制。当起动开关接通时,信号灯系统开始工作,且南北红灯亮,东西绿灯亮;当起动开关断开时,所有信号灯都熄灭。(2)南北红灯亮维持 25 s。在南北红灯亮的同时东西绿灯也亮,并维持 20 s;到 20 s 时,东西绿灯闪亮,闪亮 3 s(三次)后熄灭。在东西绿灯熄灭时,东西黄灯亮,并维持 2 s;到 2 s 时,东西黄灯熄灭,东西红灯亮。同时,南北红灯熄灭,南北绿灯亮。(3)东西红灯亮维持 30 s。南北绿灯亮维持 25 s,然后闪亮 3 s(三次)后熄灭。同时南北黄灯亮,维持 2 s 后熄灭,这时南北红灯亮,东西绿灯亮。如此不断循环。

【解】　控制过程及元件如表解 11.09 所示。梯形图如图解 11.18(a)所示,信号灯时序如图解 11.18(b)所示。

表解 11.09

输入	输出					
X0	东西向			南北向		
R0	红	黄	绿	红	黄	绿
	Y3	Y2	Y1	Y0	Y5	Y4
	0	0	0	0	0	0
	0	0	1	1	0	0
	0	0	T1 定时 20 s CT100 计数 3 次(3 s)	T0 定时 25 s	0	0
	0	0	0 (2 s)			
	1 T2 定时 30 s	0	0	0	0	1 T3 定时 25 s CT101 (3 s)
						0 (2 s)
					1	
重复	0	0	1	1	0	0

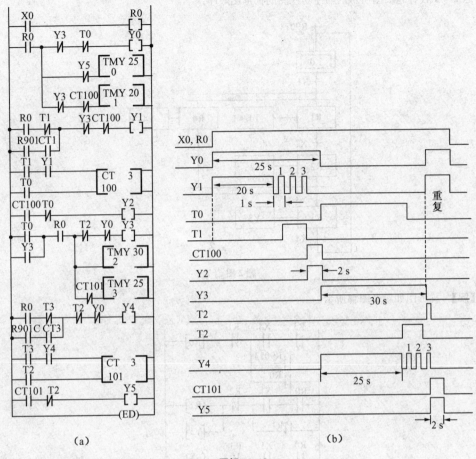

图解 11.18

11.4 经典习题与全真考题详解

题1 设计满足题1图所示时序图的梯形图。

【解】 时序图如题1图解所示。

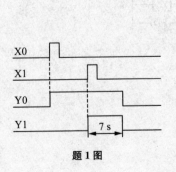

题1图

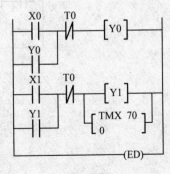

题1图解

题2 试设计题2图所示的顺序功能图的梯形图顺序。

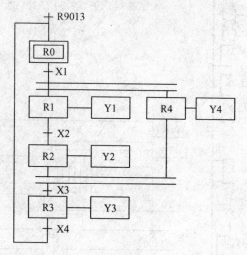

题2图

【解】 梯形图如题2图解所示。

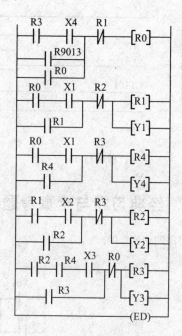

题2图解

第 12 章　工业企业供电与用电安全

1. 了解安全用电的常识和重要性。
2. 了解接零、接地保护的作用和使用条件。
3. 了解静电保护和电器护火、防爆的常识。

1. 安全用电。
2. 接地和接零保护。

12.1　知识点归纳

	发电与输电	高压输电的意义
工业企业供电与安全用电	工业企业配电	低压配电线路的连接方式:放射式和树干式
	安全用电	1. 电流对人体的危害 2. 触点方式 3. 接地和接零
	节约用电	节电的具体措施

12.2　习题全解

12.1.1　为什么远距离输电要采用高电压?

【解】　由功率公式 $P=UI$。P 是发电机输出功率,或称为传输功率。P 不变,U 提高使 I 变小。导线电阻 R,导线消耗的有功功率为 I^2R,显然,电流越小,线路损耗越小。线路电流小,导线截面积也减小,可以节约导线材料。同理,导线细则同样跨距导线重量轻,节约输电设备投资。

12.1.2　什么是直流输电?

【解】　直流输电是将三相交流电通过换流站整流变成直流电,然后通过直流线路送往另一个换流站逆变成三相交流电的输电方式。

12.3.1　为什么中性点接地的系统中不采用保护接地?

【解】　因为采用保护接地时,当电器设备的绝缘损坏时,接地电流 $I_e=\dfrac{U_P}{R_0+R_0'}$,式中 U_P 为相电压,R_0,R_0' 分别为保护接地和工作接地的接地电阻。如果系统电压为 380/220 V,$R_0=R'=4\ \Omega$,则 $I_e=\dfrac{U_P}{R_0+R_0'}=27.5$ A,为保证保护装置能可靠的动作,接地电流不应小于继电保护装置动作电流的 1.5 倍,或熔丝额定电流的 3 倍。因此 27.5 A 的接地电流只能保证断开动作电流不超过 $\dfrac{27.5}{1.5}=18.3$ A 的继电保护装置。如果电气设备容量较大,就得不到保护,接地电流长期存在,外壳也将带点,对地电压为 U_e

$$= \frac{U_\mathrm{P}}{R_0 + R_0'} R_0 = \frac{220}{4+4} \times 4_0 = 110 \text{ V}, \text{此电压值对人体是不完全的。}$$

12.3.2 为什么中性点不接地的系统中不采用保护接零？

【解】 中性点不接地的系统中，如果将设备外壳接在零线上，外壳和中性点电位相等，如果发生单相漏电，将可能烧断熔丝，抬高中性点的电位，使外壳对地仍有一定电压，对人体是不安全的，特别是当零线断线是，熔丝将不会烧断，更加危险。

12.3.3 区别工作接地、保护接地和保护接零。为什么在中性点接地系统中，除采用保护接零外，还要采用重复接地？

【解】 工作接地：将电源中性点直接接地。

保护接地：在无中性点接地系统中，将用电设备外壳接地。

保护接零：在中性点接地系统中，将用电设备外壳接上零线。

在中性点接地系统中，若负载不对称，中性线上有电流，中性线对地电压不等于零，为了安全，可以在设备附近将零线再次接地，称为重复接地。重负接地是为了避免中性线断线，设备漏电使人体触电。

12.3.4 有些家用电器（例如电冰箱等）用的是单相交流电，但是为什么电源插座是三眼的？试画出正确使用的电路图。

【解】 家里的三孔插座不是三相插座。三孔插座中间是接地线 E，右边是火线 L，左边是零线 N。电路图如图解 12.01 所示。

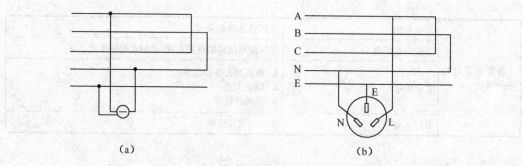

图解 12.01

第 13 章 电工测量

1. 了解常用的几种电工测量仪表的基本构造,工作原理。掌握电工仪表的正确的使用方法。
2. 了解测量误差和仪表准确度等级的意义。了解常用电工仪表类型和量程分为。
3. 了解电流、电压、功率的测量方法。

1. 测量误差的计算。
2. 两瓦计法测量三相功率。

难　点

1. 仪表符号的识别。
2. 电工测量仪表的工作原理。

13.1　知识点归纳

电工测量	电工测量仪表分类	1. 按照被测量的种类分类 2. 按照工作原理分类 3. 按照电流的种类分类 4. 按照准确度分类
	电工测量仪表的类型(按照工作原理分类)	1. 磁电式仪表 2. 电磁式仪表 3. 电动式仪表
	电流的测量	1. 电流表应串联在电路中 2. 电流表量程扩大的方法
	电压的测量	1. 电压表应并联在被测电路(元件)上 2. 电压表量程扩大的方法
	万用表	1. 磁电式万用表的使用方法 2. 数字式万用表的使用方法
	功率的测量	1. 单相交流和直流功率的测量 2. 三相功率的测量
	兆欧表	一种利用磁电式流比计的线路测量高电阻的仪表
	电桥测量电阻、电容与电感	1. 直流电桥 2. 交流电桥
	非电量的电测法	非电量的电测仪器有: 1. 应变电阻传感器 2. 电感传感器 3. 电容传感器

13.2 习题全解

A 选择题

13.1.1 有一准确度为 1.0 级的电压表,其最大量程为 50 V,如用来测量实际值为 25 V 的电压时,则相对测量误差为( )。
(1) ±0.5 (2) ±2% (1) ±0.5%

【分析】 该电压表可能产生的最大基本误差为
$$\Delta U_m = \gamma \times U_m = \pm 1.0\% \times 50 \text{ V} = \pm 0.5 \text{ V}$$

测量实际值为 25 V 的电压是,相对测量误差为 $\gamma_{25} = \dfrac{\pm 0.5}{25} \times 100\% = \pm 2\%$

【解】 选择(2)。

13.1.2 有一电流表,其最大量程为 30 A。今用来测量 20 A 的电流时,相对测量误差为 ±1.5%,则该电流表的准确度为( )。
(1) 1 级 (2) 0.01 级 (3) 0.1 级

【分析】 $\left(\dfrac{\pm 1.5\%}{100\%} \times 20\right) \div 30 = 0.1$

【解】 选择(3)。

13.1.3 有一准确度为 2.5 级的电压表,其最大量程为 100 V,则其最大基本误差为( )。
(1) ±2.5 V (2) ±2.5 (3) ±2.5%

【分析】 $\Delta U_m = \gamma \times U_m = \pm 2.5\% \times 100 \text{ V} = \pm 2.5 \text{ V}$

【解】 选择(1)。

13.1.4 使用电压表或电流表时,要正确选择量程,应使被测值( )。
(1) 小于满标值的一半左右
(2) 超过满标值的一半以上
(3) 不超过满标值即可

【解】 选择(2)。

13.2.1 交流电压表的读数是交流电压的( )。
(1) 平均值 (2) 有效值 (3) 最大值

【解】 选择(2)。

13.2.2 测量交流电压时,应用( )。
(1) 磁电式仪表或电磁式仪表
(2) 电磁式仪表或电动式仪表
(3) 电动式仪表或磁电式仪表

【解】 选择(2)。

13.3.1 在多量程的电流表中,量程愈大,则其分流器的阻值( )。
(1) 愈大 (2) 愈小 (3) 不变

【解】 选择(2)。

13.4.1 在多量程的电压表中,量程愈大,则其倍压器的阻值( )。
(1) 愈大 (2) 愈小 (3) 不变

【解】 选择(1)。

13.6.1 在三相三线制电路中,通常采用( )来测量三相功率。
(1) 两功率表法 (2) 三功率表法 (3) 一功率表法

【解】 选择(1)。

B 基本题

13.1.5 电源电压的实际值为 220 V，今用准确度为 1.5 级、满标值为 250 V 和准确度为 1.0 级、满标值为 500 V 的两个电压表去测量，试问哪个读数比较准确？

【分析】 1.5 级 250 V 电压表的最大绝对误差为
$$\Delta U_m = \gamma \times U_m = \pm 1.5\% \times 250 \text{ V} = \pm 3.75 \text{ V}$$
1.0 级 500 V 电压表的最大绝对误差为
$$\Delta U_m = \gamma \times U_m = \pm 1.0\% \times 500 \text{ V} = \pm 5 \text{ V}$$
所用 1.5 级 250V 的表误差小。

【解】 根据以上分析，用 1.5 级 250 V 的表测量比较准确。

13.1.6 用准确度为 2.5 级、满标值为 250 V 的电压表去测量 110 V 的电压，试问相对测量误差为多少？如果允许的相对测量误差不应超过 5%，试确定这只电压表适宜于测量的最小电压值。

【分析】 利用相对误差公式 $\gamma = \frac{\pm \Delta U_m}{U} \times 100\%$ 计算

【解】 相对误差为 $\gamma = \frac{\pm \Delta U_m}{U} \times 100\% = \frac{\pm 2.5\% \times 250}{110} \times 100\% = \pm 5.68\%$

若 $\gamma \leqslant \pm 5\%$，则由 $\gamma = \frac{\pm \Delta U_m}{U} \times 100\% \leqslant \pm 5\%$ 得

$$U \geqslant \frac{\pm \Delta U_m}{\pm 5\%} \times 100\% = \frac{\pm 2.5\% \times 250}{\pm 5\%} \times 100\% = 125 \text{ V}$$

所以此时适宜测量的最小电压为 $U_m = 125$ V

13.4.2 一毫安表的内阻为 20 Ω，满标值为 12.5 mA。如果把它改装成满标值为 250 V 的电压表，问必须串联多大的电阻？

【分析】 通过串联电阻的分压作用，扩展电压表的量程。串联后的电阻电压为电压表满标值与电压表内阻之差。

【解】 毫安表的压降为
$$U_0 = I_0 R_0 = 12.5 \times 10^{-3} \times 20 = 250 \text{ mV}$$
串联电阻的电压为
$$U_R = U - U_0 = 250 - 250 \times 10^{-3} \text{ V}$$
由分压公式得
$$\frac{R_V + R_0}{R_0} = \frac{U}{U_0} = \frac{250}{250} \times 10^3$$
所以，串联的电阻为
$$R_V = \left(\frac{U}{U_0} - 1\right) R_0 = 19\,980 \text{ Ω}$$

13.4.3 图 13.01 所示是一电阻分压电路，用一内阻 R_V 为 (1) 25 kΩ，(2) 50 kΩ，(3) 500 kΩ 的电压表测量时，其读数各为多少？由此得出什么结论？

【分析】 电压表内阻会影响并联支路和电路总电阻，因此电压表上的电压也会不同。

【解】 (1) 当 $R_0 = 25$ kΩ 时，
$$U_V = \frac{10 /\!/ R_0}{10 + 10 /\!/ R_0} U_S = \frac{10 /\!/ 25}{10 + 10 /\!/ 25} \times 50 \approx 20.8 \text{ V}$$

(2) 当 $R_0 = 50$ kΩ 时，

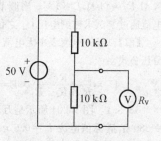

图 13.01 习题 13.4.3 的图

$$U_V = \frac{10 /\!/ R_0}{10 + 10 /\!/ R_0} U_S = \frac{10 /\!/ 50}{10 + 10 /\!/ 50} \times 50 \approx 22.7 \text{ V}$$

（3）当 $R_0 = 500 \text{ k}\Omega$ 时，

$$U_V = \frac{10 /\!/ R_0}{10 + 10 /\!/ R_0} U_S = \frac{10 /\!/ 500}{10 + 10 /\!/ 500} \times 50 \approx 24.75 \text{ V}$$

由此可见内阻越大，误差越大。

13.4.4 图 13.02 所示是用伏安法测量电阻 R 的两种电路。因为电流表有内阻 R_A，电压表有内阻 R_V，所以两种测量方法都将引入误差。试分析它们的误差，并讨论这两种方法的适用条件。（即适用于测量阻值大一点的还是小一点的电阻以减小误差？）

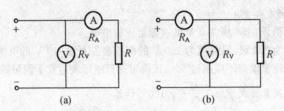

图 13.02 习题 13.4.4 的图

【分析】 由欧姆定律可求得图(a),(b)中的 $R_测$，误差 $\gamma_R = \frac{R_测 - R}{R}$

【解】 设 A 表读数为 I，V 表读数为 U，则误差 $\gamma_R = \frac{\Delta R}{R} \times 100\%$

对题 13.4.4 图(a)所示电路，电阻 R 的测量值

$$R_测 = \frac{U}{I} = \frac{U}{\frac{U}{R_A + R}} = R_A - R$$

误差 $\gamma = \frac{R_测 - R}{R} = \frac{R_A}{R}$，若 R 愈大，R_A 愈小，则误差 γ_R 愈小，因此该电路适宜测量阻值大的电阻。

对题 13.4.4 图(b)所示电路，A 表读数 $I = \frac{U}{R_V} - \frac{U}{R}$（KCL 定律），电阻 R 的测量值

$$R_测 = \frac{U}{I} = \frac{U}{\frac{U}{R_V} + \frac{U}{R}} = \frac{RR_V}{R + R_V}$$

因此误差

$$\gamma_R = \frac{R_测 - R}{R} = \frac{R_V}{R + R_V} - 1 = -\frac{R}{R + R_V}$$

若 R 愈小，R_V 愈大误差 γ_R 愈小，因此适宜于测量阻值较小的电阻。

13.4.5 图 13.03 所示的是测量电压的电位计电路，其中 $R_1 + R_2 = 50 \text{ }\Omega, R_3 = 44 \text{ }\Omega, E = 3 \text{ V}$。当调节滑动触点使 $R_2 = 30 \text{ }\Omega$ 时，电流表中无电流通过。试求被测电压 U_x 之值。

【解】 已知电流表中无电流，因此 R_1, R_2, R_3 为串联回路，串联电路分压公式

$$U_x = \frac{R_2}{R_1 + R_2 + R_3} \times E = \frac{30}{50 + 44} \times 3 = 0.96 \text{ V}$$

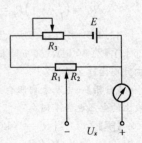

图 13.03 习题 13.4.5 的图

13.5.1 图 13.04 所示是万用表中直流毫安挡的电路。表头内阻 $R_0 = 280 \text{ }\Omega$，满标值电流 $I_0 = 0.6 \text{ mA}$。今欲使其量程扩大为 1 mA，10 mA 及 100 mA，试求分流器电阻 R_1, R_2 及 R_3。

【解】 根据并联电路的分流作用。两并联支路电阻越大,则总电流越大。而 R_0 支路电阻不变,所示电流 I_0 也不变。

$I_1 = 1$ mA 时,R_1,R_2,R_3 串联后,与 R_0 并联,有
$$I_0 R_0 = (I_1 - I_0)(R_1 + R_2 + R_3)$$

$I_2 = 10$ mA 时,R_1,R_2 串联,R_0,R_3 串联,然后并联
$$I_0(R_0 + R_3) = (I_{10} - I_0)(R_1 + R_2)$$

$I_3 = 100$ mA 时,R_1 与 R_0,R_2,R_3 的串联电阻并联
$$I_0(R_0 + R_2 + R_3) = (I_{100} - I_0) \cdot R_1$$

联立以上方程,得
$$\begin{cases} (I_1 - I_0)(R_1 + R_2 + R_3) = I_0 R_0 \\ I_0(R_0 + R_3) = (I_{10} - I_0)(R_1 + R_2) \\ I_0(R_0 + R_2 + R_3) = (I_{100} - I_0) \cdot R_1 \end{cases}$$

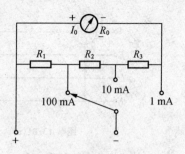

图 13.04 习题 13.5.1 的图

解方程组,得
$$R_3 = \frac{I_0}{I_{10}} \times \frac{I_{10} - I_1}{I_1 - I_0} R_0 = \frac{0.6}{10} \times \frac{10-1}{1-0.6} \times 280 = 378 \ \Omega$$

$$R_2 = \frac{I_0}{I_{100}} \times \frac{I_{100} - I_1}{I_1 - I_0} R_0 - R_3$$
$$= \frac{0.6 \times (100-1)}{100 \times (1-0.6)} \times 280 - 378 = 37.8 \ \Omega$$

$$R_1 = (R_1 + R_2 + R_3) - R_2 - R_3 = \frac{I_0}{I_1 - I_0} R_0 - R_2 - R_3$$
$$= \frac{1.6}{1-0.6} \times 280 - 37.8 - 378 = 4.2 \ \Omega$$

13.5.2 如用上述万用表测量直流电压,共有三挡量程,即 10 V,100 V 及 250 V,试计算倍压器电阻 R_4,R_5 及 R_6 (图 13.05)。

【分析】 根据分压公式,电压表测量得到的电压为表头压降与所引入的倍压器电阻上的压降之和。

【解】 电压表的表头可看成 $I_{0V} = 1$ mA,内阻 $R_{0V} = \frac{RR_0}{R+R_0} = 168 \ \Omega$ 的毫安表,表头压降 $U_{0V} = I_{0V}R_{0V} = I_0 R_0 = 168$ mV。

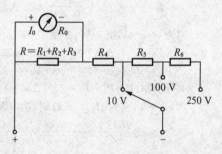

图 13.05 习题 13.5.2 的图

由分压公式 $\dfrac{R_4 + R_{0V}}{R_{0V}} = \dfrac{U_{10}}{U_{0V}}$

$$R_4 = \frac{U_{10}}{U_{0V}} R_{0V} - R_{0V} = \left(\frac{U_{10}}{U_{0V}} - 1\right) R_{0V} = \left(\frac{10}{168 \times 10^{-3}} - 1\right) \times 168 = 9\ 832 \ \Omega$$

$$R_5 = \left(\frac{U_{100}}{U_{0V}} - 1\right) R_{0V} - R_4 = \left(\frac{100}{168 \times 10^{-3}} - 1\right) \times 168 - 9\ 832 = 90 \ k\Omega$$

$$R_6 = \left(\frac{U_{250}}{U_{0V}} - 1\right) R_{0V} - (R_4 + R_5) = \left(\frac{250}{168 \times 10^{-3}} - 1\right) \times 168 - 99\ 832 = 150 \ k\Omega$$

13.6.2 在三相四线制电路中负载对称和不对称这两种情况下,如何用功率表来测量三相功率,并分别画出测量电路。能否用两功率表法测量三相四线制电路的三相功率?

【分析】 根据三相负载电路和功率表的运用分析。

【解】 (1) 若负载对称,只需一块表,读数乘 3 即可。测量电路如图解 13.01(a) 所示。若负载不对称,三表法测量电路如图解 13.01(b) 所示。

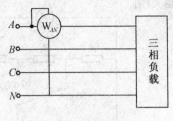

图解 13.01(a)

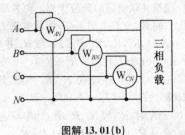

图解 13.01(b)

(a) 的三相总功率为 $P=3P_{AN}$。

(b) 的三相总功率为 $P=3P_{AN}+P_{BN}+P_{CN}$

(2) 对于不对称三相四线制电路，中性线的电流 i_N 不为零，则接在中线上的功率表读数也不为零，此时不可用两表法。

对于对称三相四线制电路，可用两功率表测量电路的三相功率。

C 拓宽题

13.6.3 用两功率表法测量对称三相负载（负载阻抗为 Z）的功率，设电源线电压为 380 V，负载连成星形。在下列几种负载情况下，试求每个功率表的读数和三相功率：(1) $Z=10\ \Omega$；(2) $Z=(8+j6)\Omega$；(3) $Z=(5+j5\sqrt{3})\Omega$；(4) $Z=(5+j10)\Omega$；(5) $Z=-j10\ \Omega$。

【分析】 负载是对称的，利用功率表的读数公式 $P_1=U_L I_L\cos(30°-\varphi)$ 和 $P_2=U_L I_L\cos(30°+\varphi)$ 可求得功率表的读数。

【解】 (1) $Z=10\ \Omega$ 时，功率因数 $\cos\varphi=1$，根据对称负载，线电压、电流之间的关系，

$$I_L=\frac{U_L}{\sqrt{3}}\cdot\frac{1}{|Z|}=\frac{380}{\sqrt{3}\times10}\approx22\ \text{A},\varphi=0°$$

因为 $\cos\varphi=1$，则 $\varphi=0$，于是

$P_1=U_L I_L\cos(30°-\varphi)=380\times22\times\cos30°=7\ 234\ \text{W}$

$P_2=U_L I_L\cos(30°+\varphi)=P_1=7\ 234\ \text{W}$

有总功率：$P=P_1+P_2=2\times7\ 234\approx14.5\ \text{kW}$

(2) $Z=8+j6=10\underline{/36.9°}\ \Omega$ 时，功率因数

$$\cos\varphi=\frac{R_e(Z)}{|Z|}=\frac{8}{\sqrt{8^2+6^2}}=\frac{4}{\sqrt{4^2+3^2}}=0.8$$

$\varphi=36.9°$ 的线电流为

$$I_L=I_P=\frac{U_P}{|Z|}=\frac{U_L}{\sqrt{3}}\cdot\frac{1}{|Z|}=\frac{220}{10}=22\ \text{A}$$

由于负载对称，

$P_1=U_L I_L\cos(30°-\varphi)=380\times22\times\cos(30°-36.9°)=8\ 300\ \text{W}$

$P_2=U_L I_L\cos(30°+36.9°)=380\times22\times\cos(30°+36.9°)\approx3\ 280\ \text{W}$

总功率为：

$P=P_1+P_2=8\ 300+3\ 280=11.58\ \text{kW}$

(3) $Z=5+j5\sqrt{3}=10\underline{/60°}\ \Omega$ 时，

功率因数 $\cos\varphi=\dfrac{5}{\sqrt{5^2+(5\sqrt{3})^2}}=\dfrac{1}{2}$

因此，$\varphi=60°$

线电流为

$$I_L = \frac{U_L}{\sqrt{3}} \cdot \frac{1}{|Z|} = \frac{380}{\sqrt{3} \cdot 10} = 22 \text{ A}$$

由于负载对称

$$P_1 = U_L I_L \cos(30° - \varphi) \approx 7\,240 \text{ W}$$
$$P_2 = U_L I_L \cos(30° + 60°) = 0$$

总功率：$P = P_1 + P_2 = P_1 = 7\,240$ W

(4) $Z = 5 + \text{j}10 = 11.18 \underline{/63.4°} \ \Omega$ 时，

功率因数

$$\cos\varphi = \cos 63.4° = \frac{\sqrt{5}}{5}$$

线电流

$$I_L = \frac{U_2}{\sqrt{3}} \cdot \frac{1}{|Z|} = \frac{380}{\sqrt{3}} \cdot \frac{1}{11.18} = 19.7 \text{ A}, \varphi = 63.4°$$

又因为 $\varphi = 63.4°$ 以及负载为对称，

$$P_1 = U_L I_L \cos(30° - \varphi)$$
$$= 380 \times 19.7 \cos(30° - 63.4°) \approx 6\,240 \text{ W}$$
$$P_2 = U_L I_L \cos(30° + \varphi) = -448 \text{ W}$$

所示总功率为

$$P = P_1 + P_2 = 6\,240 - 448 = 5\,792 \text{ W}$$

(5) $Z = -\text{j}10 \ \Omega = 10 \underline{/90°} \ \Omega$ 时，线电流

$$I_L = \frac{U_L}{\sqrt{3}} \cdot \frac{1}{|Z|} = \frac{220}{10} = 22 \text{ A}$$

负载 Z 上电压，电流相位差 $\varphi = -90°$ 由于负载对称，故

$$P_1 = 380 \times 22 \cdot \cos[30° - (-90°)] = -4\,180 \text{ W}$$
$$P_2 = 380 \times 22 \cdot \cos[30° + (-90°)] = 4\,180 \text{ W}$$

总功率

$$P = P_1 + P_2 = 0$$

即纯电阻不消耗功率。

13.6.4 某车间有一三相异步电动机，电压为 380 V，电流为 6.8 A，功率为 3 kW，星形联结。试选择测量电动机的线电压、线电流及三相功率（用两功率表法）用的仪表（包括类型、量程、个数、准确度等），并画出测量接线图。

【**解**】 测量电压约为 380 V，所示选用 500 V 的电磁式电压表，准确度为 1.5 级或 2.5 级。测量线电流选用量程为 10 A，准确度为 1.5 级的电磁式电流表。

三相功率测量，用两瓦计法。需要两个功率表，结构为电动式且为 $\cos\varphi = 1$ 的高功率因数功率表。选用电压线圈量程为 500 V，电流线圈量程为 10 A，则功率的量程为 5 kW 的功率表，准确度为 1.0 级。

测量接线图如图解 13.02 所示。

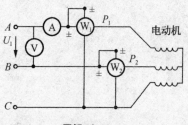

图解 13.02